Malpricht / Rupp

Baukosten und Planung im Baubetrieb

Wolfgang Malpricht
Carsten Rupp

Baukosten und Planung im Baubetrieb

Lehr- und Übungsbuch für Planer und Bauleiter im Ingenieurbüro

HANSER

Die Autoren:
Prof. Dipl.-Ing. Wolfgang Malpricht lehrte Baubetrieb und Bauverfahrenstechnik an der Jade Hochschule in Oldenburg.
Dipl.-Ing. (FH) Carsten Rupp ist geschäftsführender Gesellschafter eines mittelständischen Schalungshändlers und hält Vorlesungen zur Schalungstechnik an der Hochschule für Technik und Wirtschaft des Saarlandes in Saarbrücken. Außerdem ist er als Dozent in der Werkpolierausbildung des AGV Bau Saar tätig

MIX
Papier | Fördert gute Waldnutzung
FSC® C016368
www.fsc.org

Print-ISBN: 978-3-446-48164-0
E-Book-ISBN: 978-3-446-48457-3

Die allgemein verwendeten Personenbezeichnungen gelten gleichermaßen für alle Geschlechter.

Bibliografische Information der Deutschen Nationalbibliothek:
Die Deutsche Nationalbibliothek verzeichnet diese Publikation in der Deutschen Nationalbibliografie; detaillierte bibliografische Daten sind im Internet unter http://dnb.d-nb.de abrufbar.

Vilshofener Straße 10 | 81679 München | info@hanser.de
www.hanser-fachbuch.de
Lektorat: Frank Katzenmayer
Herstellung: Liese Richter
Coverkonzept: Marc Müller-Bremer, www.rebranding.de, München
Covergestaltung: Max Kostopoulos
Titelmotiv: © gettyimages.de/Drazen_
Satz: Eberl & Koesel Studio, Kempten
Druck: Elanders Waiblingen GmbH, Waiblingen
Printed in Germany

Inhalt

Vorwort

Neben dem Entwurf und der Konstruktion von Gebäuden sind für den Architekten die Planung und Steuerung der Kosten wesentliche Bestandteile seiner Kompetenzen, um für den Bauherrn auch in wirtschaftlicher Hinsicht ein verlässlicher Partner sein zu können. Gleiches gilt für den Bauingenieur im Ingenieurbüro, der außer Statik und Planung der Baukonstruktion häufig auch die Bauleitung für den Bauherrn übernimmt und dabei die Kosten im Blick haben muss. In diesem Sinne werden in den Studiengängen der Architektur und des Bauingenieurwesens der Hochschulen alle wichtigen Fachgebiete des Baubetriebs angeboten.

Dieses Buch verfolgt die Intention, den Studierenden des Bauingenieurwesens und gleichwohl der Architektur mit all ihren Teilgebieten ein praxisnahes Handwerkszeug als Lehr- und Übungsbuch für die baubetriebliche Ausbildung in den baubetrieblichen Fächern zu bieten. Dass Studierende des Bauingenieurwesens in diesem Zuge Einblicke in die Tätigkeiten der Architekten gewinnen, ist durchaus beabsichtigt.

Als Kompendium beinhaltet das Buch die wesentlichen Grundlagen für die praktische Kostenplanung und -steuerung durch Architekten und Ingenieure. Es enthält darüber hinaus alle wichtigen Themen, die für Architekten und Bauingenieure auf der Bauherrenseite von Bedeutung sind.

Die inhaltlichen Schwerpunkte liegen bei der praktischen Kostenermittlung. Hierzu gehören auch die Grundlagen der Honorarberechnung für Architekten und Ingenieure und die Wertermittlung von Immobilien. Die Grundlagen über Bauordnungs- und Bauvertragsrecht, über Ausschreibung und Vergabe sowie über die Sicherheits- und Gesundheitsschutz-Koordination sind weitere Inhalte des Buches.

Die praktischen Grundlagen werden soweit als nötig theoretisch untermauert. Das Buch unterstützt die mitunter theoretische Ausbildung an den Hochschulen durch vielfältige praktische Inhalte. Es stellt damit auch für die im Auftrag des Bauherrn tätigen Bauleiter ein praxisbezogenes Fachbuch dar und ergänzt in diesem Sinne unser ebenfalls im Carl Hanser Verlag erschienenes Buch „Bauleitung und Ausführung im Baubetrieb“.

Wesentlicher Bestandteil des Buches sind die Übungsbeispiele. Musterlösungen der zahlreichen Übungsaufgaben und ergänzende Unterlagen zum Beispielprojekt eines Zweifamilienhauses sind im Internet unter *plus.hanser-fachbuch.de* zu finden. Den Zugangscode dafür finden Sie auf der letzten Seite des Buches.

Hinweise und Anregungen nehmen wir gerne entgegen.

Oldenburg und Dillingen/Saar, April 2026

Wolfgang Malpricht und *Carsten Rupp*

1 Bauprozess Bauplanung

Studienziele

Das Kapitel soll dem Leser grundlegende Kenntnisse ermöglichen über

- die Beteiligten und Abläufe während der einzelnen Phasen der Bauplanung,
- die Aufgaben aller Beteiligten und die Ergebnisse ihrer Tätigkeiten,
- die einzelnen Leistungsphasen gemäß *Honorarordnung für Architekten und Ingenieure (HOAI)*,
- die Stufen der Kostenermittlung nach *DIN 276* im Kontext der Leistungsphasen nach *HOAI*,
- die Bauzeitenplanung für Rohbau und Ausbauphase.

Das Kapitel soll dem Leser Fähigkeiten vermitteln,

- Bauzeiten für die Rohbau- und Ausbauphase abzuschätzen.

1.1 Planungsphasen, Ablauf und Beteiligte

Der Bauprozess besteht aus den beiden Zeitabschnitten Planung und Herstellung. Beginnend mit der Idee bzw. der Absicht des Bauherrn stellen sie die *Errichtungsphase* (Bauphase) eines Bauwerks dar. Die Bauplanung beginnt lange vor Baubeginn und läuft gewöhnlich noch „baubegleitend“ während der Bauausführung weiter (Bild 1.1). Weitere Hauptphasen im Lebenszyklus eines Bauwerks sind die *Betriebs- und Nutzungsphase* sowie die *Verwertungsphase* (Kapitel 8).

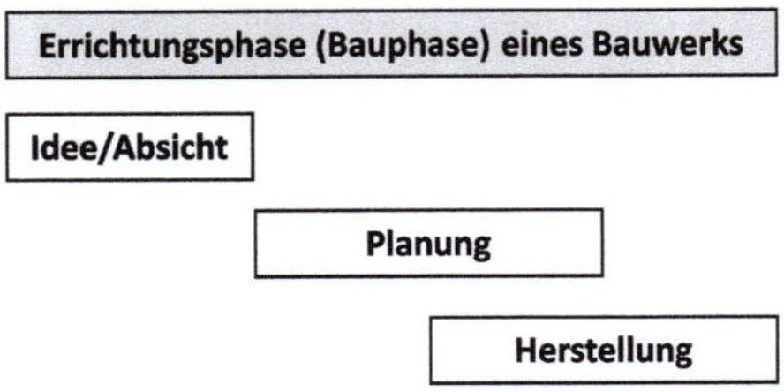

Bild 1.1 Errichtungsphase eines Bauwerks

Die Bauplanung gliedert sich in mehrere aufeinander folgende Schritte, die den Weg von der ersten Idee bis zur detaillierten Ausführungsreife eines Bauvorhabens strukturieren. Diese Phasen umfassen:

- **Vorfeld der Planung**

  Erste Überlegungen, Bedarfsanalysen und Standortbewertungen bilden die Grundlage für die spätere Planung.

- **Vorentwurf**

  Entwicklung erster konzeptioneller Ansätze, die die funktionalen, gestalterischen und wirtschaftlichen Anforderungen berücksichtigen.

- **Entwurf**

  Ausarbeitung eines konkreten Planungskonzepts mit zeichnerischer Darstellung und technischen Angaben.

- **Baugesuch und Genehmigungsverfahren**

  Erstellung der erforderlichen Unterlagen zur Einreichung bei der zuständigen Baubehörde und Durchführung des Genehmigungsprozesses.

- **Ausführungsplanung**

  Detaillierte technische Planung zur Umsetzung des Bauvorhabens.

Die *Honorarordnung für Architekten und Ingenieure (HOAI)* teilt die Planungsleistungen innerhalb der Planungsphase in sieben aufeinander abgestimmte Leistungsphasen auf. Dadurch soll eine transparente und nachvollziehbare Grundlage zur Vergütung der Planungsleistung ermöglicht werden.

Die *DIN 276* ist eng mit der *HOAI* verknüpft (Tabelle 1.1) Sie strukturiert die Kostenermittlung in verschiedene Stufen, die den Planungsprozess begleiten. Jede Stufe dient der zunehmenden Präzisierung der Baukosten.

Die Leistungsphasen LP 8 und LP 9 betreffen die Ausführungsphase eines Bauvorhabens. Die Kostenermittlung nach *DIN 276* wird ausführlich in Kapitel 4 behandelt. In Kapitel 6 folgt die Honorarberechnung nach *HOAI*. Im Folgenden werden die inhaltlichen Schwerpunkte der einzelnen Planungsphasen eines Bauvorhabens sowie die jeweils daran beteiligten Akteure näher erläutert.

Tabelle 1.1 Leistungsphasen *HOAI* und Stufen der Kostenermittlung nach *DIN 276* während der Planungsphase

Leistungsphasen *HOAI*	Inhalt	Kostenermittlung *DIN 276*
LP 1	Grundlagenermittlung	Kostenrahmen
LP 2	Vorplanung	Kostenschätzung
LP 3	Entwurfsplanung	Kostenberechnung
LP 4	Genehmigungsplanung	
LP 5	Ausführungsplanung	Kostenvoranschlag
LP 6	Vorbereitung der Vergabe	
LP 7	Mitwirkung bei der Vergabe	Kostenanschlag

1.1.1 Vorfeld der Planung

Die Durchführung eines Bauvorhabens hat ihren Ursprung immer darin, dass der *Bauherr* für sich den Bedarf erkennt, ein Bauwerk zu erweitern, zu renovieren oder einen Neubau zu erstellen. Bauherren können sein:

- **Körperschaften des öffentlichen Rechts**

  Insbesondere Bund, Länder, Städte und Gemeinden, aber auch Kirchen und andere Institutionen, initiieren Bauprojekte. Ihr Bedarf reicht von *Infrastrukturmaßnahmen* wie Straßen, Brücken, Tunneln und Verkehrsanlagen bis hin zu *sozialen und kulturellen Einrichtungen* wie Schulen, Kindergärten, Krankenhäusern, Sporthallen, Verwaltungsgebäuden oder Theater- und Konzertbauten.

  Auch die *Erschließung neuer Wohn- und Gewerbegebiete* erfordert umfangreiche bauliche Maßnahmen: Neben dem Straßenbau sind Versorgungsleitungen für Strom, Gas, Wasser, Abwasser sowie Telekommunikation und Internet notwendig. Regelmäßig entstehen zudem technische Anlagen wie Klärwerke, Hafeninfrastrukturen oder Betriebsgebäude für Post, Bahn und Telekommunikation.

- **Gewerbe und Industrie**

  Neben der öffentlichen Hand treten Gewerbe und Industrie als bedeutende Bauherren auf. Sie benötigen Produktions- und Werkstätten, Lager- und Montagehallen, Verkaufsflächen sowie Büro- und Verwaltungsgebäude zur Umsetzung ihrer betrieblichen Aufgaben.

- **Dienstleistungssektor**

  Im Dienstleistungssektor sind ebenfalls zahlreiche Bauherren aktiv, wie z. B. Banken, Versicherungen, Hotels und Gastronomiebetriebe, die neue Standorte erschließen oder bestehende Einrichtungen modernisieren.

- **Wohnungsbau**

  Ein weiterer wichtiger Bereich ist der Wohnungsbau, vertreten durch *Bauträgergesellschaften*, die Wohngebäude errichten und diese anschließend verkaufen oder vermieten. Auch *private Bauherren* treten in Erscheinung zur Realisierung eines Eigenheims oder zur Kapitalanlage in Immobilien.

Zunehmend übernehmen auch *Bauunternehmen* selbst die Rolle des Bauherrn, insbesondere im Rahmen von *Projektentwicklungen*. Dabei wird zunächst ein geeignetes Grundstück erworben, anschließend ein Bauwerk geplant und errichtet, welches auf die Anforderungen eines Investors zugeschnitten wird. Nach Fertigstellung erfolgt der Verkauf. Alternativ wird das Objekt vermietet oder selbst genutzt.

Übungsbeispiel 1.1
Bedarf an einem Bauwerk für einen Bauherrn

Für welchen Bedarf wird beispielsweise bei einem Automobil-Hersteller gebaut?

Ein Automobil-Hersteller baut häufig für die Produktion eines neuen Fahrzeuges ein komplettes neues Montagewerk. Neue Produkte brauchen neue Montagestraßen, meistens mit einer neuen Gebäudehülle, dem Bauwerk. Auch für Produktionserweiterungen sind oft, wenn nicht Neubauten, so doch Um- und Ausbauten erforderlich.

Da der Bauherr in der Regel nicht über die fachliche Kompetenz zur Planung verfügt, wird ein Architekt beauftragt. Die Auswahl erfolgt zum Beispiel durch frühere Zusammenarbeit, Empfehlungen oder eine gezielte Anfrage am Markt.

Bei größeren, insbesondere öffentlichen Projekten, wird häufig ein *Architektenwettbewerb* ausgelobt, um gestalterisch und funktional hochwertige Lösungen zu finden. Diese Wettbewerbe ermöglichen es, unterschiedliche gestalterische Ansätze zu vergleichen und eine fundierte Vorentscheidung über die architektonische Richtung, den *Kostenrahmen* (nach *DIN 276*) und die Umsetzbarkeit der Projektidee zu treffen. Für Architekten bieten Wettbewerbe die Möglichkeit, ihre gestalterische Kreativität zu entfalten. Gleichzeitig stellen sie jedoch auch eine wirtschaftliche Herausforderung dar, da die Teilnahme mit erheblichem Aufwand verbunden ist. Ein Gewinn bzw. ein Platz unter den Erstplatzierten bedeutet jedoch nicht nur fachliche Anerkennung, sondern auch eine wertvolle Referenz für zukünftige Projekte.

In der *Grundlagenermittlung* (Leistungsphase 1 nach *HOAI*) führt der Architekt eine umfassende Analyse durch, die unter anderem Grundstücksmerkmale, rechtliche Rahmenbedingungen und Nutzungsvorgaben berücksichtigt. Eine *Bauvoranfrage* kann bereits in dieser frühen Phase dazu dienen, die Genehmigungsfähigkeit des Vorhabens zu prüfen und Risiken zu minimieren (Tabelle 1.2).

Tabelle 1.2 Phasen der Bauplanung: Vorfeld der Planung

Beteiligte	Tätigkeiten	Ergebnisse
Bauherren: ▪ Körperschaften des öffentlichen Rechts ▪ Gewerbe und Industrie ▪ Dienstleistungsgewerbe ▪ Bauträgergesellschaften ▪ Privatleute ▪ Bauunternehmen (Projektentwicklung)	Bedarfsfeststellung	Architektenwettbewerb Architektenvertrag (Werkvertrag nach BGB)
Architekt	Bedarfsanalyse Bauvoranfrage Kostenrahmen (*DIN 276*)	Raumprogramm Erste Aufträge an Sonder-fachleute
Honorarordnung für Architekten und Ingenieure (HOAI), Leistungsphase 1		

1.1.2 Vorentwurf

In der Phase der *Vorplanung* (Leistungsphase 2 nach *HOAI*) entwickelt der Architekt auf Grundlage der gemeinsam mit dem Bauherrn definierten Ziele erste konzeptionelle Lösungsansätze für das Bauvorhaben. Dabei werden *verschiedene Varianten* ausgearbeitet, die unterschiedliche Möglichkeiten hinsichtlich Funktion, Gestaltung und Wirtschaftlichkeit aufzeigen. Für jede dieser Varianten werden in Zusammenarbeit mit dem Tragwerksplaner die grundlegenden statischen und konstruktiven Konzepte erarbeitet (*Vorbemessung*). Parallel dazu erfolgt eine Abstimmung mit den Fachplanern für den technischen Ausbau, sodass Tragwerk, Haustechnik und Nutzung optimal aufeinander abgestimmt sind.

Ein zentrales Element des Vorentwurfs ist die Entwicklung eines schlüssigen *Raumprogramms*, das die Anforderungen des Bauherrn und die geplante Nutzung widerspiegelt. Auf dieser Basis entstehen Vorentwurfspläne, die die räumliche Organisation und die wichtigsten funktionalen Zusammenhänge visualisieren. Ergänzend dazu wird eine *Kostenschätzung* nach *DIN 276* erstellt, um die wirtschaftliche Machbarkeit der verschiedenen Varianten zu bewerten.

Bereits in dieser frühen Phase werden externe Fachleute hinzugezogen, um wesentliche Rahmenbedingungen zu klären. Es stellen sich folgende Fragen:

- Wie liegt das Gelände (Vermessungsingenieur)?
- Wie ist der Baugrund beschaffen (Geologe)?
- Was besagen Flächennutzungsplan und Bebauungsplan?
- Welche baurechtlichen Auflagen sind zu erfüllen?

Mit Abschluss des Vorentwurfs erhält der Architekt in der Regel einen *Architektenvertrag*, der als *Werkvertrag* nach *BGB* ausgestaltet ist und die Grundlage für die weitere Planung bildet. Die sorgfältige Analyse der Rahmenbedingungen und die enge Abstimmung mit dem Bauherrn und den Fachplanern schaffen die Basis für eine zielgerichtete und wirtschaftliche Projektentwicklung (Tabelle 1.3).

Tabelle 1.3 Phasen der Bauplanung: Vorentwurf

Beteiligte	Tätigkeiten	Ergebnisse
Architekt	Entwurf *in Varianten* Abstimmung Tragwerk und Ausbau Kostenschätzung *DIN 276* (Projektsteuerung)	Raumzuordnung Vorentwurfspläne erste Aufträge an Statiker und Fachingenieure
Honorarordnung für Architekten und Ingenieure (HOAI), Leistungsphase 2		

1.1.3 Entwurf

In der *Entwurfsplanung* (Leistungsphase 3 nach *HOAI*) vertieft der Architekt die zuvor *ausgewählte Variante* aus dem Vorentwurf und entwickelt sie zu einem durchdachten Gesamtkonzept weiter. Dabei werden die konstruktiven und technischen Details präzisiert, sodass die wesentlichen Merkmale des Bauwerks klar erkennbar werden. In enger Abstimmung mit dem Tragwerksplaner werden die geometrischen Dimensionen überschlägig festgelegt (*Vorstatik*), während die Fachplaner für den technischen Ausbau – etwa Heizung, Lüftung, Sanitär und Elektrotechnik – ihre Konzepte weiter ausarbeiten und auf das Gesamtprojekt abstimmen.

Das Ergebnis dieser Phase sind detaillierte Entwurfspläne, die die architektonische Gestaltung, die funktionalen Abläufe und die wichtigsten technischen Lösungen anschaulich darstellen. Parallel dazu erfolgt eine umfassende *Kostenberechnung* nach *DIN 276*, die eine solide Grundlage für die weitere Projektentwicklung und die Finanzierung bildet.

Im Dialog zwischen Architekt und Bauherr werden die erarbeiteten Entwurfsvarianten sorgfältig verglichen und bewertet. Ziel ist es, die optimale Lösung hinsichtlich Funktion, Gestaltung, Wirtschaftlichkeit und Genehmigungsfähigkeit zu finden und eine verbindliche Entscheidung für die weitere Planung zu treffen.

Mit Abschluss der Entwurfsplanung liegt ein ausgereiftes Konzept vor, das sowohl die gestalterischen als auch die technischen und wirtschaftlichen Anforderungen des Bauherrn erfüllt und als Grundlage für die nachfolgenden Planungsphasen dient (Tabelle 1.4).

Tabelle 1.4 Phasen der Bauplanung: Entwurf

Beteiligte	Tätigkeiten	Ergebnisse
Bauherr + Architekt (+ Projektsteuerung)	Vergleich der Vorentwurfsvarianten	Entscheidung für eine Variante
Architekt	Weiterbearbeitung der *gewählten Variante* Präzisieren der Angaben zur Konstruktion und zum technischen Ausbau Festlegen der geometrischen Dimensionen	Entwurfspläne
(Projektsteuerung)	Kostenberechnung *DIN 276*	
Bauherr + Architekt (+ Projektsteuerung)	Vergleich der Vorentwurfsvarianten	Entscheidung für eine Variante
Honorarordnung für Architekten und Ingenieure (HOAI), Leistungsphase 3		

1.1.4 Baugesuch, Baugenehmigung

Auf Grundlage des abgestimmten Entwurfs erstellt der Architekt im Rahmen der *Genehmigungsplanung* (Leistungsphase 4 nach *HOAI*) alle erforderlichen Unterlagen für das Baugesuch. Dazu gehören insbesondere die rechtsverbindlichen Bauantragspläne im Maßstab 1:100 sowie sämtliche Nachweise und Formulare, die für das Genehmigungsverfahren notwendig sind. Diese Unterlagen werden bei der zuständigen Bauaufsichtsbehörde eingereicht, um die baurechtliche Zulässigkeit des Vorhabens zu prüfen.

Parallel dazu fertigt der Tragwerksplaner den *Standsicherheitsnachweis* an, der die wesentlichen statischen Berechnungen und *Positionspläne* des Tragwerks sowie der Gründung umfasst. Ergänzend werden die *bautechnischen Nachweise* für den Brand-, Schall-, Wärme- und Erschütterungsschutz erstellt, die gemeinsam mit den übrigen *Bauvorlagen* eingereicht werden.

Folgende Planungsunterlagen trägt der Statiker gewöhnlich zu den Baugenehmigungs-Vorlagen bei:

- Statische Berechnung (Standsicherheitsnachweis),
- Bautechnische Nachweise: Brand-, Schall-, Wärme-, Feuchtigkeits- und Erschütterungsschutz,
- Ausführungspläne, Schal- und Bewehrungspläne, Werkpläne.

Die Bauaufsichtsbehörden der Städte und Landkreise prüfen die eingereichten Unterlagen auf Übereinstimmung mit den geltenden gesetzlichen Vorgaben, insbesondere den jeweiligen *Landesbauordnungen*. Nach erfolgreicher Prüfung wird die Baugenehmigung erteilt, gegebenenfalls verbunden mit Auflagen oder zusätzlichen Anforderungen. Erst mit dieser Genehmigung erhält der Bauherr die rechtliche Grundlage, das Bauvorhaben umzusetzen (Tabelle 1.5).

Tabelle 1.5 Phasen der Bauplanung: Baugesuch, Baugenehmigung

Beteiligte	Tätigkeiten	Ergebnisse
Architekt	Ausarbeiten rechtsverbindlicher Planvorlagen	Baugenehmigungsvorlagen Baugesuchs-Pläne M 1:100
Statiker	Tragwerksplanung, Standsicherheitsnachweis und Gründung	Statische Berechnung
Bauaufsichtsbehörde	Bearbeitung der Bauanträge und Bauvorlagen Prüfung auf Übereinstimmung mit gesetzlichen Vorschriften (*Landesbauordnung* etc.)	Erteilung der Baugenehmigung
Honorarordnung für Architekten und Ingenieure (HOAI), Leistungsphase 4		

1.1.5 Ausführungsplanung und Vergabe

Bereits während des laufenden Genehmigungsverfahrens beginnt der Architekt mit der Ausführungsplanung (Leistungsphase 5 nach *HOAI*). In dieser Phase werden detaillierte *Werkpläne* im Maßstab 1:50 erstellt, die sämtliche konstruktiven und technischen Details des Bauwerks präzise abbilden. Parallel dazu wird ein *Bauzeitenplan* entwickelt, der den zeitlichen Ablauf der Bauausführung strukturiert und als Grundlage für die Koordination aller Gewerke dient (Abschnitt 1.2).

Ein weiterer wichtiger Schritt ist die exakte *Mengenermittlung*, die als Basis für die *Ausschreibung* der Bauleistungen dient (Leistungsphase 6 nach *HOAI*). In der Vorbereitung der Vergabe werden *Leistungsverzeichnisse* und Vertragsunterlagen für sämtliche Gewerke, vom Rohbau bis zum Ausbau, nach den Vorgaben der *VOB/C* erstellt. Diese Unterlagen ermöglichen eine transparente und vergleichbare Angebotsabgabe durch die Bauunternehmen.

Im Zuge der Ausführungsplanung und Vergabe wird ein *Kostenvoranschlag* nach *DIN 276* erarbeitet, der die zu erwartenden Baukosten auf Grundlage der detaillierten Planung abbildet. Nach Eingang der Angebote erfolgen eine sorgfältige Prüfung und ein *Kostenvergleich*, um die wirtschaftlich und fachlich beste Lösung auszuwählen. Die Ergebnisse dieser Auswertung fließen in den endgültigen *Kostenanschlag* ein, der dem Bauherrn eine verlässliche Grundlage für die Finanzierung und die weitere Projektsteuerung bietet (Kapitel 4).

Mit der *Vergabe der Bauleistungen* an die ausgewählten Unternehmen (Leistungsphase 7 nach *HOAI*) beginnt die eigentliche Ausführungsphase. Der Statiker erstellt auf Basis der Werkpläne die erforderlichen Schal- und Bewehrungspläne sowie Ausführungsunterlagen für Holz- und Stahlkonstruktionen. Diese werden zunächst zur Prüfung bei der zuständigen Bauaufsichtsbehörde oder einem Prüfingenieur eingereicht und nach Freigabe an die ausführenden Firmen übergeben.

Durch die enge Verzahnung von Ausführungsplanung, Ausschreibung und Vergabe wird sichergestellt, dass das Bauvorhaben technisch, wirtschaftlich und terminlich optimal vorbereitet ist und die Umsetzung reibungslos erfolgen kann (Tabelle 1.6). Ausschreibung und Vergabe eines Bauauftrags (Kapitel 11) wie auch der Abschluss eines Bauvertrags (Kapitel 10) erfolgen in der Regel auf der Grundlage der *Vergabe- und Vertragsordnung für Bauleistungen* (VOB) oder gemäß Werkvertragsrecht nach *Bürgerlichem Gesetzbuch* (BGB).

Tabelle 1.6 Phasen der Bauplanung: Ausführungsplanung und Vergabe

Beteiligte	Tätigkeiten	Ergebnisse
Architekt	Erstellen der Planungsunterlagen für die Ausführung	Werkpläne M 1:50
Architekt, Projektsteuerung	Mengenermittlung Erarbeitung der Leistungsverzeichnisse und Vertragsunterlagen Festlegung des zeitlichen Rahmens Prüfung der Angebote (Kostenvergleich) Überarbeitung des Kostenrahmens mit angebotenen Preisen	Ausschreibung von Rohbau- und Ausbaugewerken Bauzeitenplan Auftragsvergabe Kostenvoranschlag, Kostenanschlag gemäß *DIN 276*
Statiker	Einreichen des Standsicherheitsnachweises (statische Berechnung) als Bauvorlage beim Bauaufsichtsamt zum Baugesuch (wird meistens nachträglich eingereicht) Bautechnische Nachweise z. B. Brand-, Schall-, Wärme-, Feuchtigkeitsschutz, als Bauvorlage einzureichen	Statische Berechnung Ausführungspläne Schal- und Bewehrungspläne Werkpläne

Tabelle 1.6 Phasen der Bauplanung: Ausführungsplanung und Vergabe *(Fortsetzung)*

Beteiligte	Tätigkeiten	Ergebnisse
Prüfingenieur (Bauaufsichtsbehörde)	Prüfung des Standsicherheitsnachweises und der Ausführungspläne	Freigabe der Ausführungspläne
Sachverständige	Beweissicherung, geotechnische Beratung, Verbau, Wasserhaltung	Gutachten, Beratung
Fachleute der Stadtbahn, Bahn etc.	Prüfung der Ausführungspläne auf ihre Belange	Vorschriften, Auflagen, Verträge
Nachbarn		
Honorarordnung für Architekten und Ingenieure (HOAI), Leistungsphasen 5 bis 7		

1.1.6 Weitere an der Planung Beteiligte

Die erfolgreiche Planung und Realisierung eines Bauvorhabens erfordert das Zusammenspiel zahlreicher Fachleute und Spezialisten. Neben dem Bauherrn, dem Architekten und dem Statiker ist eine Vielzahl weiterer Experten beteiligt, die mit ihren spezifischen Kenntnissen entscheidend zum Gelingen des Projekts beitragen. Im Folgenden werden weitere wichtige Akteure und ihre Aufgaben im Planungsprozess vorgestellt.

Projektsteuerung

Besonders bei großen, komplexen Bauvorhaben beauftragt der Bauherr häufig einen Projektsteuerer, der dem Architekten übergeordnet ist. Projektsteuerer sind meist spezialisierte Ingenieurgesellschaften, die über umfassende Erfahrung in der Leitung großer Bauprojekte verfügen. Ihre Hauptaufgabe besteht darin, die Vielzahl der am Bau Beteiligten zu koordinieren, die Einhaltung von Kosten, Terminen und Qualitäten sicherzustellen und den Bauherrn in allen Projektphasen beratend zu unterstützen. Während der Architekt sich auf die Entwurfs- und Ausführungsplanung konzentriert, übernimmt der Projektsteuerer Aufgaben wie das Vertragsmanagement, die Steuerung der Fachplaner und die Überwachung des Projektfortschritts.

Die Vielzahl der am Bauprozess beteiligten Fachleute macht eine klare Regelung der Zuständigkeiten und Schnittstellen erforderlich. Diese werden durch gesetzliche Vorgaben, Normen und vertragliche Vereinbarungen festgelegt. Nur durch eine strukturierte Zusammenarbeit aller Beteiligten kann ein Bauvorhaben effizient und erfolgreich realisiert werden.

Fachingenieure

Für die Planung und Umsetzung technischer Anlagen werden Fachingenieure hinzugezogen, die jeweils auf ihrem Gebiet spezialisiert sind. Dazu zählen Experten für Heizung, Lüftung, Sanitär, Elektroinstallation sowie für spezielle technische Anlagen wie Produktionsstätten, Maschinen, EDV-Systeme, Aufzüge oder Entwässerung. Sie sorgen dafür, dass alle technischen Anforderungen des Bauwerks fachgerecht und effizient umgesetzt werden.

Vermessungsingenieur

Der Vermessungsingenieur, auch Geometer genannt, ist für die exakte Vermessung des Grundstücks verantwortlich. Er erstellt Lagepläne, die als Grundlage für das Genehmigungsverfahren dienen. Als öffentlich bestellter Sachverständiger handelt er im Auftrag des Bauherrn, nimmt jedoch zugleich hoheitliche Aufgaben wahr. Den von ihm erstellten Vermessungsunterlagen wird öffentlicher Glaube beigemessen, was ihre besondere Bedeutung im Bauprozess unterstreicht.

Geologe

Vor Beginn der Bauarbeiten ist es unerlässlich, den Baugrund hinsichtlich seiner Beschaffenheit und Tragfähigkeit zu untersuchen. Hierfür wird ein Geologe beauftragt, der ein *Baugrundgutachten* erstellt. Dieses *geologische Gutachten* bildet die Grundlage für die Planung der Gründung und hilft, Risiken frühzeitig zu erkennen und geeignete Maßnahmen festzulegen.

Sachverständige

Je nach Art und Lage des Bauvorhabens können weitere Sachverständige erforderlich sein. Sie werden beispielsweise für die *Beweissicherung* bestehender Bebauung, für *geotechnische Beratungen* bei schwierigen Baugrundverhältnissen oder für spezielle technische Prüfungen hinzugezogen. Auch bei Projekten im Bereich von Stadt- oder Fernbahnen sind häufig zusätzliche Experten beteiligt.

Sicherheits- und Gesundheits-Koordination

Gemäß *Baustellenverordnung (BaustellV)* ist der Bauherr verpflichtet, einen *Sicherheits- und Gesundheitsschutz-Koordinator (SiGeKo)* zu bestellen, sobald auf der Baustelle Beschäftigte mehrerer Unternehmen tätig sind und ein erhöhter Koordinationsbedarf besteht. Der SiGeKo sorgt bereits in der Planungsphase und während der Ausführung für die Einhaltung der Sicherheits- und Gesundheitsschutzmaßnahmen und trägt damit wesentlich zur Unfallvermeidung und zum reibungslosen Ablauf auf der Baustelle bei (Kapitel 12).

1.1.7 Ämter und Behörden

Neben den Planungsbeteiligten spielen auch verschiedene Ämter und Behörden eine zentrale Rolle im Bauprozess. Sie sorgen für die rechtliche Absicherung, die Einhaltung der Vorschriften und die ordnungsgemäße Durchführung des Bauvorhabens. Entsprechende Grundlagen des Bauordnungsrechts sind in Kapitel 9 zusammengefasst.

Katasteramt

Das Katasteramt der jeweiligen Gemeinde verwaltet alle Grundstücke in Form von Lageplänen und Verzeichnissen. Es dokumentiert die Lage, Größe und Eigentumsverhältnisse der Grundstücke und stellt damit die Grundlage für die steuerliche Veranlagung sowie für die Erhebung von Abgaben und Lasten bereit. Die vom Katasteramt ausgestellten Lagepläne sind ein unverzichtbarer Bestandteil der Bauvorlagen.

Bauaufsichtsbehörde

Die Bauaufsichtsämter der Städte und Gemeinden, als untere Bauaufsichtsbehörden, sind für die Bearbeitung und Prüfung der Bauanträge zuständig. Sie kontrollieren, ob die eingereichten Bauvorlagen mit den geltenden gesetzlichen Vorschriften und Verordnungen, insbesondere der jeweiligen *Landesbauordnung*, übereinstimmen. Nach erfolgreicher Prüfung erteilen sie die *Baugenehmigung*, gegebenenfalls mit Auflagen. Darüber hinaus überwachen sie die Bauausführung, führen die *Rohbauabnahme* nach Fertigstellung des Rohbaus sowie die *Schlussabnahme* vor der Inbetriebnahme des Bauwerks durch. In bestimmten Fällen kann die Bauüberwachung auch an einen Prüfingenieur übertragen werden.

Prüfingenieur

Prüfingenieure übernehmen einen Teil der Aufgaben der Bauaufsichtsbehörde, insbesondere im Bereich der Bauüberwachung. Sie kontrollieren die ordnungsgemäße Ausführung der Bauarbeiten, prüfen die verwendeten Baustoffe und Bauteile sowie die Einhaltung der technischen Vorschriften – etwa bei Gerüsten und Aussteifungen. Ein besonderer Schwerpunkt liegt auf der Überprüfung des Standsicherheitsnachweises, der Ausführungspläne und der Bewehrung vor dem Betonieren sowie der Kontrolle der Betonfestigkeit. Durch ihre unabhängige Prüfung tragen sie maßgeblich zur Sicherheit und Qualität des Bauwerks bei.

1.2 Bauzeitenplanung

Im Zuge der Ausführungsplanung ist der Architekt verpflichtet, eine Bauzeitenplanung durchzuführen. Sie dient als wesentliches Steuerungselement für die terminliche Organisation des Bauablaufs.

Ein grober *Bauzeitenplan* zeigt die Termine und Bauzeiten für die gesamte Planungs- und Bauzeit. In detaillierten Bauzeitenplänen werden insbesondere die Abläufe der Ausbauphase eines Gebäudes geplant. Dargestellt werden die Parallel- und Hintereinander-Folgen der vielfältigen Ausbaugewerke, teilweise in mehreren Montageabschnitten (Bild 1.2).

Um einen detaillierten Bauzeitenplan darstellen zu können, müssen auf der Grundlage genauer *Teilmengen* und mithilfe differenzierter *Zeitaufwandswerte* die Dauern der einzelnen Teilvorgänge ermittelt werden. Für den Rohbau werden üblicherweise solche detaillierten Bauablaufpläne von den ausführenden Unternehmen erstellt (Malpricht, W.; Rupp, C.: Bauleitung und Ausführung im Baubetrieb).

Bei der Darstellung der Vorgänge sind alle Abhängigkeiten aus Konstruktion, Material und Personal zu berücksichtigen. Mithilfe von Kennwerten kann schon in einer frühen Planungsphase die gesamte Bauzeit abgeschätzt werden. Mit groben *Zeitbedarfs- und Kapazitätswerten* können auch die Teilzeiten einzelner Gewerke überschlägig berechnet werden.

In den folgenden Abschnitten wird eine überschlägige Ermittlung der erforderlichen Bauzeit für Rohbau und Ausbau insgesamt sowie der Bauzeiten einzelner ausgewählter Gewerke durchgeführt, um einen groben Bauzeitenplan entwickeln zu können.

1.2.1 Abschätzung der Rohbauzeit

Auf der Basis des Bruttorauminhalts (m^3 BRI) eines Bauwerks kann mithilfe von Kennwerten die erforderliche Anzahl von Arbeitsstunden und damit der Personalbedarf geschätzt werden (Tabelle 1.7).

Tabelle 1.7 Kennwerte zur Ermittlung der Arbeitsstunden

Erforderliche Arbeitsstunden	0,8 bis 1,4 h/m^3 BRI, im Mittel 1,1 h/m^3 BRI
Quelle: Malpricht, W.; Rupp, C.: Schalungsplanung im Baubetrieb	

Ausgehend von einer möglichen und sinnvollen Belegschaftsstärke des Bauunternehmens auf einer Baustelle wird die *Rohbauzeit* abgeschätzt. Umgekehrt kann aus einer vorgegebenen Bauzeit die erforderliche *Kolonnengröße* ermittelt werden.

Übungsbeispiel 1.2

Rohbauzeit und Personalbedarf – Beispielprojekt Stadtvilla

Die Berechnung des Bruttorauminhalts (m^3 BRI) des *Beispielprojekts Stadtvilla* ist in Abschnitt 3.2.2 ausgeführt. Die Pläne des Gebäudes sind in Kapitel 2 dargestellt.

Das Gebäude des *Beispielprojekts Stadtvilla* hat einen Bruttorauminhalt von 1118,44 m^3 BRI.

Ergänzend zum Lohnaufwand für den reinen Rohbau soll hier der zusätzliche Mehraufwand durch das Verblendmauerwerk berücksichtigt werden. Aus Tabelle 1.7 wird der Faktor 1,4 gewählt. Die erforderliche Anzahl an Lohnstunden beträgt (Formel 1.1):

$$1118{,}44\ (\mathrm{m^3 BRI}) \cdot 1{,}4 = 1565{,}8\ \mathrm{h} \tag{1.1}$$

Die erforderliche Anzahl an Tagewerken (TW) ergibt sich bei einer täglichen Arbeitszeit von 8 Stunden zu (Formel 1.2):

$$\frac{1565{,}8\ \mathrm{h}}{\frac{8\ \mathrm{h}}{(\mathrm{AK \cdot AT})}} = 195{,}7\ \mathrm{TW} \approx 196\ \mathrm{TW} \tag{1.2}$$

1 TW Tagewerk = 1 AK (Arbeitskraft) · 1 AT (Arbeitstag)

Mit einer *mittleren Belegschaftsstärke* von 4,0 Arbeitskräften (AK) ergibt sich eine Bauzeit von etwa 49 Arbeitstagen (AT) (Formel 1.3):

$$\frac{196\ \mathrm{TW}}{4{,}0\ \mathrm{AK}} = 49\ \mathrm{AT} \tag{1.3}$$

Damit ist die Rohbauzeit von 49 Arbeitstagen überschlägig ermittelt.

Anmerkung: Bei der Rohbauzeit von 49 Arbeitstagen handelt es sich um eine überschlägige Ermittlung anhand von Kennwerten. Eine detailliertere Berechnung im Rahmen der Bauablaufplanung ist in Malpricht, W.; Rupp, C.: Bauleitung und Ausführung im Baubetrieb zu finden. Dort wird mit etwa 2045 h (Lohnstunden) und einer Rohbauzeit von etwa 64 Arbeitstagen (AT) kalkuliert.

In der Hauptbauzeit einer Baustelle liegt die Personenzahl der *Spitzenbelegschaft* in der Regel um etwa 10 bis 20 %, im Mittel um 15 % über der mittleren Belegschaftsstärke, hier bei (Formel 1.4):

$$4{,}0\ \mathrm{AK} \cdot 1{,}15 = 4{,}6\ \mathrm{AK} \approx 5{,}0\ \mathrm{AK} \tag{1.4}$$

1.2.2 Gesamtbauzeit eines Bauprojektes

Die Dauer der Gesamtbauzeit eines Bauvorhabens kann überschlägig mit den Faktoren in Tabelle 1.8 aus der prognostizierten Rohbauzeit hochgerechnet werden.

Tabelle 1.8 Verhältniswerte der Dauern von Rohbauzeit und Gesamtbauzeit

Bauwerksarten	Faktoren für Gesamtbauzeit
Wohnbauten	Rohbauzeit · (1,5 bis 1,8)
Verwaltungsbauten	Rohbauzeit · (2,0 bis 2,2)
Krankenhäuser	Rohbauzeit · (3,0 bis 3,5)
Quelle: Greiner, P.; Mayer, P. E.; Stark, K.: Baubetriebslehre – Projektmanagement	

Übungsbeispiel 1.3
Gesamtbauzeit – Beispielprojekt Stadtvilla

Gemäß Tabelle 1.8 muss für das *Beispielprojekt Stadtvilla* als Wohnbau mit einer um das 1,8-fache längeren Gesamtbauzeit gerechnet werden, bezogen auf die prognostizierte Rohbauzeit (Formel 1.5):

$$49\ \text{AT} \cdot 1{,}8 = 88{,}2\ \text{AT} \approx 88\ \text{AT} \tag{1.5}$$

Für das *Beispielprojekt Stadtvilla* muss eine Gesamtbauzeit für Rohbau und Ausbau von 88 Arbeitstagen (AT) eingeplant werden. Für die Ausbaugewerke stehen somit insgesamt 39 Arbeitstage (AT) der Gesamtbauzeit zur Verfügung (Formel 1.6).

$$88\ \text{AT} - 49\ \text{AT} = 39\ \text{AT} \tag{1.6}$$

1.2.3 Zeitbedarf für Ausbaugewerke

Die Angabe von genaueren Zeitbedarfswerten für Ausbaugewerke ist aufgrund der vielfältigen gebäudetechnischen Ausstattungen schwierig. Die Zeitbedarfswerte in Tabelle 1.9 sind als grobe Richtwerte zur Abschätzung von Zeitdauern und Terminen anzusehen.

Tabelle 1.9 Zeitbedarfswerte für haustechnische Gewerke

Haustechnische Gewerke	Zeitbedarfswerte
Heizung	0,10 bis 0,15 h/m³ BRI
Sanitär	0,15 bis 0,25 h/m³ BRI
Elektro	0,25 bis 0,35 h/m³ BRI
Klima, Lüftung	0,25 bis 0,30 h/m³ BRI
Quelle: Greiner, P.; Mayer, P. E.; Stark, K.: Baubetriebslehre – Projektmanagement	

Übungsbeispiel 1.4

Zeitbedarf für haustechnische Gewerke – Beispielprojekt Stadtvilla

Mit den Zeitbedarfswerten aus Tabelle 1.9 kann der ungefähre Zeitbedarf für die entsprechenden Gewerke des *Beispielprojekts Stadtvilla* abgeschätzt werden.

Der Zeitbedarf für das Gewerk Heizungsarbeiten beträgt (Formel 1.7):

$$1118{,}44\ \mathrm{m}^3\ \mathrm{BRI} \cdot \frac{0{,}125\ \mathrm{h}}{\mathrm{m}^3\ \mathrm{BRI}} = 139{,}8\ \mathrm{h} \tag{1.7}$$

Der Zeitbedarf für das Gewerk Sanitärarbeiten beträgt (Formel 1.8):

$$1118{,}44\ \mathrm{m}^3\ \mathrm{BRI} \cdot \frac{0{,}2\ \mathrm{h}}{\mathrm{m}^3\ \mathrm{BRI}} = 223{,}7\ \mathrm{h} \tag{1.8}$$

Der Zeitbedarf für das Gewerk Elektroarbeiten beträgt (Formel 1.9):

$$1118{,}441\ \mathrm{m}^3\ \mathrm{BRI} \cdot \frac{0{,}3\ \mathrm{h}}{\mathrm{m}^3\ \mathrm{BRI}} = 335{,}5\ \mathrm{h} \tag{1.9}$$

Der Zeitbedarf für das Gewerk Klima und Lüftung beträgt (Formel 1.10):

$$1118{,}44\ \mathrm{m}^3\ \mathrm{BRI} \cdot \frac{0{,}275\ \mathrm{h}}{\mathrm{m}^3\ \mathrm{BRI}} = 307{,}6\ \mathrm{h} \tag{1.10}$$

1.2.4 Kapazitätswerte für Ausbaugewerke

Um die Zeitdauer abschätzen zu können, die eine Kolonne für die jeweiligen Arbeiten benötigt, sind Kenntnisse zu üblichen Kolonnenstärken erforderlich. Hierzu können Kapazitätswerte für die verschiedenen Gewerke genutzt werden.

In Tabelle 1.10 sind übliche Kapazitätswerte für die haustechnischen Gewerke aufgeführt.

Tabelle 1.10 Kapazitätswerte für haustechnische Gewerke

Gewerk (Nr. STLB-Bau)	Kolonnenstärke/ Arbeitskräfte	Maximale Bearbeitungsfläche je Kolonne [m^2 BGF]
Heizungsarbeiten, Warmwasser (040)	2 bis 3	
Sanitärarbeiten, Gas, Wasser, Abwasser (042–046)	2 bis 3	1000 m^2 bis 1500 m^2
Elektroarbeiten, Niederspannungsanlagen (053)	4 bis 6	1000 m^2
Klima und Lüftung, Raumluft-technische Anlagen (074, 075)	Zentralgeräte: 3 bis 4, Luftverteilsysteme: 4 bis 6	Anlagen bis 200 000 m^3/h
Quelle: Landesinstitut für Bauwesen und angewandte Bauschadensforschung, Aachen (Hrsg.): Terminplanung – Zeitbedarfswerte für Bauleistungen im Hochbau		

Übungsbeispiel 1.5

Zeitdauer der haustechnischen Gewerke – Beispielprojekt Stadtvilla

Mit den Kapazitätswerten aus Tabelle 1.10 kann die ungefähre Zeitdauer für die entsprechenden Gewerke des *Beispielprojekts Stadtvilla* abgeschätzt werden.

Die Zeitdauer für das Gewerk Heizungsarbeiten beträgt beim Einsatz von 2 Arbeitskräften (AK) etwa 8,7 Arbeitstage (AT) (Formel 1.11):

$$\frac{139{,}8\ \text{h}}{8\ \frac{\text{h}}{\text{AK}\cdot\text{AT}}\cdot 2\ \text{AK}} = 8{,}7\ \text{AT} \tag{1.11}$$

Für das Gewerk Sanitärarbeiten ergibt sich beim Einsatz von 3 Arbeitskräften eine Zeitdauer von etwa 9,3 Arbeitstagen (AT) (Formel 1.12):

$$\frac{223{,}7\ \text{h}}{8\ \frac{\text{h}}{\text{AK}\cdot\text{AT}}\cdot 3\ \text{AK}} = 9{,}3\ \text{AT} \tag{1.12}$$

Beim Einsatz von 5 Arbeitskräften (AK) für das Gewerk Elektroarbeiten beträgt die Zeitdauer etwa 8,4 Arbeitstage (AT) (Formel 1.13):

$$\frac{335{,}5\ \text{h}}{8\ \frac{\text{h}}{\text{AK}\cdot\text{AT}}\cdot 5\ \text{AK}} = 8{,}4\ \text{AT} \tag{1.13}$$

Mit einer Kolonnenstärke von 4 Arbeitskräften (AK) ergibt sich für das Gewerk Klima und Lüftung eine Zeitdauer von 9,6 Arbeitstagen (Formel 1.14):

$$\frac{307{,}6\ \text{h}}{8\ \frac{\text{h}}{\text{AK}\cdot\text{AT}}\cdot 4\ \text{AK}} = 9{,}6\ \text{AT} \tag{1.14}$$

In Tabelle 1.11 sind übliche Kapazitätswerte für weitere Ausbaugewerke aufgeführt.

Tabelle 1.11 Kapazitätswerte für ausgewählte Ausbaugewerke

Gewerk (Nr. STLB-Bau)	Kolonnenstärke/ Arbeitskräfte [AK]	Maximale Bearbeitungsfläche je Kolonne [m^2 BGF]
Dachdeckungsarbeiten (020), Dachabdichtungsarbeiten (021)	3	400 m^2
Klempnerarbeiten (022)	2	150 bis 200 m^2
Putz- und Stuckarbeiten (023)	2 + 1	300 bis 500 m^2
Fliesen- und Plattenarbeiten (024)	2	50 bis 100 m^2
Estricharbeiten (025)	2 + 1	Tagesleistung bis 100 m^2
Tischlerarbeiten (027)	2	Baustellen-Montage

Tabelle 1.11 Kapazitätswerte für ausgewählte Ausbaugewerke *(Fortsetzung)*

Gewerk (Nr. STLB-Bau)	Kolonnenstärke/ Arbeitskräfte [AK]	Maximale Bearbeitungsfläche je Kolonne [m^2 BGF]
Parkett- und Holzpflasterarbeiten (028)	2	100 m^2
Rolladenarbeiten (030)	2	20 Stck.
Tapezier- (032), Anstricharbeiten (034)	3 bis 4	200 m^2 Nutzfläche
Bodenbelagsarbeiten (036)	2	100 bis 200 m^2
Trockenbauarbeiten (039)	3 bis 4	100 bis 200 m^2
Quelle: Landesinstitut für Bauwesen und angewandte Bauschadensforschung, Aachen (Hrsg.): Terminplanung – Zeitbedarfswerte für Bauleistungen im Hochbau		

1.2.5 Bauzeitenplan

Bei der Bauzeitenplanung der Ausbauphase sind viele Gewerke zu berücksichtigen, die untereinander *technische Abhängigkeiten* aufweisen und teilweise gleichzeitig agieren. Wichtige Voraussetzung für den Beginn der Ausbauarbeiten ist die Dichtigkeit des Gebäudes gegen Witterungseinflüsse. Daher müssen das Dach und alle Fensteröffnungen wasserdicht geschlossen sein.

Übungsbeispiel 1.6

Bauzeitenplan – Beispielprojekt Stadtvilla

Insgesamt ergeben sich aus den Übungsbeispielen 1.2 bis 1.5 für den Rohbau und die haustechnischen Gewerke des *Beispielprojekts Stadtvilla* folgende Zeitdauern (Bild 1.2):

- Gesamtbauzeit 88 Arbeitstage (AT),
- Rohbau 49 Arbeitstage (AT), beim Einsatz von 4 Arbeitskräften (AK),
- Bauzeit für die Ausbaugewerke insgesamt 39 Arbeitstage (AT).

  Darin enthalten sind die Bauzeiten für die haustechnischen Gewerke, die größtenteils zeitgleich ausgeführt werden müssen:
  - Heizungsarbeiten, 8,7 Arbeitstage (AT),
  - Sanitärarbeiten 9,3 Arbeitstage (AT),
  - Elektroarbeiten 8,4 Arbeitstage (AT),
  - Installationsarbeiten für Klima und Lüftung 9,6 Arbeitstage (AT).

Die Bauausführung der haustechnischen Anlagen erfolgt in der Regel in mehreren Phasen:

- **Rohmontage,**
- **Endmontage** mit Dämmarbeiten an Rohrleitungen und Kanälen,
- **Montage der Installationszentralen.**

Zwischen Rohmontage und Endmontage liegt häufig eine zeitliche Unterbrechung, möglicherweise auch das Auswechseln der Kolonnen. Auch die Montage der jeweiligen Installationszentralen geschieht oft zeitlich getrennt und gegen Ende der Baumaßnahme. Die Wärmedämmung von Rohrleitungen und Kanälen für Heizung, Warmwasser, Klima und Lüftung erfolgt ebenfalls zeitlich getrennt und nach den Endmontagen.

Die Rohmontagen der haustechnischen Gewerke erfolgen zeitlich parallel, die Gewerke dürfen sich dabei jedoch nicht behindern. Die Putzarbeiten können beginnen, wenn die haustechnischen Rohmontagen in den Wänden abgeschlossen sind. Auch die endgültigen Fenster sollten dann schon eingebaut sein, um ein nachträgliches Anputzen in den Fensterleibungen zu vermeiden.

Zwischen den Kolonnen bestehen häufig technische oder auch kapazitive Abhängigkeiten. Diese erfordern eine entsprechende Hintereinanderfolge der einzelnen Gewerke, beispielsweise

- Putzarbeiten und Fenstereinsetzen vor Estricharbeiten,
- Durchführung von Druckprüfungen vor dem Schließen der Schlitze,
- Schließen der zweiten Schale bei Leichtbauwänden nach der Rohinstallation,
- Einsetzen der Türblätter nach dem Einbau der Bodenbeläge.

Die Malerarbeiten sollten vor den Endmontagen der haustechnischen Gewerke abgeschlossen sein. Der Einbau von Bodenbelägen erfolgt wegen der Verschmutzungsgefahr nach den Endmontagen.

Es ist sinnvoll, die Arbeitsgeschwindigkeiten der einzelnen Kolonnen so aufeinander abzustimmen, dass sie in einem bestimmten und gleichbleibenden Abstand durch die Abschnitte oder Geschosse eines Gebäudes hindurchwandern können. Die Arbeitsgeschwindigkeit einer Kolonne ist vor allem von der Anzahl der Arbeitskräfte abhängig.

In Bild 1.2 ist das Prinzip eines Bauzeitenplans für die Ausbauphase dargestellt.

Die Ablaufprinzipen eines Bauablaufs sind in Malpricht, W.; Rupp, C.: Bauleitung und Ausführung im Baubetrieb ausführlich beschrieben.

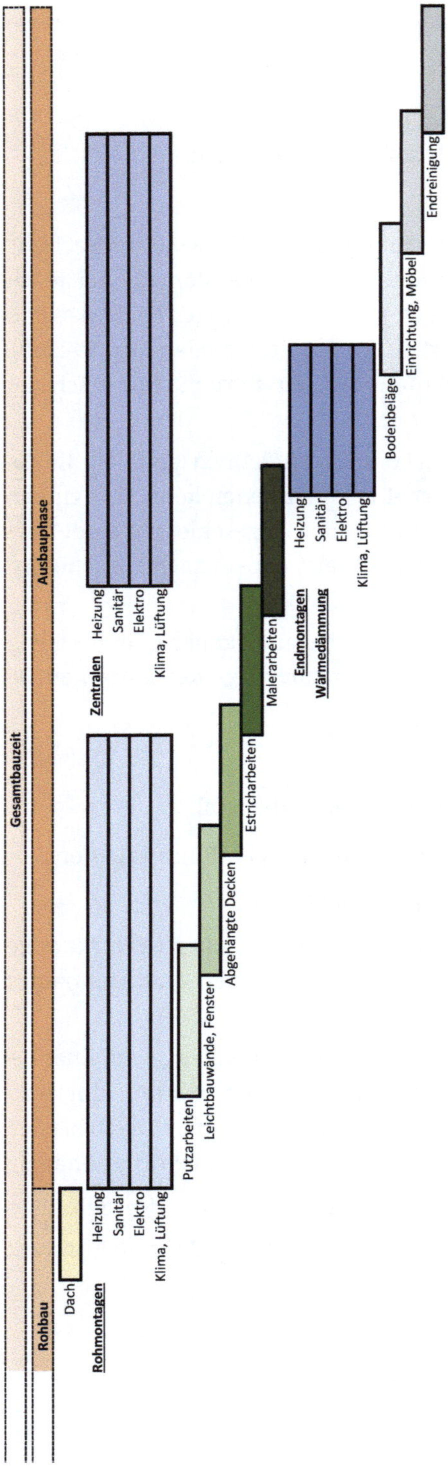

Bild 1.2

Prinzip eines Bauzeitenplans für die Ausbauphase, *Beispielprojekt Stadtvilla*; vgl. Kochendörfer, Liebchen, Viering: Bau-Projekt-Management

1.3 Übungsaufgaben

Übungsaufgabe 1.1
Vorentwurfsphase

a) Beschreiben Sie die Tätigkeiten des Architekten und deren Ergebnisse während der Vorentwurfsphase.

b) Beschreiben Sie die Aufgaben des Statikers während der Vorentwurfsphase eines Bauvorhabens. Nennen Sie die Ergebnisse dieser Tätigkeiten. Wer gibt ihm den Auftrag dazu?

Übungsaufgabe 1.2
Raumprogramm

a) Zu welchem Zweck wird ein Raumprogramm aufgestellt? Wer stellt das Raumprogramm auf?

b) In welcher Planungsphase wird das Raumprogramm erarbeitet?

Übungsaufgabe 1.3
Baugenehmigung

a) Aus welchen Teilen bestehen die Baugenehmigungsvorlagen? Von wem werden diese jeweils erstellt?

b) Unter welchen Voraussetzungen wird die Baugenehmigung erteilt? Wer erteilt die Baugenehmigung?

Übungsaufgabe 1.4
Prüfingenieur

a) Welche Aufgaben übernimmt ein Prüfingenieur im Verlauf der Planung und Ausführung eines Bauvorhabens?

b) In wessen Auftrag arbeitet der Prüfingenieur? Wer muss die Leistung des Prüfingenieurs bezahlen?

Übungsaufgabe 1.5
Bauaufsichtsbehörde

Welche Aufgaben haben die Bauaufsichtsbehörden gemäß den Landesbauordnungen?

Den folgenden Übungsaufgaben 1.6 bis 1.10 ist das Bauvorhaben eines Bürogebäudes zugrunde gelegt, das nachfolgend in Lageplan (Bild 1.3), Grundriss (Bild 1.4) und Schnitt (Bild 1.5) dargestellt ist.

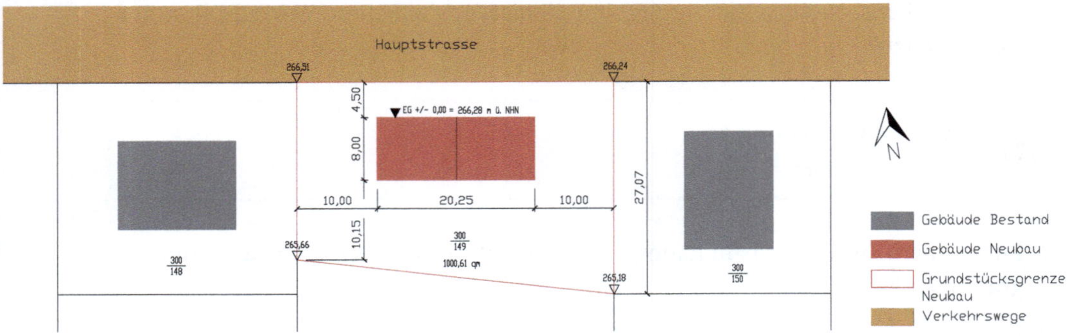

Bild 1.3 Lageplan

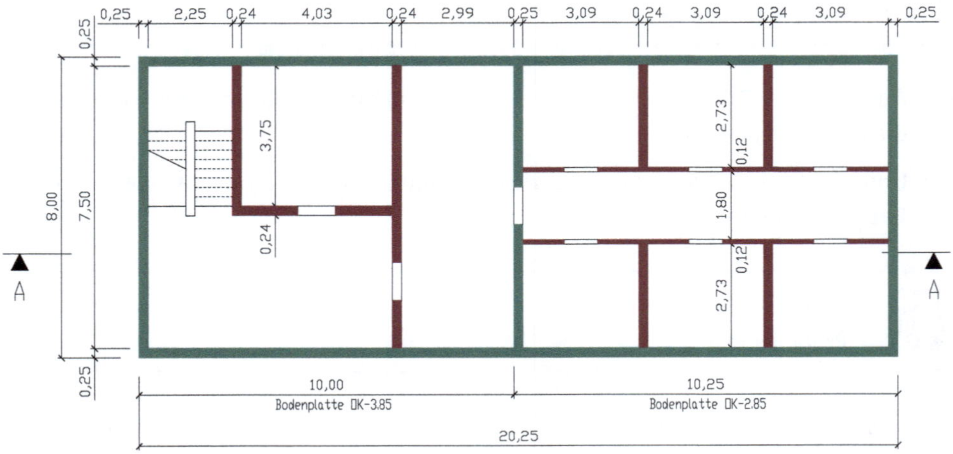

Bild 1.4 Grundriss

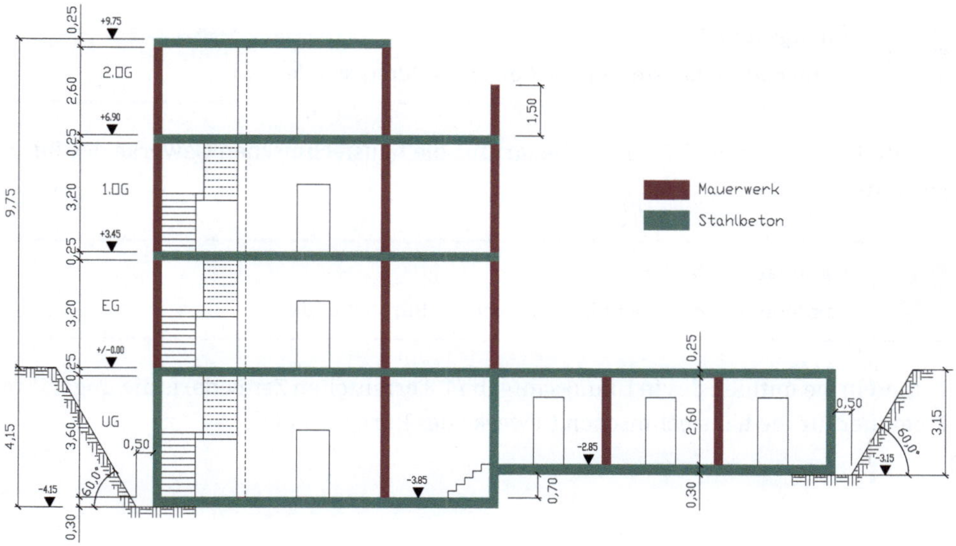

Bild 1.5 Schnitt

Übungsaufgabe 1.6
Rohbauzeit und Personalbedarf – Bürogebäude

Berechnen Sie überschlägig die erforderliche Rohbauzeit für den Rohbau des Bürogebäudes bei einer mittleren Belegschaftsstärke von 4 Arbeitskräften bei einer täglichen Arbeitszeit von 8 h je Arbeitskraft. Berechnen Sie dafür den Bruttorauminhalt m^3 BRI des Gebäudes. Wie groß muss ungefähr die Spitzenbelegschaft während der Hauptbauzeit sein? Zur Berücksichtigung des etwas höheren Lohnaufwands für das Außenmauerwerk des Gebäudes soll aus Tabelle 1.7 der Faktor 1,2 gewählt werden.

Übungsaufgabe 1.7
Gesamtbauzeit – Bürogebäude

Berechnen Sie die ungefähre Gesamtbauzeit für das Bürogebäude auf Grundlage der in Übungsaufgabe 1.6 ermittelten Rohbauzeit. Wie viele Arbeitstage (AT) der Gesamtbauzeit stehen damit für die Ausbaugewerke zur Verfügung?

Übungsaufgabe 1.8

Zeitbedarf für haustechnische Gewerke – Bürogebäude

Ermitteln Sie den ungefähren Zeitbedarf für die haustechnischen Gewerke des Bürogebäudes.

Übungsaufgabe 1.9

Zeitdauer der haustechnische Gewerke – Bürogebäude

Ermitteln Sie mithilfe des in Übungsaufgabe 1.8 ermittelten Zeitbedarfs die ungefähre Zeitdauer für die haustechnischen Gewerke des Bürogebäudes.

2 Beispielprojekt „Stadtvilla"

Studienziele

Das Kapitel stellt dem Leser das *Beispielprojekt Stadtvilla* vor.

Viele Lehrinhalte und Übungsbeispiele im Buch werden anhand des nachfolgend vorgestellten *Beispielprojekts Stadtvilla* ganzheitlich veranschaulicht und vertieft. Dazu wurden die dargestellten Projektunterlagen und -informationen auf einen für diese Zwecke erforderlichen Umfang begrenzt.

2.1 Projektbeschreibung

In einem innerstädtischen Neubaugebiet soll ein Wohngebäude mit zwei Eigentumswohnungen erstellt werden. Das Projekt trägt den Namen „*Stadtvilla*". Das Gebäude besteht aus einem Kellergeschoss zur gemeinschaftlichen Nutzung sowie jeweils einer Wohnung im Erd- und Obergeschoss.

Das von der Straße zurückversetzte Gebäude wird später über einen noch herzustellenden, 25 m langen Pflastersteinweg erreicht. Momentan handelt es sich hierbei noch um einen Feldweg, der an einem unbebauten Grundstück vorbeiführt. Die Erschließung der Kanalisation erfolgt von der Straße aus entlang dem Feldweg.

Der Lageplan ist in Bild 2.1 dargestellt.

Bild 2.1 Lageplan *Beispielprojekt Stadtvilla*

2.2 Leistungsverzeichnis Rohbau

Zur Erstellung des Rohbaus (ohne Dach) wird ein Vertrag zwischen dem Bauherrn und der Bauunternehmung geschlossen. Vertragsbestandteil ist die Leistungsbeschreibung mit einem Leistungsverzeichnis. Darin enthalten sind die Gewerke *Erdarbeiten* gemäß *DIN 18300*, *Mauerarbeiten* gemäß *DIN 18330* und *Betonarbeiten* gemäß *DIN 18331*. Die vertraglich vereinbarte Bauzeit beträgt 65 Arbeitstage. Das Leistungsverzeichnis des Rohbaus wird in Kapitel 11 (Ausschreibung und Vergabe) behandelt.

2.3 Planunterlagen Rohbau

Für den Rohbau liegen folgende Planunterlagen vor:

- Aushubplan (Bild 2.2),
- Gründung Kellergeschoss (Bild 2.3),

- Gründung Erdgeschoss (Bild 2.4),
- Grundriss Kellergeschoss (Bild 2.5),
- Grundriss Erdgeschoss (Bild 2.6),
- Grundriss Obergeschoss (Bild 2.7),
- Schnitt A-A (Bild 2.8),
- Schnitt B-B (Bild 2.9).

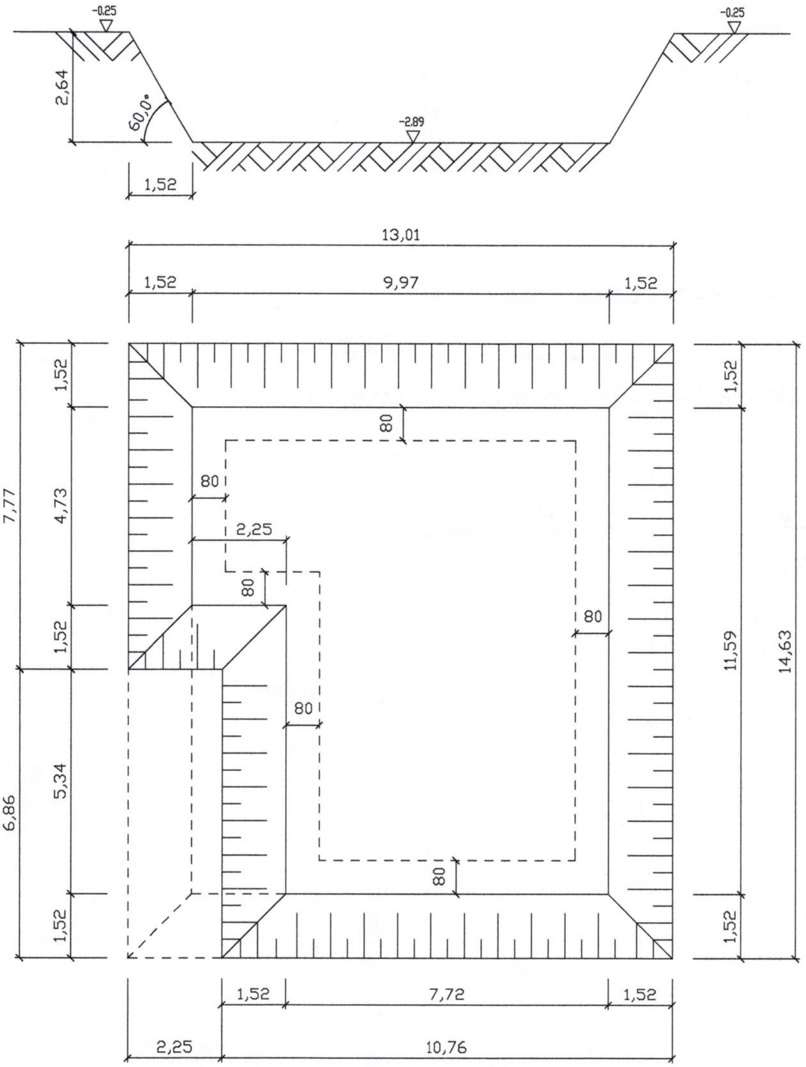

Bild 2.2 Aushubplan *Beispielprojekt Stadtvilla*

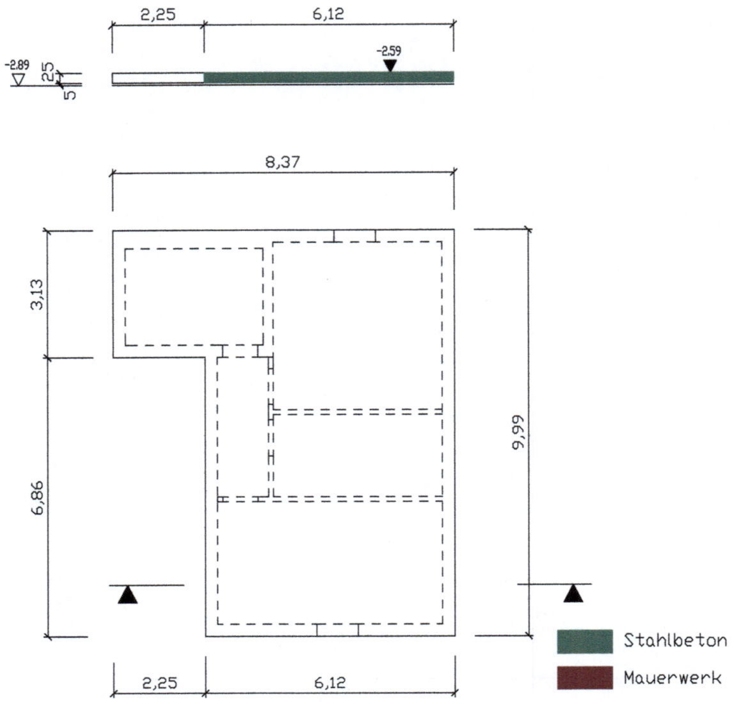

Bild 2.3 Gründung Kellergeschoss *Beispielprojekt Stadtvilla*

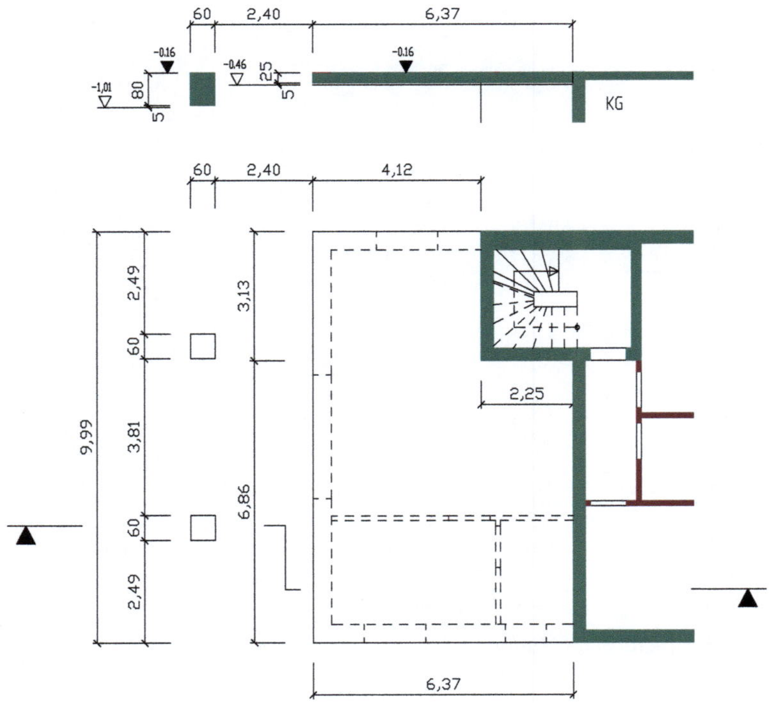

Bild 2.4 Gründung Erdgeschoss *Beispielprojekt Stadtvilla*

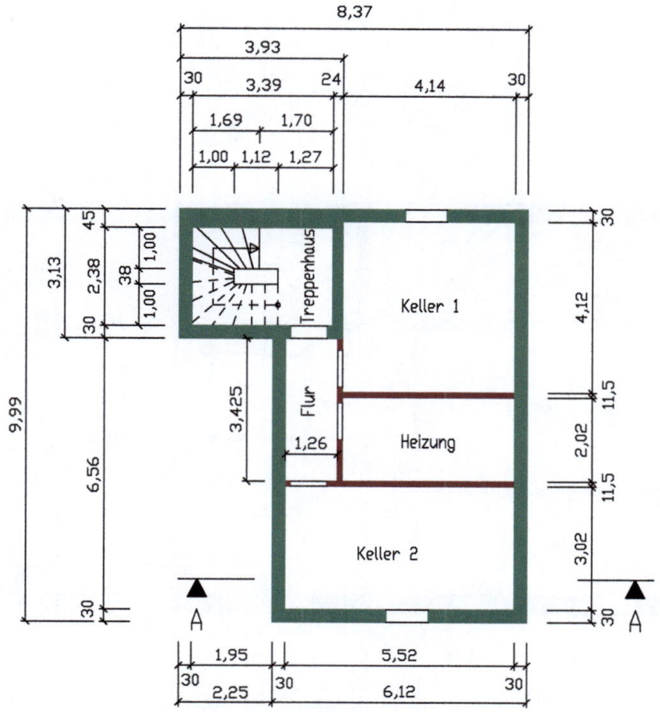

Bild 2.5 Grundriss Kellergeschoss *Beispielprojekt Stadtvilla*

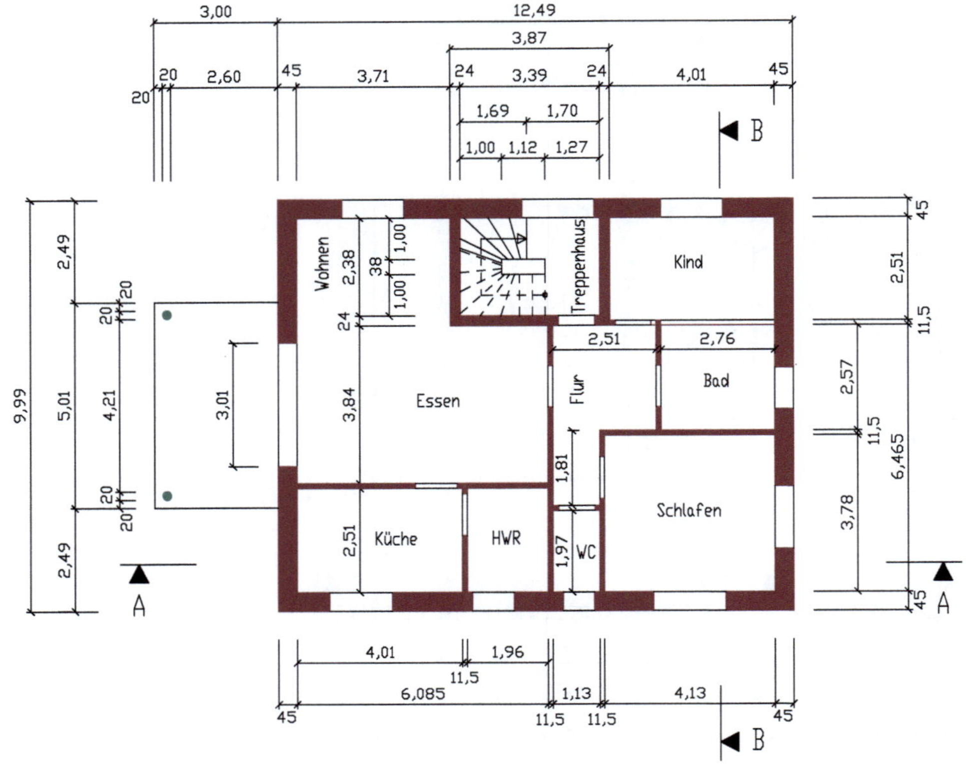

Bild 2.6 Grundriss Erdgeschoss *Beispielprojekt Stadtvilla*

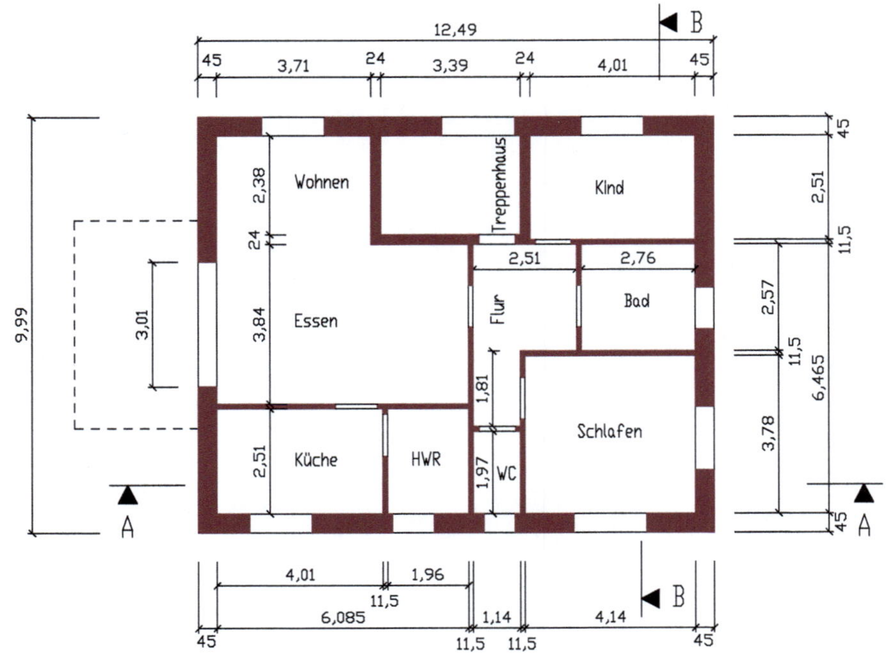

Bild 2.7 Grundriss Obergeschoss *Beispielprojekt Stadtvilla*

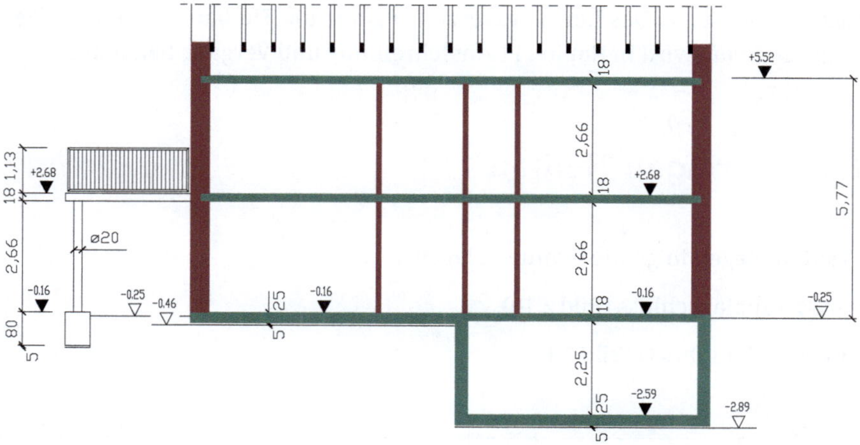

Bild 2.8 Schnitt A-A *Beispielprojekt Stadtvilla*

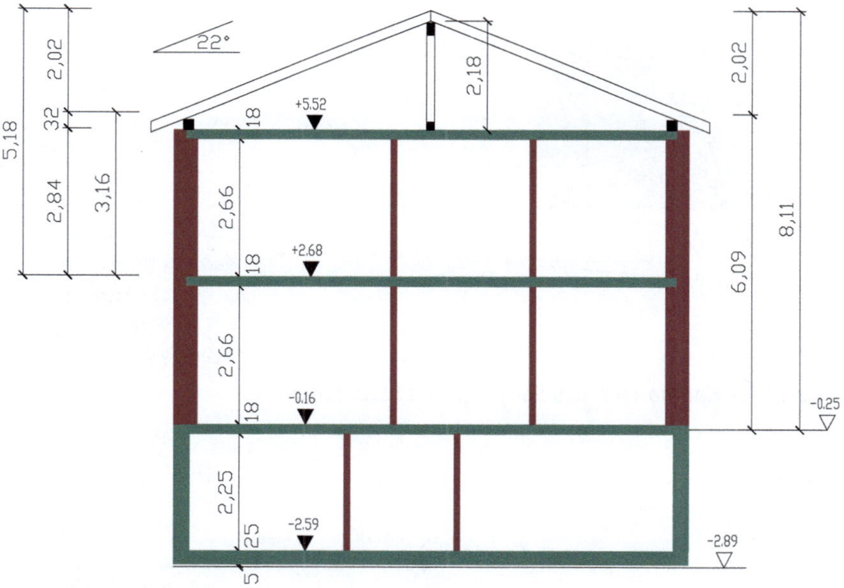

Bild 2.9 Schnitt B-B *Beispielprojekt Stadtvilla*

2.4 Leistungsverzeichnis Tiefbau

Zur Erstellung des Kanalanschlusses und der Zufahrt wird ein Vertrag zwischen dem Bauherrn und der Bauunternehmung geschlossen. Vertragsbestandteil ist das Leistungsverzeichnis. Darin enthalten sind die Tiefbaugewerke *Erdarbeiten* gemäß *DIN 18300*, *Entwässerungskanalarbeiten* nach *DIN 18306* und *Verkehrswegebauarbeiten* – Pflasterdecken, Plattenbeläge, Einfassungen nach *DIN 18318*. Die vertraglich vereinbarte Bauzeit beträgt 5 Arbeitstage. Das Leistungsverzeichnis für die Tiefbauarbeiten des *Beispielprojekts Stadtvilla* wird in Kapitel 11 Ausschreibung und Vergabe behandelt.

2.5 Planunterlagen Tiefbau

Für den Tiefbau liegen folgende Planunterlagen vor:

- Grundriss Kanalanschluss (Bild 2.10),
- Schnitte Kanalanschluss (Bild 2.11).

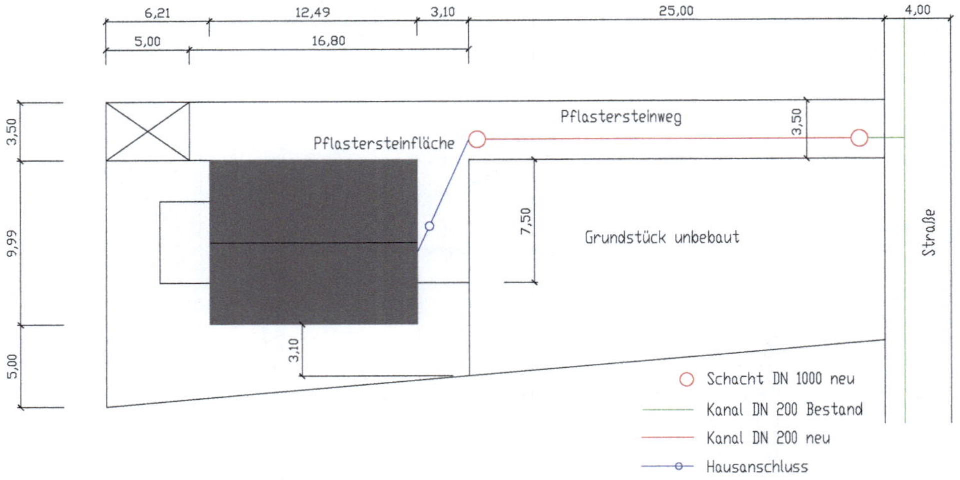

Bild 2.10 Grundriss Kanalanschluss *Beispielprojekt Stadtvilla*

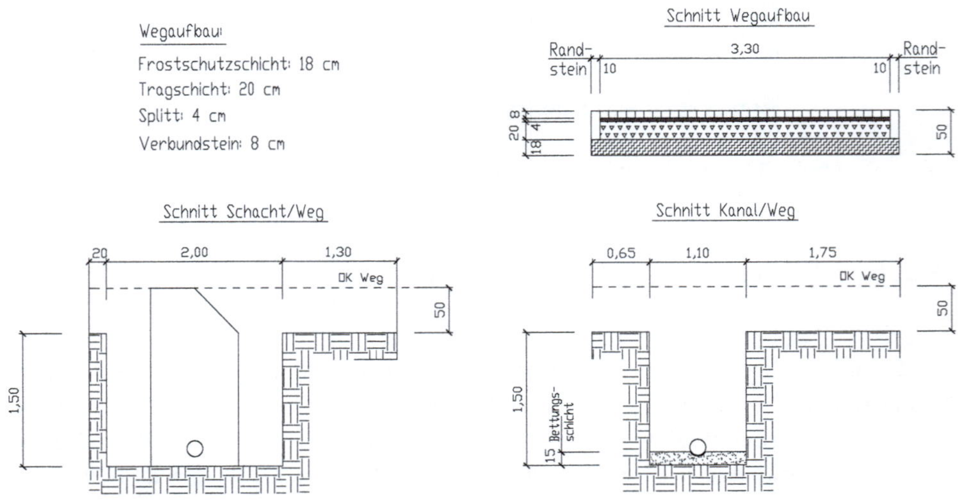

Bild 2.11 Schnitte Kanalanschluss *Beispielprojekt Stadtvilla*

3 Grundflächen und Rauminhalte

Studienziele

Das Kapitel soll dem Leser grundlegende Kenntnisse ermöglichen über

- Grundflächen und Rauminhalte nach *DIN 277*,
- Planungskennwerte,
- die *Wohnflächenverordnung (WoFlV)*.

Das Kapitel soll dem Leser Fähigkeiten vermitteln,

- Grundflächen und Rauminhalte nach *DIN 277* und *Wohnflächenverordnung (WoFlV)* zu berechnen,
- mit Planungskennwerten zu arbeiten.

3.1 Allgemeines

Grundflächen und *Rauminhalte* sind zentrale Bezugsgrößen für die Planung, Bewertung und wirtschaftliche Betrachtung von Bauwerken im Hochbau. Sie dienen als mengen- und qualitätsbezogene Maßstäbe, insbesondere für die Kostenermittlung, den Kostenvergleich sowie die Kostenkontrolle während der Projektentwicklung und -realisierung. Damit diese Werte verlässlich und nachvollziehbar sind, bedarf es einer einheitlichen Definition und klarer Berechnungsgrundlagen.

Die *DIN 277* Grundflächen und Rauminhalte im Hochbau stellt hierfür den verbindlichen Rahmen dar. Sie legt fest, wie Flächen und Rauminhalte von Bauwerken oder deren Teilen systematisch zu erfassen und zu bezeichnen sind. Die Norm gilt für alle Gebäudearten im Hochbau und schafft eine einheitliche Grundlage für Planer, Bauherren, Behörden und Investoren.

Die Ermittlung der Flächen und Rauminhalte erfolgt in der Regel auf Basis von Planunterlagen. Ihre Aussagekraft hängt maßgeblich von der Qualität und Vollständigkeit der zugrunde liegenden Zeichnungen und Beschreibungen ab. Nur wenn diese Unterlagen vollständig und korrekt vorliegen, können die ermittelten Werte sinnvoll für Finanzierungsentscheidungen, Ausschreibungen, Preisvergleiche oder Flächenanalysen herangezogen werden.

DIN 277 Grundflächen und Rauminhalte im Hochbau

Wohnflächenverordnung (WoFlV), Verordnung zur Berechnung der Wohnfläche

Für Wohngebäude kann die Flächenberechnung ebenfalls nach *DIN 277* erfolgen. Im Bereich des Wohnungsbaus, insbesondere bei öffentlich geförderten Projekten, ist jedoch die *Wohnflächenverordnung* (WoFlV) maßgebend. Sie regelt die Berechnung der anrechenbaren Wohnfläche und unterscheidet sich in ihrer Systematik und Bewertung von der *DIN 277*. Während die *DIN 277* eine technische und wirtschaftliche Betrachtung ermöglicht, dient die *WoFlV* vor allem der mietrechtlichen und fördertechnischen Bewertung.

3.2 Grundflächen und Rauminhalte nach DIN 277

Eine verlässliche Baukostenplanung setzt voraus, dass die zugrunde liegenden Flächen- und Volumenangaben eindeutig definiert und systematisch gegliedert sind. Für die Kostengruppen 300 Bauwerk – Baukonstruktion und 400 Bauwerk – Technische Anlagen gemäß *DIN 276* dienen die in der *DIN 277* festgelegten Grundflächen und Rauminhalte als maßgebliche Bezugsgrößen.

Die *DIN 277* unterscheidet bei der Flächenberechnung folgende Kategorien:

- Bruttogrundfläche (BGF), bestehend aus
  - Konstruktionsgrundfläche (KGF),
  - Nettoraumfläche (NRF), diese wiederum bestehend aus
    - Nutzungsfläche (NUF),
    - Technikfläche (TF),
    - Verkehrsfläche (VF).

Ebenso werden folgende Rauminhalte definiert:

- Bruttorauminhalt (BRI),
- Nettorauminhalt (NRI),
- Konstruktionsrauminhalt (KRI).

Diese klaren Definitionen schaffen die Grundlage für eine strukturierte und vergleichbare Kostenplanung. Während die *DIN 276 Kosten im Bauwesen* die Gliederung der Baukosten vorgibt, liefert die *DIN 277 Grundflächen und Rauminhalte im Hochbau*, die notwendigen Bemessungsregeln für die zugrunde liegenden Bezugsgrößen. Durch das Zusammenspiel beider Normen wird eine belastbare und transparente Kostenermittlung möglich, von der ersten Schätzung bis zur detaillierten Ausführungsplanung.

3.2.1 DIN 277 – Begriffe und Definitionen

Nachfolgend werden die wichtigsten Begriffe zur Berechnung der Grundflächen und Rauminhalte nach *DIN 277* näher beschrieben und definiert.

Bruttogrundfläche (BGF)

Die Bruttogrundfläche (BGF) umfasst sämtliche nutzbaren Geschossflächen eines Bauwerks, von den Tief- und Kellergeschossen über das Erd- und Obergeschoss bis hin zu Zwischengeschossen, Dachgeschossen und begehbaren Dachflächen. Maßgeblich ist dabei die Darstellung im Bauentwurf, insbesondere in den Grundrisszeichnungen.

Zu den nutzbaren Dachflächen zählen unter anderem Dachterrassen, Dachgärten, begehbare Installationsgeschosse, Emporen, Galerien sowie Lagerböden – vorausgesetzt, sie sind zugänglich und funktional nutzbar.

Die Berechnung der BGF erfolgt auf Basis der äußeren Maße der Bauteile in Fußbodennähe, wobei die fertige Außenfläche maßgebend ist. Dazu zählen beispielsweise die Außenkante der Putzhaut, Wandbekleidungen, Brüstungen oder Gitter. Entscheidend ist das Maß in der Ebene der Fußbodenoberfläche.

Bei überdeckten Bereichen, die nicht vollständig umschlossen sind – etwa bei Luftgeschossen, Tankstellen oder Bahnsteigen – wird die Begrenzung durch die lotrechte Projektion der äußeren Kontur des darüber liegenden Bauteils definiert, beispielsweise durch das Dach oder das darüber liegende Geschoss.

Wichtig ist die Unterscheidung zur Geschossfläche: Während die BGF sämtliche nutzbaren Flächen eines Gebäudes umfasst, zählen zur Geschossfläche ausschließlich die Flächen von Vollgeschossen sowie Aufenthalts- und Treppenräumen. Dennoch ist die BGF die maßgebliche Bezugsgröße zur Ermittlung der Geschossflächenzahl (GFZ), die für die baurechtliche Festlegung der zulässigen Bebauung eines Grundstücks herangezogen wird.

Nicht zur BGF gehören alle Flächen, die keine nutzbaren Grundriss-Ebenen von Geschossen, Zwischengeschossen, Dachgeschossen oder Dachflächen darstellen. Dazu zählen:

- Flächen von konstruktiv bedingten Hohlräumen z. B. zwischen Gelände und Unterfläche des Bauwerks,
- Flächen von Kriechkellern,
- Flächen und Zwischenräume bei Kaltdächern, d. h. die mitunter nicht einmal bekriechbaren Flächen von Zwischenräumen zweischaliger belüfteter Massivdecken,
- Flächen nicht begehbarer Dächer, d. h. Dachflächen, die nur in Ausnahmefällen für Wartung, Inspektion und Instandhaltung, z. B. bei Instandsetzungen der Dachhaut, bei der Schornsteinreinigung oder beim Antennenbau, betreten werden,
- Flächen zwischen Brettbindern, die zwar begangen werden können, bei denen jedoch die Binderabstände keine Nutzung erlauben,
- Vor- und Rücksprünge der Grundriss-Flächen sowie Profilierungen.

Konstruktionsgrundfläche (KGF)

Die Konstruktionsgrundfläche (KGF) umfasst jene Flächenanteile eines Bauwerks, die durch aufgehende Bauteile innerhalb der Bruttogrundfläche (BGF) beansprucht werden. Dazu zählen beispielsweise Wände, Stützen, Schächte und andere konstruktive Elemente, die in den Grundriss-Ebenen sichtbar und messbar sind.

Die Berechnung der KGF erfolgt durch die Addition der Grundflächen aller aufgehenden Bauteile, bezogen auf sämtliche Geschossebenen. Maßgeblich sind dabei die Fertigmaße in Fußbodenhöhe, also die Maße in der Ebene der fertigen Fußbodenoberfläche. In die Bemessung einzubeziehen sind auch Oberflächenmaterialien wie Putz, Wandbekleidungen oder Verkleidungen, da sie zur tatsächlichen baulichen Ausdehnung beitragen.

Zur KGF gehören unter anderem die Grundflächen von:

- Schornsteinen,
- nicht begehbaren Schächten,
- Türöffnungen, Nischen und Schlitze, sofern sie in Fußbodenhöhe beginnen und Teil der baulichen Struktur sind.

  Nicht zur KGF zählen hingegen Flächenanteile, die konstruktiv oder gestalterisch vor- oder zurückspringen, sofern sie die Nettoraumfläche nicht beeinflussen. Dazu gehören beispielsweise:

  - tragende Pfeiler oder Mauerverstärkungen an der Außenwand,
  - Fuß- und Sockelleisten, Schrammborde,
  - vorstehende Teile von Fenster- und Türbekleidungen.

  Diese Ausschlüsse dienen der klaren Abgrenzung zwischen nutzbarer Raumfläche und rein konstruktiven Elementen, die zwar Teil der Gebäudehülle sind, aber keine funktionale Fläche im Sinne der Nutzung darstellen.

Nettoraumfläche (NRF)

Die Nettoraumfläche (NRF) beschreibt die tatsächlich nutzbare Fläche eines Bauwerks. Sie umfasst alle Grundflächen, die sich zwischen den aufgehenden Bauteilen befinden und für die Nutzung, Technik oder Erschließung vorgesehen sind. Demnach gliedert sich die Nettoraumfläche (NRF) in die drei funktionalen Teilflächen *Nutzungsfläche* (NUF), *Technikfläche* (TF) und *Verkehrsfläche* (VF).

In *DIN 277* wird die **Nutzungsfläche (NUF)** weiter untergliedert in die Nutzungsflächen NUF 1 bis NUF 7:

- NUF 1 Wohnen und Aufenthalt,
- NUF 2 Büroarbeit,
- NUF 3 Produktion, Hand- und Maschinenarbeit, Forschung und Entwicklung,
- NUF 4 Lagern, Verteilen und Verkaufen,
- NUF 5 Bildung, Unterricht und Kultur,
- NUF 6 Heilen und Pflegen,
- NUF 7 Sonstige Nutzungen.

Zur **Nettoraumfläche (NRF)** zählen beispielsweise die Flächen von:

- freiliegenden Installationen, wie Rohrleitungen,
- fest eingebauten Gegenständen, z. B. Badewannen, Öfen, Heizkörper oder Arbeitsplatten,
- nicht raumhohen Vormauerungen,
- Einbaumöbeln,
- nicht fest eingebauten Raumteilern,
- Aufzugsschächten, sofern sie innerhalb der nutzbaren Grundfläche liegen.

Die Berechnung der Nettoraumfläche erfolgt durch die Addition der nutzbaren Grundflächen aller Geschoss-Ebenen, wobei die lichten Fertigmaße in Fußbodenhöhe maßgeblich sind. Das bedeutet: Es wird die Fläche zwischen den fertigen Innenflächen der Bauteile in der Ebene des fertigen Fußbodens ermittelt. Elemente wie Fußleisten, Sockel, Schrammborde oder Ausrundungen bleiben dabei unberücksichtigt, da sie die tatsächliche Nutzbarkeit nicht einschränken.

Nachfolgende Sonderfälle sind bei der Berechnung zu berücksichtigen:

- **Loggien und überdeckte Außenbereiche:** Bei nicht vollständig umschlossenen, aber überdeckten Flächen, etwa Loggien, Durchfahrten oder Dachterrassen, erfolgt die Begrenzung durch die lotrechte Projektion der äußeren Kontur des überdeckenden Bauteils, z. B. des darüber liegenden Geschosses oder Dachs.

- **Treppenräume und Rampen:** Die Grundfläche wird durch die vertikale Projektion auf die darüber liegende Grundriss-Ebene bestimmt, sofern keine Überschneidungen mit anderen Flächen entstehen. Flächen unter dem ersten Treppenlauf oder der ersten Rampe werden der Ebene zugerechnet, auf der der Lauf beginnt.
- **Schächte:** Aufzugs- und Installationsschächte mit einem lichten Querschnitt über 1 m^2 werden in jeder Geschoss-Ebene berücksichtigt, durch die sie hindurchführen.

Bruttorauminhalt (BRI)

Der Bruttorauminhalt (BRI) beschreibt das gesamte Volumen eines Bauwerks. Er wird durch die äußeren Umschließungsflächen des Gebäudes begrenzt und umfasst alle konstruktiv überdeckten Bereiche.

Die Begrenzung erfolgt:

- **unten** durch die Unterseite der konstruktiven Bauwerkssohle, z. B. die Unterkante einer Bodenplatte auf einer Sauberkeitsschicht,
- **seitlich** durch die Außenkanten der Außenwände,
- **oben** durch die Oberkante des Daches oder anderer abschließender Bauteile.

Berechnung des Bruttorauminhalts (BRI):

$$\text{BRI} = \text{BGF} \cdot \text{zugehörige Höhenmaße}$$

Zum Bruttorauminhalt zählen auch Dachgauben und Dachoberlichter, da sie Teil des umbauten Volumens sind.

Nicht berücksichtigt werden hingegen:

- Tief- und Flachgründungen,
- Lichtschächte,
- Außentreppen und Rampen,
- Eingangsüberdachungen,
- Auskragungen wie Dachüberstände oder Sonnenschutzvorrichtungen,
- über den Dachbelag hinausragende Bauteile, z. B. Schornsteinköpfe, Lüftungsrohre oder Lüftungsschächte.

Die Ermittlung des Bruttorauminhalts (BRI) erfolgt unter Berücksichtigung der vertikalen Höhenmaße, die je nach Gebäudebereich unterschiedlich definiert sind:

- **Geschosse:** Das Höhenmaß ergibt sich aus dem Abstand zwischen der Oberfläche des fertigen Bodenbelags eines Geschosses und der Oberfläche des fertigen Bodenbelags des darüber liegenden Geschosses bzw. bei Dächern bis zur Oberfläche des fertigen Dachbelags.

- **Luftgeschosse:** Hier gilt als Höhenmaß der Abstand von der Oberfläche des fertigen Bodenbelags bis zur Unterfläche der darüber liegenden Deckenkonstruktion.
- **Untere Geschosse** (z. B. Keller oder nicht unterkellerte Erdgeschosse): Maßgeblich ist der Abstand von der Unterseite der konstruktiven Bauwerkssohle, etwa einer Betonsohle auf verdichtetem Erdreich, bis zur Oberfläche des fertigen Bodenbelags des darüber liegenden Geschosses.
- **Nicht überdeckte Bereiche innerhalb der BGF:** Die Höhenmaße ergeben sich aus dem Abstand zwischen dem fertigen Bodenbelag und der Oberkante der begrenzenden Bauteile, z. B. Wand, Brüstung, Geländer oder Gitter.
- **Auskragende Bauwerksteile** (z. B. oberste Balkone, Fluchtbalkone, Dachterrassen): Hier wird das Höhenmaß als lotrechter Abstand zwischen der Unterfläche des auskragenden Bauteils und der Oberkante der umschließenden Bauteile definiert.

Nettorauminhalt (NRI)

Der Nettorauminhalt (NRI) beschreibt das tatsächlich nutzbare Raumvolumen eines Gebäudes und wird aus der Summe der lichten Rauminhalte aller Räume berechnet. Grundlage für die Ermittlung ist die Nettoraumfläche (NRF), wobei ausschließlich die Bereiche berücksichtigt werden, die für die Nutzung, Technik oder Erschließung vorgesehen sind.

Nicht zum NRI zählen Volumenanteile, die zwar baulich vorhanden, aber nicht nutzbar sind, wie etwa:

- der Raum über abgehängten Decken,
- der Bereich unter Doppelböden,
- Hohlräume in mehrschaligen Fassaden.

Diese Ausschlüsse dienen der präzisen Abgrenzung des tatsächlich nutzbaren Raumvolumens und sind insbesondere bei technischen Berechnungen von Bedeutung.

Der Nettorauminhalt ist eine wichtige Kenngröße für:

- die Bemessung von Heizungs-, Lüftungs- und Klimaanlagen, da er das Volumen der zu konditionierenden Luftmengen bestimmt,
- die Bewertung von Miet- und Pachtobjekten, da er die nutzbare Raumkapazität transparent darstellt und somit eine objektive Grundlage für Vertragsverhältnisse bietet.

Konstruktionsrauminhalt (KRI)

Der Konstruktionsrauminhalt (KRI) beschreibt das Volumen der Bauteile, die den Nettorauminhalt (NRI) räumlich umschließen. Er ergibt sich aus der Summe aller

Rauminhalte, die baulich vorhanden sind, jedoch nicht zur nutzbaren Raumfläche zählen.

Zum KRI gehören insbesondere:

- der Raum über abgehängten Decken,
- der Bereich unter Doppelböden,
- Hohlräume in mehrschaligen Fassaden,
- Installationskanäle und -schächte mit einem lichten Querschnitt größer als 1 m^2.

Diese Volumenanteile sind zwar Teil der baulichen Struktur, stehen jedoch nicht für die Nutzung zur Verfügung. Sie dienen in erster Linie technischen Funktionen wie der Führung von Leitungen, der Dämmung oder der statischen Aussteifung.

Die Ermittlung des Konstruktionsrauminhalts (KRI) ist vor allem bei der Gesamtvolumenbetrachtung eines Gebäudes relevant – etwa im Rahmen der energetischen Bewertung, der Materialbilanz oder bei der Planung von Gebäudetechnik. Im Zusammenspiel mit dem Nettorauminhalt und dem Bruttorauminhalt ergibt sich ein vollständiges Bild des baulichen Raumvolumens.

3.2.2 Berechnung der Grundflächen und Rauminhalte nach DIN 277

Die *DIN 277* unterscheidet bei der Berechnung von Grundflächen und Rauminhalten drei unterschiedliche Bereiche, die sich nach dem Grad der baulichen Umschließung und Überdeckung eines Bauwerks oder Bauwerksteils richten.

Flächenbereiche nach DIN 277

- „Bereich a" – allseitig umschlossen und überdeckt,
- „Bereich b" – nicht allseitig in voller Höhe umschlossen, jedoch überdeckt,
- „Bereich c" – umschlossen, jedoch nicht überdeckt.

Diese Differenzierung ist notwendig, um bei der Kostenermittlung eine präzise und sachgerechte Bewertung der jeweiligen Flächen vorzunehmen. Die Reihenfolge der Bereiche spiegelt den Grad der baulichen Geschlossenheit wider, von vollständig umschlossenen und überdeckten Räumen bis hin zu offenen, aber begrenzten Flächen.

Es ist zu beachten, dass die Berechnung sich ausschließlich auf nutzbare Bruttogrundflächen bezieht. Nicht nutzbare Flächen wie Innenhöfe sind von der Betrachtung ausgeschlossen.

Nachfolgend werden die drei *Flächenbereiche* nach *DIN 277* näher beschrieben und definiert.

Bereich „a" – allseitig umschlossen und überdeckt

Zu diesem Bereich zählen Bauwerke und Bauwerksteile, die vollständig umschlossen und überdacht sind. Öffnungen wie Fenster und Türen sind verschließbar. Typische Beispiele sind:

- geschlossene Gebäude ohne Balkone, Loggien oder Dachterrassen,
- Räume ohne Luftgeschosse oder Durchfahrten.

Bereich „b" – nicht allseitig in voller Höhe umschlossen, jedoch überdeckt

Hierzu gehören Bauwerke oder Bauwerksteile, die zwar überdacht sind, aber nicht in voller Höhe umschlossen. Die Umschließung kann teilweise fehlen oder Öffnungen sind nicht verschließbar. Beispiele hierfür sind:

- Pausenhallen,
- überdachte offene Eingangshallen,
- Luftgeschosse,
- Durchfahrten,
- Loggien und Laubengänge.

Bereich „c" – umschlossen, jedoch nicht überdeckt

Dieser Bereich umfasst Bauwerksteile, die durch Bauelemente begrenzt sind, jedoch keine Überdeckung aufweisen. Dazu zählen:

- Dachgärten,
- offene Geschosse von Parkhäusern,
- nicht überdeckte Balkone.

Übungsbeispiel 3.1

Grundflächen und Rauminhalte nach DIN 277 – Beispielprojekt Stadtvilla

Für das *Beispielprojekt Stadtvilla* werden in nachfolgenden Tabellen Grundflächen und Rauminhalte nach *DIN 277* dargestellt.

- Bruttogrundfläche, gegliedert nach BGFa, BGFb und BGFc,
- Bruttorauminhalt, gegliedert nach BRIa, BRIb und BRIc,
- Nettoraumfläche, gegliedert nach NRFa, NRFb und NRFc,
- Konstruktionsgrundfläche KGFa, KGFb und KGFc,
- Anteile von Nutzungsfläche (NUF), Verkehrsfläche (VF) und Technikfläche (TF) an der Nettoraumfläche.

Bei der Berechnung werden die Werte auf zwei Kommastellen gerundet. Vereinfachend wird davon ausgegangen, dass die Rohbaumaße zugleich Fertigmaße sind.

In Tabelle 3.1 werden die Bruttogrundflächen BGFa und der Bruttorauminhalt BRIa dargestellt.

Tabelle 3.1 Bruttogrundfläche BGFa und Bruttorauminhalt BRIa

Berechnung	1. Dim.	2. Dim.	Fläche BGFa	3. Dim.	Rauminhalt BRIa
	m	m	m^2	m	m^3
Kellergeschoss	9,99	6,12	61,14	2,68	163,86
	3,13	2,25	7,04	2,68	18,87
Zwischen-summe KG			**68,18**		**182,73**
Erdgeschoss	9,99	12,49	124,78	2,84	354,37
Zwischen-summe EG			**124,78**		**354,37**
Obergeschoss	9,99	12,49	124,78	4,17*	520,32
Zwischen-summe OG			**124,78**		**520,32**
Bruttogrund-fläche BGFa			**317,74**		
Bruttoraum-inhalt BRIa					**1057,42**

Berechnung nach *DIN 277*;
* Oberkante Dach h = (3,16+5,18)/2

In Tabelle 3.2 werden die Bruttogrundflächen BGFb und der Bruttorauminhalt BRIb dargestellt.

In Tabelle 3.3 werden die Bruttogrundflächen BGFc und der Bruttorauminhalt BRIc dargestellt.

Tabelle 3.2 Bruttogrundfläche BGFb und Bruttorauminhalt BRIb

Berechnung	1. Dim.	2.Dim.	Fläche BGFb	3. Dim.	Rauminhalt BRIb
	m	m	m^2	m	m^3
Erdgeschoss: Terrasse	5,01	3,00	15,03	2,93	44,04
Zwischen-summe EG			**15,03**		**44,04**
Bruttogrund-fläche BGFb			**15,03**		
Bruttoraum-inhalt BRIb					**44,04**
Berechnung nach *DIN 277*; im UG und OG keine Bruttogrundflächen BGFb					

Tabelle 3.3 Bruttogrundfläche BGFc und Bruttorauminhalt BRIc

Berechnung	1. Dim.	2.Dim.	Fläche BGFc	3. Dim.	Rauminhalt BRIc
	m	m	m^2	m	m^3
Obergeschoss: Balkon	5,01	3,00	15,03	1,13	16,98
Zwischen-summe OG			**15,03**		**16,98**
Bruttogrund-fläche BGFc			**15,03**		
Bruttoraum-inhalt BRIc					**16,98**
Berechnung nach *DIN 277*; im KG und EG keine Bruttogrundflächen BGFc					

Für das *Beispielprojekt Stadtvilla* ergeben sich somit

- die **Bruttogrundfläche** zu insgesamt **347,80 m^2 BGF** und
- der **Bruttorauminhal**t zu insgesamt **1118,44 m^3 BRI**.

In Tabelle 3.4 werden die Nettoraumflächen NRFa im Kellergeschoss (KG) dargestellt.

Tabelle 3.4 Nettoraumfläche NRFa im Kellergeschoss (KG)

Berechnung	Art	1. Dim.	2. Dim.	NRFa
		m	m	m²
Kellerraum 1	NUF	4,12	4,14	17,06
Kellerraum 2	NUF	3,02	5,52	16,67
Nutzungsfläche NUFa UG				**33,73**
Heizungsraum	TF	2,02	4,14	8,36
Technikfläche TFa UG				**8,36**
Kellerflur	VF	3,425	1,265	4,33
Treppenhaus	VF	2,38	3,39	8,07
Verkehrsfläche VFa UG				**12,40**
Nettoraumfläche NRFa UG				**54,49**
Berechnung nach *DIN 277*				

In Tabelle 3.5 werden die Nettoraumflächen NRFa im Erdgeschoss (EG) dargestellt.

Tabelle 3.5 Nettoraumfläche NRFa im Erdgeschoss (EG)

Berechnung	Art	1. Dim.	2. Dim.	NRFa
		m	m	m^2
Wohnzimmer	NUF	2,62	3,71	9,72
Esszimmer	NUF	3,84	6,085	23,37
Küche	NUF	2,51	4,01	10,07
Hauswirtschaftsraum HWR	NUF	2,51	1,96	4,92
Toilette WC	NUF	1,97	1,14	2,25
Schlafzimmer	NUF	3,78	4,13	15,61
Bad	NUF	2,57	2,76	7,09
Kinderzimmer	NUF	2,51	4,01	10,07
Nutzungsfläche NUFa EG				**90,96**
Flur	VF VF	2,57 1,81	2,51 1,14	6,45 2,06
Treppe und Podest	VF	2,38	3,39	8,07
Verkehrsfläche VFa EG				**16,58**
Nettoraumfläche NRFa EG				**107,54**

Berechnung nach *DIN 277*

In Tabelle 3.6 werden die Nettoraumflächen NRFa im Obergeschoss (OG) dargestellt.

Tabelle 3.6 Nettoraumfläche NRFa im Obergeschoss (OG)

Berechnung	Art	1. Dim.	2. Dim.	NRFa
		m	m	m^2
Wohnzimmer	NUF	2,62	3,71	9,72
Esszimmer	NUF	3,84	6,08[5]	23,37
Küche	NUF	2,51	4,01	10,07
Hauswirtschafts-raum HWR	NUF	2,51	1,96	4,92
Toilette WC	NUF	1,97	1,14	2,25
Schlafzimmer	NUF	3,78	4,13	15,61
Bad	NUF	2,57	2,76	7,09
Kinderzimmer	NUF	2,51	4,01	10,07
Nutzungs-fläche NUFa OG				**90,96**
Flur	VF VF	2,57 1,81	2,51 1,14	6,45 2,06
Treppe und Podest	VF	2,38	3,39	8,07
Verkehrsfläche VFa OG				**16,58**
Nettoraum-fläche NRFa OG				**107,54**
Berechnung nach *DIN 277*				

Die Summen aus den Nettoraumflächen NRFa der einzelnen Geschosse ergeben eine gesamte Nettoraumfläche NRFa von

$$\text{NRFa} = 54{,}49\ \text{m}^2 + 107{,}54\ \text{m}^2 + 107{,}54\ \text{m}^2 = 269{,}57\ \text{m}^2$$

In Tabelle 3.7 werden die Nettoraumflächen NRFb im Erdgeschoss (EG) dargestellt.

Tabelle 3.7 Nettoraumfläche NRFb im Erdgeschoss (EG)

Berechnung	Art	1. Dim.	2. Dim.	NRFb
		m	m	m^2
Terrasse Abzügl. Stützen $2 \cdot \pi \cdot r^2 = 2 \cdot \pi \cdot 0{,}1^2$	NUF NUF	5,01	3,00	15,03 –0,06
Nutzungsfläche NUFb EG				**14,97**
Nettoraumfläche NRFb EG				**14,97**
Berechnung nach *DIN 277*; im UG und OG keine Nettoraumflächen NRFb				

Die Summe der Nettoraumflächen NRFb ergibt sich aus der Nettoraumfläche NRFb im EG. In den anderen Geschoßen sind keine Nettoraumflächen NRFb vorhanden.

$$NRFb = 14{,}97\ m^2$$

In Tabelle 3.8 werden die Nettoraumflächen NRFc im Obergeschoss (OG) dargestellt.

Tabelle 3.8 Nettoraumfläche NRFc im Obergeschoss (OG)

Berechnung	Art	1. Dim.	2. Dim.	NRFb
		m	m	m^2
Balkon	NUF	5,01	3,00	15,03
Nutzungsfläche NUFc OG				**15,03**
Nettoraumfläche NRFc OG				**15,03**
Berechnung nach *DIN 277*; im UG und EG keine Nettoraumflächen NRFc				

Die Summe der Nettoraumflächen NRFc ergibt sich aus der Nettoraumfläche NRFc im OG. In den anderen Geschoßen sind keine Nettoraumflächen NRFc vorhanden.

$$NRFc = 15{,}03\ m^2$$

Die Konstruktionsgrundfläche KGF kann als Differenz von Bruttogrundfläche BGF und Nettoraumfläche NRF errechnet werden. In Tabelle 3.9 wird die Konstruktionsgrundfläche KGF dargestellt.

Tabelle 3.9 Konstruktionsgrundfläche KGF

Berechnung	m^2	m^2
Bruttogrundfläche BGFa		**317,74**
Nutzungsfläche NUFa	215,65	
Verkehrsfläche VFa	45,56	
Technikfläche TFa	8,36	
Nettoraumfläche NRFa	**269,57**	**-269,57**
Konstruktionsgrundfläche KGFa		**48,17**
Bruttogrundfläche BGFb		**15,03**
Nutzungsfläche NUFb	14,97	
Nettoraumfläche NRFb	**14,97**	**-14,97**
Konstruktionsgrundfläche KGFb		**0,06**
Bruttogrundfläche BGFc		**15,03**
Nutzungsfläche NUFc	15,03	
Nettoraumfläche NRFc	**15,03**	**-15,03**
Konstruktionsgrundfläche KGFc		**0,00**
Berechnung nach *DIN 277*		

Die Summe aus den Konstruktionsgrundflächen KGF der einzelnen Geschosse ergeben eine gesamte Konstruktionsgrundfläche KGF von

$$\text{KGF} = 48{,}17\ \text{m}^2 + 0{,}06\ \text{m}^2 + 0{,}00\ \text{m}^2 = 48{,}23\ \text{m}^2$$

In Tabelle 3.10 werden die Flächensummen zusammengefasst.

Tabelle 3.10 Zusammenfassung der Flächensummen

Berechnung	Bereich a	Bereich b	Bereich c	Gesamt	Anteil an NRF	Anteil an BGF
	m^2	m^2	m^2	m^2		
Bruttogrundfläche	**317,74**	**15,03**	**15,03**	**347,80**	**116,60 %**	**100,00 %**
Nutzungsfläche	215,65	14,97	15,03	245,65	82,00 %	70,63 %
Verkehrsfläche	45,56			45,56	15,21 %	13,10 %
Technische Nutzungsfläche	8,36			8,36	2,79 %	2,40 %
Nettoraumfläche	**269,57**	**14,97**	**15,03**	**299,57**	**100,00 %**	**86,12 %**
Konstruktionsgrundfläche	**48,17**	**0,06**	**0,00**	**48,23**	**16,10 %**	**13,88 %**
Berechnung nach *DIN 277*						

3.3 Planungskennwerte

Bei der Kostenplanung bilden Planungskennwerte eine zentrale Grundlage für die Anwendung von Kostenkennwerten. Sie ermöglichen eine frühzeitige, vergleichbare und belastbare Einschätzung der zu erwartenden Baukosten, insbesondere in den frühen Planungsphasen. Zu den Planungskennwerten gehören vor allem die Grundflächen und Rauminhalte nach *DIN 277* in Abschnitt 3.2 wie auch die Grundflächen des Baugrundstücks.

Planungskennwerte stellen in der Regel Verhältnisgrößen dar – etwa das Verhältnis von Rauminhalt zur Grundfläche oder von Nutzfläche zur Gesamtfläche. Sie dienen dazu, die räumliche Struktur eines Bauwerks quantitativ zu erfassen und mit Erfahrungswerten aus vergleichbaren Projekten zu verknüpfen.

Typische **Planungskennwerte** betreffen:

- Grundflächen des Baugrundstücks (Tabelle 3.11),
- Grundflächen des Bauwerks nach *DIN 277*, z. B. für Verbrauchermärkte (Tabelle 3.12),

- Verhältniswerte, bezogen auf die Rauminhalte nach *DIN 277*, z. B. für Verbrauchermärkte nach BKI:
  - Verhältniswert: Bruttorauminhalt (BRI) / Nutzungsfläche (NUF) = 7,8
  - Verhältniswert: Bruttorauminhalt (BRI) / Bruttogrundfläche (BGF) = 6,09
- Verhältniswerte der Grundflächen der Gebäudeelemente, bezogen auf die Bruttogrundfläche (BGF) bzw. Nutzungsfläche (NUF) des Gebäudes (Tabelle 3.13), Kostengruppen und Gebäudeelemente entsprechend Kapitel 4.

Tabelle 3.11 Planungskennwerte der Grundflächen des Baugrundstücks, Beispielwerte

Grundstücksfläche (GF)	100 %
Bebaute Fläche (BF)	80 %
Unbebaute Fläche (UF)	20 %
Beispielwerte	

Tabelle 3.12 Planungskennwerte der Grundflächen des Bauwerks

Grundflächen	Fläche/BGF (%)	Fläche/NUF (%)
Nutzungsfläche (NUF)	79,1 %	**100,0 %**
Technikfläche (TF)	4,0 %	5,2 %
Verkehrsfläche (VF)	6,3 %	8,2 %
Nettoraumfläche (NRF)	89,4 %	113,4 %
Konstruktionsgrundfläche (KGF)	10,6 %	13,4 %
Bruttogrundfläche (BGF)	**100,0 %**	**126,8 %**
Quelle: BKI Bauinformationszentrum, Verbrauchermärkte, Kostenstand 1. Quartal 2025		

Tabelle 3.13 Planungskennwerte der Grundflächen der Gebäudeelemente

Kostengruppe	Gebäudeelemente	Einheit	Menge/BGF	Menge/NUF
310	Baugrube/Erdbau	m^3 BGI	0,20	0,26
320	Gründung/Unterbau	m^2 GRF	0,98	1,24
330	Außenwände/vertikal außen	m^2 AWF	0,54	0,68
340	Innenwände/vertikal innen	m^2 IWF	0,50	0,63

Kostengruppe	Gebäudeelemente	Einheit	Menge/BGF	Menge/NUF
350	Decken/horizontal	m^2 DEF	–	–
360	Dächer	m^2 DAF	1,16	1,47
380	Baukonstruktive Einbauten	m^2 BGF	1,00	1,27
390	Sonst. Maßnahmen für Baukonstruktion	m^2 BGF	1,00	1,27
300	**Bauwerk – Baukonstruktionen**	**m^2 BGF**	**1,00**	**1,27**

Quelle: BKI Bauinformationszentrum, Verbrauchermärkte, Kostenstand 1. Quartal 2025

Übungsbeispiel 3.2
Planungskennwerte

Für das *Beispielprojekt Stadtvilla* sind folgende Planungskennwerte aus Grundflächen und Rauminhalten zu berechnen: NUF/BGF, VF/BGF und BRI/BGF (m).

$$\frac{\text{NUF}}{\text{BGF}} = \frac{245{,}65\ \text{m}^2}{347{,}8\ \text{m}^2} = 0{,}71$$

$$\frac{\text{VF}}{\text{BGF}} = \frac{46{,}44\ \text{m}^2}{347{,}8\ \text{m}^2} = 0{,}13$$

$$\frac{\text{BRI}}{\text{BGF}} = \frac{1.118{,}44\ \text{m}^3}{347{,}8\ \text{m}^2} = 3{,}22\ \text{m}$$

Übungsbeispiel 3.3
Bruttogrundfläche (BGF)

In einer Dokumentation nach *DIN 277* für ein Gebäude finden sich folgende Angaben: Nutzungsfläche (NUF) 400 m^2, Verkehrsfläche (VF) 90 m^2, Bebaute Fläche (BF) 280 m^2. Konstruktionsgrundfläche (KGF) 65 m^2, Technikfläche (TF) 45 m^2, Flächen für sonstige Nutzungen (NUF 7) 115 m^2. Wie groß ist die Bruttogrundfläche (BGF) dieses Gebäudes?

Die Bebaute Fläche (BF) ist für die Berechnung der Bruttogrundfläche (BGF) nicht relevant. In *DIN 277* wird die Nutzungsfläche (NUF) weiter untergliedert in die Nutzungsflächen NUF 1 (Wohnen und Aufenthalt) bis NUF 7 (Sonstige Nutzungen).

Tabelle 3.14 Übungsbeispiel 3.3: Berechnung der Bruttogrundfläche

Grundflächen	Abkürzung	m^2
Nutzungsfläche (beinhaltet alle Nutzungsflächen)	NUF	400,00
Verkehrsfläche	VF	90,00
Technikfläche	TF	45,00
Nettoraumfläche	**NRF**	**535,00**
Konstruktionsgrundfläche	KGF	65,00
Bruttogrundfläche	**BGF**	**600,00**
Gemäß *DIN 277*		

3.4 Berechnung der Wohnfläche nach WoFlV

Bei der Berechnung von Grundflächen im Hochbau ergeben sich teils erhebliche Unterschiede zwischen der *DIN 277* und der *Wohnflächenverordnung* (WoFlV). Diese Differenzen sind insbesondere bei der Flächenbewertung von Wohngebäuden relevant, etwa im Rahmen von Mietverträgen, Förderanträgen oder der Immobilienbewertung.

Die *DIN 277* ermittelt waagerechte Flächen in ihren tatsächlichen Abmessungen, unabhängig von ihrer Nutzbarkeit oder Möblierbarkeit. Alle Flächen innerhalb der Bruttogrundfläche werden grundsätzlich berücksichtigt, auch solche, die durch Bauteile wie Pfeiler oder Schächte eingeschränkt sind.

Die *WoFlV* verfolgt einen anderen Ansatz: Sie bewertet die tatsächlich nutzbare Wohnfläche und schließt bestimmte Flächen explizit aus. Nicht zur Wohnfläche zählen:

- Grundflächen von Schornsteinen, Mauervorlagen, freistehenden Pfeilern und Säulen, sofern ihre Fläche mehr als 0,1 m^2 beträgt und sie eine Höhe über 1,50 m aufweisen,
- Türnischen,
- Fenster- und Wandnischen, die nicht bis zum Boden reichen und maximal 0,13 m tief sind,
- Treppen mit mehr als drei Steigungen sowie deren Treppenabsätze.

Nach der *WoFlV* wird die Anrechnung von Flächen als Wohnfläche nach der lichten Raumhöhe und der baulichen Ausführung differenziert:

- Räume mit einer lichten Höhe ab 2,00 m werden voll angerechnet,
- Räume mit einer Höhe zwischen 1,00 m und 2,00 m werden zur Hälfte angerechnet,
- Balkone, Loggien, Dachgärten und Terrassen werden in der Regel zu einem Viertel, maximal zur Hälfte berücksichtigt,
- Unbeheizte Wintergärten, Schwimmbäder und ähnliche geschlossene Räume werden zur Hälfte angerechnet.

Die Wohnfläche ist nach lichten Maßen zu ermitteln. Die Berechnung nach Rohbaumaßen ist nicht korrekt. Da häufig nur Rohbaumaße zur Verfügung stehen, wird die Wohnfläche gewöhnlich näherungsweise nach Rohbaumaß abzüglich 3 % Putz berechnet.

Übungsbeispiel 3.4

Ermittlung der Wohnfläche – Beispielprojekt Stadtvilla

Die Wohnfläche des *Beispielprojekts Stadtvilla* ist nach den Vorschriften der *Wohnflächenverordnung* (WoFlV) zu berechnen. Bei der Berechnung ist davon auszugehen, dass die angegebenen Maße Fertigmaße sind. Wäre die Wohnfläche auch zu ermitteln, wenn es sich bei den angegebenen Maßen um Rohbaumaße handeln würde?

Die Wohnfläche muss nach lichten Maßen ermittelt werden, insofern ist die Berechnung nach Rohbaumaßen nicht korrekt. Häufig stehen nur Rohbaumaße zur Verfügung, dann wird die Wohnfläche näherungsweise nach den Rohbaumaßen abzüglich pauschal 3 % Putz berechnet.

Tabelle 3.15 Wohnflächenberechnung EG bzw. OG

Berechnung	1. Dim.	2. Dim.	Teilfläche je Raum	Wohnfläche je Raum
	m	m	m^2	m^2
Wohn-/Esszimmer	2,62 3,84	3,71 6,08	9,72 23,35	 33,07
Terrasse/Balkon	5,01	3,00	50,00	7,52
Küche	2,51	4,01		10,07
Hauswirtschafts-raum HWR	2,51	1,96		4,92
Toilette WC	1,97	1,17		2,30
Schlafzimmer	3,78	4,13		15,61
Bad	2,57	2,76		7,09
Kinderzimmer	2,51	4,01		10,07
Flur	1,81 2,57	1,14 2,51	2,06 6,45	 8,51
Abzüglich Putz 3 %			99,16	-2,97
Wohnfläche EG bzw. OG je				**96,19**
Wohnfläche EG bzw. OG insgesamt				**192,38**
Im UG keine Wohnflächen				

3.5 Übungsaufgabe

Übungsaufgabe 3.1

Grundflächen und Rauminhalte nach *DIN 277*

Für welche Kostengruppen der *DIN 276* werden in *DIN 277* die Berechnungsgrundlagen zur Verfügung gestellt? Um welche Bezugsgrößen handelt es sich hier?

4 Kostenermittlung im Hochbau

Studienziele

Das Kapitel soll dem Leser grundlegende Kenntnisse ermöglichen über

- die Grundzüge der Kostenermittlung.

Das Kapitel soll dem Leser Fähigkeiten vermitteln,

- Kostenermittlungen nach *DIN 276* durchzuführen.

4.1 Grundbegriffe der Kostenermittlung

DIN 276 Kosten im Bauwesen

In DIN 276:2018-12 *Kosten im Bauwesen* werden die beiden Vorgänger-Normen DIN 276-1:2008-12 *Kosten im Hochbau* und DIN 276-4:2009-08 *Kosten im Ingenieurbau* zu einer Norm zusammengefasst.

Die Regelungsinhalte der bisherigen DIN 277-3:2005-04 *Mengen und Bezugseinheiten* wurden in die neue DIN 276 in Abschnitt 6 übernommen.

Kosten

Im betriebswirtschaftlichen Sinne bezeichnen Kosten den bewerteten Verbrauch von Gütern, Dienstleistungen und betrieblichen Kapazitäten, der zur Herstellung von Produkten oder zur Erbringung von Leistungen erforderlich ist. Sie stellen somit eine zentrale Größe für die wirtschaftliche Steuerung von Prozessen dar.

Im Bauwesen wird der Begriff Kosten gemäß *DIN 276* spezifisch gefasst: Hierunter fallen sämtliche Aufwendungen für Güter, Leistungen, Steuern und Abgaben, die im Rahmen der Vorbereitung, Planung und Ausführung von Bauprojekten entstehen. Dazu zählen unter anderem:

- Material- und Lieferkosten,
- Honorare für Planungs- und Fachleistungen,
- Gebühren und behördliche Abgaben,
- Kosten für Bauausführung und technische Ausstattung.

Dadurch wird deutlich, dass Baukosten nicht nur den eigentlichen Bauprozess betreffen, sondern auch alle vorgelagerten und begleitenden Leistungen einschließen, die für die Realisierung eines Bauvorhabens notwendig sind.

Kostenplanung

Die Kostenplanung umfasst die Gesamtheit aller Maßnahmen zur Ermittlung, Kontrolle und Steuerung von Baukosten. Sie begleitet kontinuierlich sämtliche Phasen eines Bauprojekts, von der ersten Idee über die Planung bis zur Ausführung. Die Kostenplanung sorgt dafür, dass wirtschaftliche, technische und gestalterische Entscheidungen unter Berücksichtigung der finanziellen Rahmenbedingungen getroffen werden. Dazu befasst sie sich systematisch mit den Ursachen und Auswirkungen der Kosten.

Zentrale **Ziele der Kostenplanung** im Bauwesen sind:

- Wirtschaftlichkeit,
- Kostensicherheit, indem die Kostenvorgaben durch geeignete Maßnahmen eingehalten werden,
- Kostentransparenz durch geeignete Darstellung der Kosten, um deren Entwicklung erkennbar und nachvollziehbar zu machen.

Die Kostenplanung erfolgt entweder auf Basis von Planungsvorgaben (z. B. hinsichtlich Qualität und Quantität der Baumaßnahmen) oder auf Grundlage von Kostenvorgaben, die als Budgetrahmen dienen. In beiden Fällen ist sie kontinuierlich und systematisch über alle Projektphasen hinweg durchzuführen.

Je nach Zielsetzung kommen zwei grundlegende Prinzipien der Kostenplanung zur Anwendung. Dabei handelt es sich um das Minimalprinzip sowie das Maximalprinzip.

Prinzipien der Kostenplanung

Minimalprinzip:

Die Einhaltung eines festgelegten Kostenrahmens steht im Vordergrund. Qualitäten und Quantitäten werden so angepasst, dass das Budget nicht überschritten wird. Ziel ist die bestmögliche Qualität innerhalb der vorgegebenen Kosten.

Maximalprinzip:

Hier sind die Qualitäts- und Quantitätsvorgaben fix. Die Aufgabe der Kostenplanung besteht darin, die Kosten bei gleichbleibender Leistung zu minimieren. Ziel ist eine möglichst wirtschaftliche Umsetzung ohne Einbußen bei Funktion oder Gestaltung.

Kostenvorgabe

Die Kostenvorgabe bezeichnet die Festlegung einer finanziellen Obergrenze oder Zielgröße, die für die Planung und Ausführung eines Bauprojekts verbindlich ist. Damit definiert sie den wirtschaftlichen Rahmen, innerhalb dessen sich alle weiteren Entscheidungen bewegen müssen.

Die Grundlage für eine Kostenvorgabe bildet in der Regel:

- eine Budgetvorgabe des Bauherrn oder Auftraggebers,
- oder eine Kostenermittlung aus früheren Planungsphasen, z. B. in Form einer Kostenschätzung oder Kostenberechnung.

Die Kostenvorgabe dient als steuernde Größe für die Projektentwicklung und ist maßgeblich für die Auswahl von Materialien, Ausführungsstandards, technischen Lösungen und Gestaltungselementen. Sie schafft Planungssicherheit, ermöglicht eine zielgerichtete Projektsteuerung und bildet die Basis für die Kostenkontrolle und Kostensteuerung im weiteren Projektverlauf.

Kostenkontrolle

Die Kostenkontrolle umfasst den systematischen Vergleich aktueller Kostenermittlungen mit früheren Berechnungen und festgelegten Kostenvorgaben. Ziel ist es, die Kostenentwicklung zu überwachen, Abweichungen frühzeitig zu erkennen und bei Bedarf steuernde Maßnahmen einzuleiten, um die Einhaltung des Budgets sicherzustellen.

Im Fokus der Kostenkontrolle stehen:

- die Feststellung von Kostenabweichungen,
- die Begründung der Ursachen,
- die Einleitung von Korrekturen zur Steuerung des Projektverlaufs.

Typische **Ursachen für Kostenabweichungen** sind:

- Projektänderungen durch Bauherr oder Planer, etwa bei Mengen, Ausführungsstandard oder Bauzeit,
- unzureichende Ausschreibungsunterlagen, die häufig zu Nachträgen durch ausführende Unternehmen führen,
- fehlerhafte oder unvollständige Kostenschätzungen in frühen Projektphasen.

Kostenkontrolle bedeutet, dass alle kostenrelevanten Änderungen gegenüber dem verabschiedeten Budget in jeder Projektphase erfasst und bewertet werden. Diese Änderungen sind dem Bauherrn zur Entscheidung vorzulegen. Gegebenenfalls müssen daraus steuernde Eingriffe abgeleitet werden, sei es durch Anpassung der Planung, Änderung der Ausführung oder Nachverhandlung von Leistungen. Demnach ist die Kostenkontrolle ein durchgängiger Prozess, der die Planungsphase, die Vergabephase und die Ausführungsphase betrifft.

Kostensteuerung

Die Kostensteuerung ist ein Instrument der Projektsteuerung und setzt dort an, wo die Kostenkontrolle Abweichungen vom geplanten Budget festgestellt hat. Sie umfasst alle Maßnahmen, die ergriffen werden, um das angestrebte Kostenziel trotz unerwarteter Entwicklungen zu erreichen.

Im Mittelpunkt steht das gezielte Eingreifen in die Planung und Ausführung, um die Auswirkungen kostenwirksamer Änderungen zu begrenzen oder zu kompensieren. Die Kostensteuerung ist damit ein wesentliches Element zur Sicherstellung der wirtschaftlichen Projektabwicklung.

Die Kostensteuerung verfolgt das Ziel, durch Anpassung von Planungsinhalten, Ausführungsdetails oder Vergabestrategien die Einhaltung des Budgets sicherzustellen. Dabei ist eine enge Abstimmung zwischen allen Projektbeteiligten erforderlich.

Eine zentrale Aufgabe der Projektsteuerung besteht darin, das Zusammenwirken von Bauherr, Planern und ausführenden Unternehmen zu koordinieren. Nur durch eine transparente Kommunikation und abgestimmte Entscheidungen können die erforderlichen Maßnahmen effizient umgesetzt werden. Wie die Kostenkontrolle ist auch die Kostenplanung in allen Projektphasen relevant.

Mittelabflussplanung

Im Kontext von Kostenkontrolle und Kostensteuerung kommt der Mittelabflussplanung eine zentrale Bedeutung zu. Sie dient der zeitlichen und betragsmäßigen Planung der Ausgaben, die im Verlauf eines Bauprojekts anfallen. Für den Bauherrn ist es entscheidend, frühzeitig zu wissen, wann und in welcher Höhe Zahlungen erforderlich sind, um die nötigen finanziellen Mittel rechtzeitig bereitstellen zu können.

Die Grundlage bildet ein *Zahlungsplan*, der in der Regel an den Projektfortschritt gekoppelt ist. Ausgehend von vertraglich vereinbarten Start-, Zwischen- und Fertigstellungsterminen lässt sich der Ausgabenverlauf durch die Zuordnung von Zeitdauern zu Kostenpositionen darstellen. Häufig wird dabei vereinfachend von einer linearen Beziehung zwischen Vorgangsdauer und Kostenentwicklung ausgegangen.

Moderne EDV-Programme ermöglichen die Erstellung von Kostenverläufen auf Basis der frühesten und spätesten Termine. Dadurch kann die Kostensummenlinie grafisch dargestellt und mit dem tatsächlichen Projektverlauf abgeglichen werden.

Bei der Erstellung von Mittelabflussplänen ist zu berücksichtigen, dass zwischen Rechnungsstellung und Zahlung ein zeitlicher Verzug entstehen kann, wie beispielsweise durch:

- die Dauer der Rechnungsprüfung,
- verspätete Rechnungsstellungen durch ausführende Unternehmen,
- gestörte Bauabläufe, die zu Verzögerungen führen,
- Einbehalte aufgrund von Mängeln oder unvollständigen Leistungen.

Trotz dieser Unsicherheiten liefert der Mittelabflussplan, bei zeitnaher Rechnungsstellung, wertvolle Hinweise auf Soll-Ist-Abweichungen in der Leistungserbringung. Er dient somit nicht nur der Finanzplanung, sondern auch als Instrument zur Projektüberwachung.

Kostenkennwerte

Kostenkennwerte sind rechnerisch ermittelte Vergleichsgrößen, die das Verhältnis von Kosten zu einer definierten Bezugseinheit darstellen. Sie dienen als wichtige Orientierungshilfe in der Baukostenplanung, insbesondere in frühen Projektphasen, in denen noch keine detaillierten Mengenansätze vorliegen.

Typische **Bezugseinheiten für Kostenkennwerte** sind:

- Grundflächen (z. B. Kosten pro Quadratmeter Bruttogrundfläche),
- Rauminhalte (z. B. Kosten pro Kubikmeter Bruttorauminhalt),
- Grobelementeinheiten (z. B. Kosten pro Stück oder pro laufendem Meter bei Bauteilen wie Fenstern, Türen oder Leitungen).

Kostenkennwerte ermöglichen eine schnelle und vergleichbare Einschätzung von Baukosten auf Basis von Erfahrungswerten und statistischen Daten. Sie sind besonders hilfreich bei

- der Kostenschätzung in der Vorplanung,
- dem Vergleich von Planungsvarianten,
- der Budgetierung von Bauvorhaben,
- der Bewertung von Wirtschaftlichkeit und Effizienz.

Kostengliederung

Die Kostengliederung ist ein Ordnungssystem zur systematischen Erfassung und Darstellung der Gesamtkosten eines Bauprojekts. Sie dient dazu, die Vielzahl einzelner Kostenpositionen übersichtlich und nachvollziehbar zu strukturieren und bildet die Grundlage für eine transparente Kostenplanung, -kontrolle und -steuerung.

Die Gliederung erfolgt in *Kostengruppen*, die jeweils inhaltlich zusammengehörige Kostenanteile bündeln. Diese Gruppierung orientiert sich entweder an:

- den Planungsinhalten, z. B. nach Bauteilen oder Funktionsbereichen,
- oder am Projektablauf, z. B. nach Leistungsphasen oder Gewerken.

Jede Kostengruppe fasst Einzelkosten zusammen, die in ihrer Funktion, technischen Ausprägung oder zeitlichen Abfolge miteinander verbunden sind. Dadurch wird eine vergleichbare und auswertbare Struktur geschaffen, die sowohl für die Projektsteuerung als auch für die Kommunikation mit Bauherrn, Behörden und Förderstellen von zentraler Bedeutung ist.

Die Kostengliederung nach *DIN 276* ist in der Praxis weit verbreitet und stellt sicher, dass alle relevanten Kostenarten, von der Grundstücksvorbereitung über die Baukonstruktion bis hin zu Ausstattung und Nebenkosten, vollständig und eindeutig erfasst werden.

Gesamtkosten – Bauwerkskosten

In der Baukostenplanung ist es wichtig, zwischen Gesamtkosten und Bauwerkskosten klar zu unterscheiden, da sie unterschiedliche Betrachtungsebenen eines Projekts abbilden.

Die *Gesamtkosten* eines Bauvorhabens ergeben sich aus der Summe aller Kostengruppen 100 bis 800 gemäß *DIN 276*. Sie umfassen sämtliche Aufwendungen, die im Zusammenhang mit der Planung, Errichtung und Ausstattung eines Bauprojekts stehen, einschließlich Grundstückskosten, Baunebenkosten, Außenanlagen und Ausstattung.

Demgegenüber beziehen sich die *Bauwerkskosten* ausschließlich auf die Kostengruppen 300 Bauwerk – Baukonstruktion und 400 Bauwerk – Technische Anlagen. Sie bilden den Kern der eigentlichen Bauleistung und stellen die Kosten dar, die direkt mit der Errichtung des Gebäudes verbunden sind.

Kostenprognose

Durch die Kostenprognose werden die voraussichtlichen Gesamtkosten eines Bauprojekts zum Zeitpunkt der Fertigstellung ermittelt. Sie basiert auf den aktuellen Planungs- und Ausführungsständen und berücksichtigt alle bekannten sowie absehbaren Entwicklungen, die bis zum Projektabschluss kostenwirksam werden können. Ziel ist es, dem Bauherrn und den Projektbeteiligten eine realistische Einschätzung der Endkosten zu geben.

Die Kostenprognose ergänzt die klassische Kostenermittlung und dient als Entscheidungsgrundlage für die weitere Projektsteuerung. Sie ist besonders relevant in fortgeschrittenen Projektphasen, wenn sich die tatsächlichen Kosten zunehmend konkretisieren und eine präzise Budgetplanung erforderlich ist.

Kostenrisiko

Ein Kostenrisiko entsteht durch die Unwägbarkeiten und Unsicherheiten, die mit der Ermittlung und Prognose von Baukosten verbunden sind. Es beschreibt die Möglichkeit, dass die tatsächlichen Kosten eines Bauprojekts von den geplanten oder geschätzten Werten abweichen – sei es durch externe Einflüsse, Planungsänderungen oder unvollständige Informationen.

Typische **Ursachen für Kostenrisiken** sind:

- frühe Planungsphasen mit noch unklaren Leistungsinhalten,
- Marktschwankungen bei Materialpreisen,
- technische oder bauliche Herausforderungen, die erst im Verlauf der Ausführung sichtbar werden,
- Verzögerungen im Bauablauf, die zu zusätzlichen Kosten führen können.

4.2 Stufen der Kostenermittlung

Die Kostenermittlung im Bauwesen bezeichnet den systematischen Prozess der Vorausberechnung, Fortschreibung und abschließenden Feststellung der entstehenden Kosten eines Bauprojekts. Sie begleitet alle Projektphasen und bildet die Grundlage für eine wirtschaftlich fundierte Planung und Ausführung.

Gemäß *DIN 276* erfolgt die Kostenermittlung in sechs Stufen, die sich am Fortschritt der Planung orientieren und den jeweiligen Leistungsphasen der *Honorarordnung für Architekten und Ingenieure* (HOAI) zugeordnet sind. Diese Stufen reichen von der ersten Kostenschätzung bis zur abschließenden Kostenfeststellung nach Projektabschluss (Tabelle 4.1).

Die Ermittlung erfolgt auf Basis von Kostenelementen, die in der *DIN 276* in drei Gliederungsebenen strukturiert sind:

- **Erste Ebene:** Grobe Kostengliederung in Hauptkostengruppen, z. B. Grundstück, Bauwerk, Ausstattung,
- **Zweite Ebene:** Grobelemente, z. B. Bauteile wie Außenwände, Decken, technische Anlagen,
- **Dritte Ebene:** Feinelemente, z. B. einzelne Materialien, Ausführungsdetails oder Komponenten.

Je nach gewünschtem Detaillierungsgrad wird die zweite oder dritte Ebene der Gliederung herangezogen. Den jeweiligen Elementen werden Kostenkennwerte zugeordnet, etwa in Form von Flächen- oder Rauminhaltskennwerten, die eine präzise und vergleichbare Bewertung ermöglichen. Entsprechend der fortschreitenden Gebäudeplanung wird die Kostenplanung zunehmend differenzierter durchgeführt.

Diese strukturierte Vorgehensweise gewährleistet eine transparente, nachvollziehbare und fortschreibbare Kostenplanung, die sowohl für die Projektsteuerung als auch für die Kommunikation mit Bauherrn, Behörden und Förderstellen von großer Bedeutung ist.

Tabelle 4.1 Stufen der Kostenermittlung nach *DIN 276* und Leistungsphasen nach *HOAI*

Kostenrahmen **LP 1 Bedarfsermittlung**	▪ Entscheidung über *Bedarfsplanung*, grundsätzliche Wirtschaftlichkeits- und Finanzierungsüberlegungen, Festlegung einer Kostenvorgabe ▪ Kostenermittlung in der 1. Ebene der Kostengliederung
Kostenschätzung **LP 2 Vorplanung**	▪ Entscheidung über die *Vorplanung* ▪ Kostenermittlung in der 2. Ebene der Kostengliederung
Kostenberechnung **LP 3 Entwurfsplanung**	▪ Entscheidung über die *Entwurfsplanung* ▪ Kostenermittlung in der 3. Ebene der Kostengliederung
Kostenvoranschlag **LP 6 Vorbereitung der Vergabe**	▪ Entscheidungen über *Ausführungsplanung* und *Vorbereitung der Vergabe* ▪ Kostenermittlung in der 3. Ebene der Kostengliederung sowie nach Vergabeeinheiten
Kostenanschlag **LP 7 Mitwirkung bei der Vergabe**	▪ Entscheidungen über *Vergaben* und *Ausführung* ▪ Kostenermittlung in der 3. Ebene der Kostengliederung sowie nach Vergabeeinheiten
Kostenfeststellung **LP 8 Objektüberwachung**	▪ Nachweis der *endgültig entstandenen Kosten* ▪ Kostenermittlung in der 3. Ebene der Kostengliederung

Quelle: *DIN 276* Kosten im Bauwesen, LP: Leistungsphasen nach *HOAI (Honorarordnung für Architekten und Ingenieure)*

4.2.1 Kostenrahmen

Der Kostenrahmen dient als strategische Entscheidungsgrundlage für die *Bedarfsplanung* sowie für grundlegende Überlegungen zur Wirtschaftlichkeit und Finanzierung eines Bauprojekts. Er definiert die oberste Kostenvorgabe, innerhalb der die weitere Planung erfolgen soll.

Ziele des Kostenrahmens sind:

- die Bewertung des Bedarfs auf Grundlage funktionaler und räumlicher Anforderungen,
- die Ableitung wirtschaftlicher und finanzieller Machbarkeit,
- die Festlegung einer ersten Kostenvorgabe als Orientierungsgröße für die weitere Projektentwicklung.

Für die Erstellung eines belastbaren Kostenrahmens werden folgende Informationen herangezogen:

- Standortangaben, z. B. Lage, Erschließung, Grundstücksgröße,
- quantitative und qualitative Bedarfsangaben, etwa in Form eines Raumprogramms mit Nutzungseinheiten, Funktionselementen und deren Flächen, bautechnischen Anforderungen, Funktionsvorgaben und Ausstattungsstandards,
- Berechnung der Mengen relevanter Bezugseinheiten gemäß *DIN 276* und *DIN 277*, z. B. Grundflächen, Rauminhalte oder Grobelemente,
- organisatorische und terminliche Rahmenbedingungen, die Einfluss auf die Kostenentwicklung nehmen können.

  Im Kostenrahmen müssen die Gesamtkosten nach Kostengruppen der ersten Gliederungsebene gemäß *DIN 276* dargestellt werden. Diese strukturierte Darstellung ermöglicht eine frühe Einschätzung der Projektkosten und schafft die Grundlage für die weitere Kostenplanung, insbesondere für die nachfolgenden Stufen der Kostenschätzung und Kostenberechnung.

4.2.2 Kostenschätzung

Die Kostenschätzung dient der wirtschaftlichen Bewertung der *Vorplanung*. Sie liefert eine erste belastbare Aussage über die zu erwartenden Projektkosten und bildet die Grundlage für die Entscheidung, ob und in welcher Form die Planung weitergeführt wird.

Ziel der Kostenschätzung ist es, die finanzielle Machbarkeit des Bauvorhabens zu prüfen und eine erste Kostentransparenz zu schaffen. Für die Erstellung einer fundierten Kostenschätzung werden folgende Informationen herangezogen:

- Angaben zum Baugrundstück, einschließlich Lage, Größe und Erschließungssituation,
- Ergebnisse der Vorplanung, insbesondere zeichnerische Darstellungen, Raumprogramme und funktionale Konzepte,
- Erläuterungen zu planerischen Zusammenhängen, technischen Anforderungen, organisatorischen Abläufen und terminlichen Rahmenbedingungen,
- Zusammenstellung bereits entstandener Kosten, z. B. für Grundstückserwerb, Erschließung oder Baunebenkosten.

Die Kostenschätzung erfolgt auf Basis der zweiten Ebene der Kostengliederung nach *DIN 276*. Dabei werden die Kostengruppen detaillierter betrachtet als im Kostenrahmen, jedoch noch nicht auf Einzelpositionsebene. Je nach Projektstand können auch erste Mengenansätze und Kostenkennwerte herangezogen werden.

Diese Stufe der Kostenermittlung ist entscheidend für:

- die Budgetfreigabe durch den Bauherrn,
- die Abstimmung mit Förderstellen oder Investoren,
- die Weiterentwicklung der Planung unter wirtschaftlichen Gesichtspunkten.

4.2.3 Kostenberechnung

Die Kostenberechnung gilt als verbindliche Entscheidungsgrundlage für die *Entwurfsplanung*. Sie basiert auf einem deutlich höheren Detaillierungsgrad als die vorangegangene Kostenschätzung und bildet die Grundlage für die weitere Projektentwicklung, Budgetfreigabe und Vergabevorbereitung.

Ziel der Kostenberechnung ist es, die Gesamtkosten des Bauvorhabens belastbar und nachvollziehbar darzustellen – unter Berücksichtigung aller relevanten Planungsdetails.

Für die Erstellung einer Kostenberechnung werden folgende Unterlagen und Informationen herangezogen:

- durchgearbeitete Entwurfszeichnungen, ggf. ergänzt durch Detailpläne für mehrfach wiederkehrende Raumgruppen oder Bauteile,
- Erläuterungen zu technischen und funktionalen Zusammenhängen, die aus den Zeichnungen allein nicht ersichtlich sind, aber für die Kostenbewertung wesentlich sind – etwa Angaben zu Ausführungsstandards, Materialien oder besonderen Anforderungen,
- systematische Beschreibung der Kostenstruktur, orientiert an der Gliederung nach *DIN 276*.

Die Kostenberechnung erfolgt auf Basis der dritten Ebene der Kostengliederung. Hier werden die Feinelemente der Baukonstruktion und technischen Ausstattung betrachtet, wodurch eine detaillierte und differenzierte Kostenaufstellung möglich wird. Den einzelnen Elementen werden konkrete Mengenansätze und Kostenkennwerte zugeordnet, etwa bezogen auf Flächen, Rauminhalte oder Stückzahlen.

Diese Stufe der Kostenermittlung ist entscheidend für:

- die Freigabe der Entwurfsplanung,
- die Vorbereitung der Ausschreibung und Vergabe,
- die Absicherung der Projektfinanzierung,
- die transparente Kommunikation mit dem Bauherrn und weiteren Projektbeteiligten.

4.2.4 Kostenvoranschlag

Der Kostenvoranschlag dient als Entscheidungsgrundlage für die *Ausführungsplanung* sowie für die *Vorbereitung der Vergabe*. Je nach gewähltem Projektablauf kann er einmalig oder in mehreren aufeinander aufbauenden Schritten erstellt werden.

Die Ermittlung der Kosten basiert auf einer Vielzahl fundierter Planungs- und Projektdaten. Dazu zählen insbesondere:

- Planungsunterlagen, wie Ausführungs-, Detail- und Konstruktionszeichnungen,
- Leistungsbeschreibungen der einzelnen Gewerke,
- technische Berechnungen, etwa zur Standsicherheit, zum Wärmeschutz oder zu gebäudetechnischen Anlagen,
- Mengenermittlungen für Teilleistungen,
- Kostenaufstellungen aus bereits vorliegenden Angeboten, erteilten Aufträgen sowie aus bereits angefallenen Ausgaben.

Im Rahmen des Kostenvoranschlags sind die Gesamtkosten nach der dritten Ebene der Kostengliederung systematisch zu erfassen. Darüber hinaus erfolgt eine weitere Differenzierung nach technischen Merkmalen oder nach fertigungsbezogenen Gesichtspunkten, um eine präzise und nachvollziehbare Struktur zu gewährleisten.

Unabhängig vom gewählten Verfahren zur Kostenermittlung ist es erforderlich, die Kosten zusätzlich nach den vorgesehenen Vergabeeinheiten zu ordnen. Diese Gliederung ermöglicht es, Angebote, Aufträge und Abrechnungen (einschließlich etwaiger Nachträge) aktuell zu erfassen, zu prüfen und miteinander zu vergleichen.

4.2.5 Kostenanschlag

Der Kostenanschlag stellt eine verbindliche und detaillierte Grundlage der Kostenermittlung dar. Mit seinem hohen Genauigkeitsgrad dient er maßgeblich der Entscheidung über die *Vergabe* von Bauleistungen sowie der konkreten *Ausführung* des Bauvorhabens. Ziel ist es, die tatsächlich zu erwartenden Kosten realitätsnah und nachvollziehbar darzustellen.

Die Erstellung des Kostenanschlags erfolgt, abhängig vom gewählten Projektablauf, schrittweise. Dabei werden die jeweils aktuellen Kostenstände aus Angeboten, Aufträgen und Abrechnungen systematisch zusammengeführt und fortgeschrieben.

Als wesentliche Grundlagen dienen:

- Planungsunterlagen, wie Ausführungs-, Detail-, Konstruktions- und Montagezeichnungen sowie Aufmaß- und Abrechnungspläne,
- Angebote der ausführenden Unternehmen einschließlich der zugehörigen Leistungsbeschreibungen,
- Vertragsunterlagen und erteilte Aufträge an die ausführenden Firmen,
- technische Berechnungen, etwa zu Statik, Haustechnik oder bauphysikalischen Anforderungen,
- Rechnungen der Unternehmen sowie die Ergebnisse der Rechnungsprüfung,
- Informationen zur Bauausführung, insbesondere zur organisatorischen und terminlichen Abwicklung,
- Kostenaufstellungen bereits realisierter Teilbereiche.

Die im Kostenanschlag ermittelten Werte sind entsprechend der im Kostenvoranschlag definierten Vergabeeinheiten zu gliedern. Diese Strukturierung gewährleistet eine konsistente und transparente Zuordnung der Kosten zu den jeweiligen Leistungsbereichen und bildet die Grundlage für eine präzise Steuerung und Kontrolle des Bauprojekts.

4.2.6 Kostenfeststellung

Die Kostenfeststellung dient der systematischen Ermittlung und dem belastbaren Nachweis der *tatsächlich angefallenen Kosten* eines Bauvorhabens. Sie bildet den abschließenden Kostenstand ab und liefert zugleich wertvolle Kennwerte für zukünftige Projekte – etwa für Kostenvergleiche, Dokumentationen oder als Grundlage künftiger Kostenermittlungen.

Zur fundierten Aufstellung der Kostenfeststellung werden u. a. folgende Unterlagen herangezogen:

- geprüfte Abrechnungsbelege, insbesondere Schlussrechnungen,
- Nachweise über unentgeltlich erbrachte Leistungen oder bereitgestellte Materialien,
- Planungsunterlagen, wie Abrechnungs- und Bestandszeichnungen,
- Erläuterungen zur Ausführung, etwa zu Abweichungen vom ursprünglichen Planungsstand oder zur Bauabwicklung.

Die ermittelten *Gesamtkosten* sind entsprechend der im Projektverlauf verwendeten Kostenstruktur zu gliedern, entweder nach den Kostengruppen bis zur dritten Ebene der Kostengliederung oder gemäß der im Kostenanschlag festgelegten Struktur. Diese einheitliche Zuordnung gewährleistet Transparenz und Vergleichbarkeit über alle Projektphasen hinweg.

4.3 Kostengliederung

Die Kostengliederung nach *DIN 276* verfolgt das Ziel, sämtliche im Zusammenhang mit einem Bauvorhaben entstehenden Kosten systematisch zu erfassen, vergleichbar zu machen und gezielt zu steuern. Dies gilt sowohl innerhalb eines Projekts, über verschiedene Planungs- und Ausführungsphasen hinweg, als auch im Vergleich zwischen unterschiedlichen Bauvorhaben oder Gebäudetypen.

Zentrales Element der *DIN 276* ist die Zuordnung aller Kosten zu definierten Kostengruppen. Diese sind hierarchisch in drei Ebenen gegliedert und ermöglichen eine differenzierte Betrachtung der Kostenstruktur. Die dreistelligen Ordnungszahlen entsprechen den drei Ebenen der Kostengliederung. Bei Bedarf wird über die Kostengruppe der 1. Gliederungsebene hinaus in die Kostengruppen der 2. und 3. Gliederungsebene unterteilt.

4.3.1 1. Gliederungsebene

In der 1. Gliederungsebene werden die Gesamtkosten in acht Hauptkostengruppen unterteilt, die sämtliche Kostenbereiche eines Bauprojektes abdecken.

Tabelle 4.2 1. Gliederungsebene der *DIN 276*

Nummer	Kostengruppe
100	Grundstück
200	Vorbereitende Maßnahmen
300	Bauwerk – Baukonstruktionen

Tabelle 4.2 1. Gliederungsebene der *DIN 276 (Fortsetzung)*

Nummer	Kostengruppe
400	Bauwerk - Technische Anlagen
500	Außenanlagen und Freiflächen
600	Ausstattung und Kunstwerke
700	Baunebenkosten
800	Finanzierung
Quelle: *DIN 276* Kosten im Bauwesen	

4.3.2 2. Gliederungsebene

Die 2. Gliederungsebene verfeinert die Hauptkostengruppen der ersten Ebene und ermöglicht eine differenziertere Betrachtung der einzelnen Kostenbereiche. Sie dient dazu, die Kosten innerhalb der Hauptgruppen nach funktionalen oder technischen Gesichtspunkten weiter zu untergliedern und bildet damit die Grundlage für eine gezielte Planung und Steuerung einzelner Projektbestandteile.

Im Folgenden werden die Hauptkostengruppen der ersten Gliederungsebene vorgestellt und durch die zweite Gliederungsebene weiter differenziert.

Kostengruppe 100 - Grundstück

Bereits zu Beginn eines Bauvorhabens muss sich der Bauherr mit den Kosten für das *Grundstück*, dessen Herrichtung sowie die Erschließung auseinandersetzen. Unter die Grundstückskosten fallen sämtliche Aufwendungen, die im Zusammenhang mit dem Erwerb stehen. Dazu zählen neben dem eigentlichen Kaufpreis auch der Verkehrswert des Grundstücks oder – bei grundstücksgleichen Rechten wie dem Erbbaurecht – der entsprechende Nutzungswert (Tabelle 4.3).

Tabelle 4.3 Gliederung Kostengruppe 100 Grundstück – 2. Gliederungsebene

100	Grundstück
110	Grundstückswert
120	Grundstücksnebenkosten
130	Rechte Dritter
Quelle: *DIN 276* Kosten im Bauwesen	

Ergänzend zum *Grundstückswert* entstehen *Grundstücksnebenkosten*, etwa für Vermessungen, Notar- und Gerichtskosten, behördliche Genehmigungen sowie gegebenenfalls Abfindungen oder Entschädigungen für bestehende *Rechte Dritter*. Letztere können erforderlich sein, um das Grundstück frei von Belastungen zu machen und eine uneingeschränkte Nutzung zu ermöglichen.

Insgesamt bildet die Kostengruppe 100 die wirtschaftliche Grundlage für alle weiteren Planungs- und Bauentscheidungen. Eine sorgfältige Erfassung und Bewertung dieser Kosten ist daher unerlässlich für eine realistische Gesamtbetrachtung des Projekts.

Kostengruppe 200 – Vorbereitende Maßnahmen

Vorbereitende Maßnahmen sind erforderlich, um die bauliche Umsetzung eines Projekts auf dem vorgesehenen Grundstück überhaupt erst zu ermöglichen. Sie umfassen alle Leistungen, die notwendig sind, um das Grundstück in einen baureifen Zustand zu versetzen und die infrastrukturellen Voraussetzungen für die spätere Bauausführung zu schaffen (Tabelle 4.4).

Zum *Herrichten* eines Grundstücks zählen insbesondere:

- Sicherungsmaßnahmen,
- Abbrucharbeiten,
- Altlastenbeseitigung,
- sowie sonstige vorbereitende Arbeiten auf dem Grundstück.

Diese Maßnahmen dienen dazu, das Baufeld freizumachen und die baulichen, technischen und rechtlichen Voraussetzungen für den Baubeginn zu schaffen.

Tabelle 4.4 Gliederung Kostengruppe 200 Vorbereitende Maßnahmen – 2. Gliederungsebene

200	Vorbereitende Maßnahmen
210	Herrichten
220	Öffentliche Erschließung
230	Nichtöffentliche Erschließung
240	Ausgleichsmaßnahmen und -abgaben
250	Übergangsmaßnahmen
Quelle: *DIN 276* Kosten im Bauwesen	

Ein zentraler Bestandteil der vorbereitenden Maßnahmen ist die *öffentliche Erschließung*. Sie umfasst alle Kosten, die aufgrund gesetzlicher Vorgaben oder vertraglicher Vereinbarungen mit Versorgungsunternehmen entstehen. Dazu gehören:

- Erschließungs- und Anliegerbeiträge,
- Kosten für den Erwerb von Erschließungsflächen durch den Träger der öffentlichen Erschließung,
- Herstellung oder Anpassung gemeinschaftlich genutzter technischer Anlagen, z. B. für Abwasser, Wasser, Strom, Gas, Wärme und Telekommunikation,
- Ausbau oder erstmalige Herstellung öffentlicher Verkehrs-, Grün- und Freiflächen.

Gerade bei innerstädtischen Grundstücken können diese Kosten erheblich ausfallen. Kostenzuschüsse und Anschlusskosten sollten dabei stets separat ausgewiesen werden, um eine transparente Kostenstruktur zu gewährleisten.

Wird ein bereits erschlossenes Grundstück erworben, können die zuvor angefallenen Erschließungskosten anteilig in der Kostengruppe 110 berücksichtigt werden.

Die *nichtöffentliche Erschließung* betrifft Verkehrsflächen und technische Anlagen, die ohne öffentlich-rechtliche Verpflichtung errichtet werden, häufig mit dem Ziel, sie später in den öffentlichen Gebrauch zu überführen. Kosten für dauerhaft auf dem eigenen Grundstück verbleibende Anlagen sind der Kostengruppe 500 zuzuordnen.

Ausgleichsmaßnahmen und -abgaben entstehen zusätzlich zu den Erschließungskosten und beruhen auf öffentlich-rechtlichen Vorgaben, etwa zum Ausgleich von Eingriffen in Natur und Landschaft.

Bei Bauvorhaben im Bestand sind häufig *Übergangsmaßnahmen* erforderlich. Dabei handelt es sich um provisorische bauliche oder organisatorische Vorkehrungen, die während der Bauzeit den laufenden Betrieb oder die Nutzung des Bestands sicherstellen.

Kostengruppe 300 – Bauwerk – Baukonstruktionen

Die Kostengruppe 300 umfasst sämtliche Bauleistungen und Lieferungen, die zur Herstellung des Bauwerks erforderlich sind – mit Ausnahme der Technischen Anlagen, die in der Kostengruppe 400 erfasst werden. Grundlage der Gliederung ist die sogenannte *Elementmethode*, bei der die Baukonstruktion bauteilorientiert strukturiert wird. Diese Systematik ermöglicht eine vollständige und nachvollziehbare Abbildung des Baukörpers sowie seiner Kosten (Tabelle 4.5).

Zu den Baukonstruktionen zählen auch fest mit dem Bauwerk verbundene Einbauten, die der Nutzung und Zweckbestimmung des Gebäudes dienen. Darüber hinaus werden übergreifende Maßnahmen berücksichtigt, die im direkten Zusammenhang mit der Baukonstruktion stehen – etwa Dach-, Fassaden- oder Innenraumbegrünungen. Außenanlagen und gestaltete Freiflächen hingegen sind der Kostengruppe 500 zuzuordnen.

Bei Umbauten und Modernisierungen sind auch Teilabbruch-, Instandsetzungs-, Sicherungs- und Demontagearbeiten Bestandteil der Baukonstruktion. Diese Kosten sind jeweils den entsprechenden Untergruppen innerhalb der Kostengruppe 300 zuzuordnen.

Tabelle 4.5 Gliederung Kostengruppe 300 Bauwerk – Baukonstruktionen – 2. Gliederungsebene

300	Bauwerk – Baukonstruktionen
310	Baugrube/Erdbau
320	Gründung/Unterbau
330	Außenwände/Vertikale Baukonstruktionen außen
340	Innenwände/Vertikale Baukonstruktionen innen
350	Decken/Horizontale Baukonstruktionen
360	Dächer
370	Infrastrukturanlagen
380	Baukonstruktive Einbauten
390	Sonstige Maßnahmen für Baukonstruktionen

Quelle: *DIN 276* Kosten im Bauwesen

Die Elementmethode unterteilt die Baukonstruktion in funktionale Grobelemente:

- **Baugrube/Erdbau:** Umfasst Oberboden- und Bodenarbeiten, Baugruben, Dämme, Einschnitte, Wälle sowie Hangsicherungen.
- **Gründung/Unterbau:** Enthält alle Maßnahmen zur Gründung des Bauwerks einschließlich zugehöriger Erdarbeiten und Sauberkeitsschichten, soweit diese nicht bereits in der Kostengruppe 310 erfasst sind.
- **Außenwände/Vertikale Baukonstruktionen außen:** Beinhaltet tragende und nichttragende vertikale Bauteile an der Gebäudehülle, die dem Außenklima oder dem Erdreich ausgesetzt sind.
- **Innenwände/Vertikale Baukonstruktionen innen:** Umfasst alle vertikalen Bauteile im Inneren des Gebäudes, unabhängig davon, ob sie tragend oder nichttragend sind.
- **Decken/Horizontale Baukonstruktionen:** Enthält Decken, Treppen, Rampen und weitere horizontale Bauteile, die tragend oder nichttragend ausgeführt sein können.
- **Dächer:** Umfasst flache und geneigte Dachkonstruktionen sowie andere horizontale Bauteile, die das Gebäude nach oben abschließen.

Die DIN 276 ist auch auf Ingenieurbauwerke anwendbar. In diesem Zusammenhang ist insbesondere die Kostengruppe 370 – **Infrastrukturanlagen** relevant. Sie erfasst eigenständige Bauwerke für Verkehr, Ver- und Entsorgung, sofern diese nicht bereits in anderen Kostengruppen berücksichtigt sind.

Als **baukonstruktive Einbauten** gelten alle fest mit dem Bauwerk verbundenen Einbauten, die dauerhaft in die Gebäudestruktur integriert sind und der vorgesehenen Nutzung dienen.

Kostengruppe 400 – Bauwerk – Technische Anlagen

Die Kostengruppe 400 umfasst sämtliche Bauleistungen und Lieferungen zur Herstellung der technischen Anlagen eines Bauwerks – unabhängig davon, ob es sich um Hochbauten, Ingenieurbauten oder Infrastrukturanlagen handelt. Auch übergreifende Maßnahmen im Zusammenhang mit der technischen Ausrüstung sind hier zu berücksichtigen (Tabelle 4.6).

Tabelle 4.6 Gliederung Kostengruppe 400 – Bauwerk – Technische Anlagen – 2. Gliederungsebene

400	Bauwerk – Technische Anlagen
410	Abwasser-, Wasser-, Gasanlagen
420	Wärmeversorgungsanlagen
430	Raumlufttechnische Anlagen
440	Elektrische Anlagen
450	Kommunikations-, sicherheits- und informationstechnische Anlagen
460	Förderanlagen
470	Nutzungsspezifische und verfahrenstechnische Anlagen
480	Gebäude- und Anlagenautomation
490	Sonstige Maßnahmen für technische Anlagen

Quelle: *DIN 276* Kosten im Bauwesen

Analog zur Baukonstruktion erfolgt die Gliederung nach der Elementmethode, wobei die Grobelemente der technischen Ausrüstung den jeweiligen Leistungsbereichen bzw. Gewerken nach *VOB* direkt zugeordnet werden können. Dies erleichtert die Planung, Ausschreibung und Abrechnung erheblich.

Erfasst werden alle im Bauwerk integrierten technischen Anlagen einschließlich:

- Befestigungen, Gestelle und Armaturen,
- Wärme-, Kälte-, Schall- und Brandschutzmaßnahmen,

- Abdeckungen, Verkleidungen, Anstriche und Kennzeichnungen,
- werkseitig integrierte Mess-, Steuer- und Regelungseinrichtungen,
- sowie die betrieblichen Aufwendungen bis zur Abnahme.

Nicht enthalten sind die Kosten für das Herstellen und Schließen von Schlitzen, Durchführungen sowie Rohr- und Kabelgräben – diese werden in der Regel der Kostengruppe 300 zugeordnet.

Bei Bestandsmaßnahmen zählen auch Teilabbruch-, Instandsetzungs-, Sicherungs- und Demontagearbeiten zu den technischen Anlagen. Diese sind jeweils den entsprechenden Untergruppen innerhalb der Kostengruppe 400 zuzuordnen.

Die Kostengruppe 400 unterteilt sich in verschiedene Anlagengruppen:

- **Abwasser-, Wasser- und Gasanlagen:** Umfasst im Wesentlichen die sanitärtechnischen Installationen.
- **Raumlufttechnische Anlagen:** Beinhaltet Lüftungsanlagen mit und ohne Luftförderung.
- **Elektrische Anlagen:** Umfasst Starkstromanlagen einschließlich Brandschutzdurchführungen, soweit sie nicht anderen Kostengruppen zugeordnet sind.
- **Kommunikations-, sicherheits- und informationstechnische Anlagen:** Enthält Verteiler, Leitungen, Kabel sowie zugehörige Brandschutzmaßnahmen.
- **Nutzungsspezifische und verfahrenstechnische Anlagen:** Bezieht sich auf fest mit dem Bauwerk verbundene Anlagen, die der besonderen Zweckbestimmung dienen, ohne baukonstruktive Einbauten gemäß Kostengruppe 380.
- **Gebäude- und Anlagenautomation:** Umfasst Einrichtungen zur Überwachung, Steuerung, Regelung und Optimierung technischer Abläufe im Gebäude.

Kostengruppe 500 – Außenanlagen und Freiflächen

Die Kostengruppe 500 umfasst sämtliche Bauleistungen und Lieferungen zur Herstellung von Außenanlagen und Freiflächen, die sich außerhalb des eigentlichen Bauwerks befinden. Dazu zählen sowohl funktionale als auch gestalterische Elemente, die zur Erschließung, Nutzung und Aufwertung des Grundstücks beitragen (Tabelle 4.7).

Typische Bestandteile sind:

- Pflanzungen,
- naturnahe Wasserflächen,
- Wege, Straßen, Stellplätze, Rampen und Treppen,
- Abfallbehälter, Bewässerungsanlagen und Einfassungen.

Neben landschaftsgärtnerischen Arbeiten sind auch baukonstruktive Maßnahmen zu berücksichtigen, die in Umfang und Ausführung häufig dem Rohbau zuzuordnen sind.

Analog zur Gebäudestruktur sind auch Außenanlagen in entsprechende Kostengruppen unterteilt. Erfasst werden:

- Gebäude- und Verkehrsflächen,
- Baukonstruktionen und technische Anlagen außerhalb des Bauwerks,
- sowie fest verbundene Einbauten, die einer besonderen Zweckbestimmung dienen.

Außenanlagen, die überbaut sind – etwa durch Tiefgaragen, Untergeschosse oder Tunnel – sind den jeweils zutreffenden Kostengruppen zuzuordnen.

Bei der Umgestaltung bestehender Außenanlagen sind auch Teilabbruch-, Instandsetzungs-, Sicherungs- und Demontagearbeiten zu berücksichtigen. Diese sind den entsprechenden Untergruppen innerhalb der Kostengruppe 500 zuzuweisen.

Abgrenzung zu anderen Kostengruppen:

- Verkehrsanlagen und technische Erschließungseinrichtungen außerhalb des Grundstücks fallen in die Kostengruppe 200.
- Eigenständige Bauwerke der Ver- und Entsorgungsinfrastruktur sind den Kostengruppen 300 und 400 zuzuordnen.
- Erdbaumaßnahmen wie Oberbodenabtrag, Bodenverbesserung, Baugruben, Dämme, Einschnitte, Wälle und Hangsicherungen sind ebenfalls gesondert zu erfassen.

Tabelle 4.7 Gliederung Kostengruppe 500 – Außenanlagen und Freiflächen – 2. Gliederungsebene

500	Außenanlagen und Freiflächen
510	Erdbau
520	Gründung, Unterbau
530	Oberbau, Deckschichten
540	Baukonstruktionen
550	Technische Anlagen
560	Einbauten in Außenanlagen und Freiflächen
570	Vegetationsflächen
580	Wasserflächen
590	Sonstige Maßnahmen für Außenanlagen und Freiflächen
Quelle: *DIN 276* Kosten im Bauwesen	

Zum **Erdbau** zählen alle Maßnahmen zur Vorbereitung und Formung des Geländes. Dazu gehören:

- Oberbodenarbeiten und Bodenarbeiten,
- Erdbaumaßnahmen zur Geländeprofilierung,
- Baugruben,
- Dämme, Einschnitte, Wälle und Hangsicherungen.

Diese Arbeiten bilden die Grundlage für die spätere Ausführung befestigter Flächen, Pflanzungen oder technischer Anlagen im Außenbereich.

Oberbau- und Deckschichten betreffen befestigte Flächen in Außenanlagen und Freiflächen. Sie umfassen:

- Beläge mit oder ohne Bindemittel,
- Bettungsmaterialien,
- Fugenfüllungen,
- Markierungen,
- Einfassungen wie Borde und Kantensteine.

Diese Schichten dienen der dauerhaften Nutzung und Gestaltung von Verkehrs- und Aufenthaltsflächen.

In den Außenanlagen können auch **baukonstruktive und technische Anlagen** entstehen, die eigenständig und unabhängig vom Hauptbauwerk funktionieren. Dazu zählen beispielsweise:

- freistehende Beleuchtungsanlagen,
- Pumpstationen,
- Spielgeräte,
- Ver- und Entsorgungsleitungen außerhalb des Gebäudes.

Diese Anlagen sind der Kostengruppe 500 zuzuordnen, sofern sie nicht Teil des Bauwerks selbst sind.

Unter **Wasserflächen** werden naturnahe Elemente wie Bäche, Teiche und Seen verstanden. Erfasst werden dabei auch die zugehörigen Sohl- und Uferausbildungen sowie Uferbefestigungen, die zur ökologischen Integration und zur Sicherung der Wasserflächen beitragen.

Kostengruppe 600 – Ausstattung, Kunstwerke

Die Kostengruppe 600 umfasst alle losen Einrichtungen, Möbel, Geräte und Ausstattungsgegenstände, die ohne besondere Befestigungsmaßnahmen in das Bauwerk eingebracht werden. Sie dienen der Inbetriebnahme, Nutzung und funktionalen Ausstattung des Gebäudes und sind in der Regel nicht fest mit der Bausubstanz verbunden (Tabelle 4.8).

Fest eingebaute Möbel, wie Einbauschränke, Labortische oder Garderoben, sind nicht Bestandteil der Kostengruppe 600, sondern werden der Kostengruppe 380, Baukonstruktive Einbauten zugeordnet.

Tabelle 4.8 Gliederung Kostengruppe 600 Ausstattung und Kunstwerke – 2. Gliederungsebene

600	Ausstattung und Kunstwerke
610	Allgemeine Ausstattung
620	Besondere Ausstattung
630	Informationstechnische Ausstattung
640	Künstlerische Ausstattung
690	Sonstige Ausstattung
Quelle: *DIN 276* Kosten im Bauwesen	

Zur **allgemeinen Ausstattung** zählen:

- Möbel wie Sitz- und Liegemöbel, Tische, Schränke und Regale,
- Textilien wie Vorhänge, Wandbehänge, lose Teppiche und Wäsche,
- Hauswirtschafts-, Garten- und Reinigungsgeräte,
- Wegweiser, Informations- und Orientierungstafeln.

Diese Gegenstände unterstützen die Nutzung des Gebäudes im Alltag und sind in ihrer Funktion nicht an eine bestimmte Gebäudestruktur gebunden.

Die **besondere Ausstattung** umfasst spezialisierte Geräte und Einrichtungen, die der spezifischen Zweckbestimmung eines Gebäudes dienen. Dazu zählen beispielsweise:

- medizinische, wissenschaftliche oder technische Geräte,
- Spezialausstattungen für Labore, Werkstätten oder Schulungsräume.

Diese Ausstattung ist auf die Nutzung des Gebäudes im jeweiligen Funktionskontext abgestimmt.

Zur **informationstechnischen Ausstattung** gehören:

- DV-Geräte wie Server, PCs, Laptops,
- periphere Geräte wie Drucker, Scanner, Monitore,
- Zubehör und Verkabelung, soweit sie nicht fest installiert sind.

Diese Komponenten unterstützen die digitale Infrastruktur des Gebäudes, ohne Teil der technischen Anlagen im Sinne der Kostengruppe 400 zu sein.

Die **künstlerische Ausstattung** umfasst Maßnahmen zur gestalterischen Aufwertung des Bauwerks und seiner Außenanlagen. Dazu zählen:

- Kunstwerke im Innen- und Außenbereich,
- gestalterische Elemente wie Skulpturen, Wandbilder oder Installationen,
- temporäre oder dauerhafte Kunstobjekte, die zur Identität und Atmosphäre des Ortes beitragen.

Kostengruppe 700 – Baunebenkosten

Die Kostengruppe 700 umfasst sämtliche Baunebenkosten, die im Zusammenhang mit der Planung, Vorbereitung, Steuerung und Überwachung eines Bauvorhabens entstehen. Sie betreffen Leistungen, die nicht direkt zur Bauausführung gehören, aber für die Realisierung des Projekts unerlässlich sind (Tabelle 4.9).

Kosten für Finanzierung und Zinsen, die vor der Inbetriebnahme des Bauwerks anfallen, sind nicht Bestandteil der Kostengruppe 700. Sie werden der Kostengruppe 800 – Finanzierung zugeordnet.

Tabelle 4.9 Gliederung Kostengruppe 700 – Baunebenkosten – 2. Gliederungsebene

700	Baunebenkosten
710	Bauherrenaufgaben
720	Vorbereitung der Objektplanung
730	Objektplanung
740	Fachplanung
750	Künstlerische Leistungen
760	Allgemeine Baunebenkosten
790	Sonstige Baunebenkosten
Quelle: *DIN 276* Kosten im Bauwesen	

Zu den **Baunebenkosten** zählen insbesondere Aufgaben des Bauherrn, die entweder selbst wahrgenommen oder an Dritte übertragen werden. Dazu gehören:

- vorbereitende Maßnahmen zur Objektplanung,
- Leistungen der Objekt- und Fachplanung,
- künstlerische Leistungen,
- allgemeine projektbezogene Nebenkosten.

Ein wesentlicher Bestandteil der Baunebenkosten sind **Honorare** für Architekten- und Ingenieurleistungen. Diese entstehen auf Grundlage gesetzlicher Honorarordnungen (z. B. HOAI), Gebührenordnungen oder individueller vertraglicher Vereinbarungen. Dazu zählen:

- Objektplanung und Fachplanung,
- Beratungsleistungen und Gutachten,
- Projektsteuerung,
- baubegleitende Überwachungs- und Kontrollaufgaben.

Zusätzlich fallen weitere Kosten an, etwa für:

- Genehmigungen und behördliche Abnahmen,
- Baustellenbewachung und Betriebskosten während der Bauzeit,
- Vervielfältigung, Dokumentation und Archivierung,
- Baufeiern und repräsentative Anlässe im Rahmen des Projekts.

Die Höhe der Baunebenkosten variiert je nach Projektart und -umfang. Als Orientierungswerte gelten:

- 8 % bis 20 % der Baukosten (Kostengruppen 300, 400 und 500) bei Neubauten,
- bis zu 35 % bei Umbauten, Sanierungen oder komplexen Umplanungen.

Diese Werte dienen der ersten Einschätzung und sollten im Rahmen der Kostenplanung projektspezifisch überprüft und angepasst werden.

Kostengruppe 800 – Finanzierung

Die Kostengruppe 800 erfasst sämtliche Kosten im Zusammenhang mit der Finanzierung eines Bauvorhabens, die bis zum Beginn der Nutzung anfallen. Sie ergänzt die klassischen Bau- und Baunebenkosten um jene Aufwendungen, die aus der Kapitalbeschaffung und -bereitstellung resultieren (Tabelle 4.10).

Tabelle 4.10 Gliederung Kostengruppe 800 – Finanzierung – 2. Gliederungsebene

800	Finanzierung
810	Finanzierungsnebenkosten
820	Fremdkapitalzinsen
830	Eigenkapitalzinsen
840	Bürgschaften
890	Sonstige Finanzierungskosten
Quelle: DIN 276 Kosten im Bauwesen	

Zu den **Finanzierungsnebenkosten** zählen alle Ausgaben, die im Rahmen der Finanzierungsplanung und -abwicklung entstehen. Dazu gehören insbesondere:

- Kosten für die Finanzierungsberatung und -planung,
- Gebühren für die Beschaffung von Finanzierungsmitteln,
- Gerichts- und Notarkosten im Zusammenhang mit Eintragungen oder Löschungen im Grundbuch.

Diese Kosten fallen unabhängig davon an, ob das Projekt über Eigen- oder Fremdkapital finanziert wird.

Ein wesentlicher Bestandteil dieser Kostengruppe sind die Zinsaufwendungen bis zur Inbetriebnahme des Bauwerks:

- **Fremdkapitalzinsen:** Zinsen für aufgenommenes Kapital, das zur Finanzierung des Projekts dient.
- **Eigenkapitalzinsen:** Kalkulatorische Zinsen für eingesetztes Eigenkapital, die zur realistischen Abbildung der Finanzierungskosten beitragen.

  Für **Zahlungs- oder Vertragserfüllungsbürgschaften**, die im Rahmen der Finanzierung oder zur Absicherung von Bauverträgen erforderlich sind, fallen ebenfalls Gebühren an. Sie sind ebenfalls der Kostengruppe 800 zuzuordnen.

4.3.3 3. Gliederungsebene

Die dritte Gliederungsebene der *DIN 276* dient der feineren Unterteilung der Kostenpositionen, die bereits in der ersten und zweiten Ebene strukturiert wurden. Während die erste Ebene die Hauptkostengruppen definiert und die zweite Ebene diese funktional differenziert, ermöglicht die dritte Ebene eine projektspezifische Detaillierung der einzelnen Kostenbestandteile (Tabelle 4.11).

Diese Ebene ist nicht abschließend normiert, sondern bietet Gestaltungsspielraum, um die Kostengliederung an die individuellen Anforderungen des Bauvorhabens anzupassen. Die Unterteilung erfolgt in der Regel nach technischen, funktionalen oder ausführungsbezogenen Kriterien – etwa nach Bauteilgruppen, Materialien, Ausführungsarten oder Vergabeeinheiten.

Die dritte Gliederungsebene ist besonders relevant für:

- die präzise Kostenplanung,
- die Vergabe und Abrechnung von Leistungen,
- die Nachvollziehbarkeit und Vergleichbarkeit innerhalb komplexer Bauprojekte.

Sie bildet damit die Grundlage für eine transparente Kostenverfolgung und eine zielgerichtete Projektsteuerung – sowohl in der Ausführungsphase als auch bei der späteren Kostenfeststellung.

Tabelle 4.11 Bauteile nach *DIN 276*, Grob- und Funktionselemente zur Kostenberechnung – 3. Gliederungsebene

Basisgliederung	Grobelemente	Funktionselemente
300 Bauwerk – Baukonstruktion	340 Innenwände	341 Tragende Innenwände
Quelle: *DIN 276* Kosten im Bauwesen		

Über die dreistufige Gliederung der *DIN 276* hinaus hat sich in der Praxis eine verfeinerte Unterteilung in eine 4. und 5. Ebene bewährt. Ziel dieser zusätzlichen Differenzierung ist eine höhere Kostensicherheit und eine präzisere Abbildung der Bauleistungen, insbesondere bei komplexen Projekten oder in der Ausführungsplanung.

Die Grundlage bildet weiterhin die bauteilorientierte Struktur der *DIN 276*. Die dort beschriebenen Grob- und Funktionselemente werden um Konstruktionselemente und Leitpositionen erweitert. (Tabelle 4.12).

Tabelle 4.12 Erweiterte Untergliederung der *DIN 276* in Funktionselemente, Konstruktionselemente und Leitpositionen

Grobelemente	Funktionselemente	Konstruktionselemente	Leitposition
350 Decken, Treppen	352 Deckenbeläge	352.60 Beläge auf schwimmendem Estrich	028 05 Industrieparkett
Nach Sommer			

Funktionselemente, auch als funktionale Bauteile bezeichnet, sind Bauteile, denen bestimmte Funktionen, konstruktive Merkmale, Eigenschaften und Kosten zugeordnet werden können. Sie dienen als Bindeglied zwischen Planung und Kostenstruktur.

Konstruktionselemente sind typisierte Ausprägungen funktionaler Bauteile. Sie ermöglichen eine noch genauere Beschreibung der Bauleistung und bilden die Basis für die Erstellung von Kurz-Leistungsverzeichnissen. Konstruktionselemente sind in der Regel so definiert, dass sie sich eindeutig kalkulieren und gewerkeübergreifend zuordnen lassen.

Die **Leitposition** ist eine zusammenfassende Beschreibung mehrerer sich ergänzender Leistungseinheiten innerhalb eines Leistungsverzeichnisses. Sie orientiert sich nicht an der Bauteilgliederung, sondern an den Gewerken gemäß den Allgemeinen Technischen Vertragsbedingungen (*VOB/C*). Leitpositionen sind besonders im Bereich der Baukonstruktion relevant, da hier die Kostenermittlung häufig bis auf diese Ebene verfeinert werden muss, um eine ausreichende Genauigkeit zu erreichen.

Leitposition

Die Leitposition ist ein Kurztext für eine Bauleistung, der sämtliche dazugehörenden Leistungen beinhaltet. So umfasst beispielsweise die Leitposition „Fundamentaushub" sämtliche Leistungen, die mit dem Aushub von Fundamenten verbunden sind, unabhängig von der konkreten Ausführungsart oder dem eingesetzten Gerät.

Kostenschätzungen und Kostenberechnungen, die ausschließlich auf Basis der *DIN 276* erstellt werden, sind in vielen Fällen nicht ausreichend detailliert. Sie beruhen oft auf allgemeinen Kostenkennwerten, die lediglich auf Bauteilebene bezogen sind. Für fundierte Investitionsentscheidungen ist diese Tiefe nicht ausreichend. Ein seriöser Investor wird daher erst dann grünes Licht für ein Bauvorhaben geben, wenn die Kostenermittlung auf Basis von Konstruktionselementen und Leitpositionen erfolgt ist, idealerweise in Form eines Kurz-Leistungsverzeichnisses, das die relevanten Leistungen kompakt und eindeutig beschreibt.

Zuordnung der Kosten zu Leistungsbereichen (Gewerken)

Die *VOB/C* unterscheidet die Tätigkeitsbereiche der ausführenden Unternehmen nach Leistungsbereichen, die weitgehend den traditionellen *Gewerken* wie Maurer-, Beton-, Tischler- oder Schlosserarbeiten. Diese Einteilung ermöglicht eine praxisnahe und gewerkeorientierte Strukturierung der Bauleistungen.

Im *Standardleistungsbuch für das Bauwesen (STLB-Bau)* werden sämtliche Unternehmerleistungen ebenfalls in Leistungsbereiche gegliedert. Die wichtigsten Leistungsbereiche nach *VOB/C* sind:

- 012 Mauerarbeiten,
- 013 Betonarbeiten,
- 014 Naturwerksteinarbeiten, Betonwerksteinarbeiten,
- 016 Zimmer- und Holzbauarbeiten,
- 017 Stahlbauarbeiten,
- 018 Abdichtungsarbeiten,
- 020 Dachdeckungsarbeiten,
- 021 Dachabdichtungsarbeiten,
- 022 Klempnerarbeiten,
- 023 Putz- und Stuckarbeiten, Wärmedämmsysteme,
- 024 Fliesen- und Plattenarbeiten,
- 025 Estricharbeiten.

Eine *Vergabeeinheit* fasst alle Leistungen zusammen, die in einem Leistungsverzeichnis gemeinsam ausgeschrieben werden, wie beispielsweise Mauerarbeiten, Maler- und Tapezierarbeiten, leichte Trennwände oder Abgehängte Decken. In der Regel entspricht eine Vergabeeinheit einem Leistungsbereich nach *Standardleistungsbuch Bau (STLB-Bau).*

Bei größeren Bauvorhaben kann ein Leistungsbereich in mehrere Vergabeeinheiten unterteilt werden, um unterschiedliche Ausführungsbereiche oder technische Anforderungen zu berücksichtigen, wie z. B.:

- VE 1 023 Putz- und Stuckarbeiten, Wärmedämmsysteme – innen,
- VE 2 023 Putz- und Stuckarbeiten, Wärmedämmsysteme – Wärmeverbundsystem außen.

Diese Differenzierung ermöglicht eine gezielte Ausschreibung, eine präzise Kostenverfolgung und eine klare Zuordnung der Leistungen zu den jeweiligen Gewerken.

4.4 Marktübliche Kostendateien

Kostendateien werden in allen Projektphasen zur Unterstützung der Kostenermittlung eingesetzt. Sie basieren auf der Nachkalkulation bereits abgerechneter Bauvorhaben und enthalten strukturierte Kostenangaben, die entweder aus dem eigenen Büro stammen oder von kommerziellen Anbietern systematisch aufbereitet wurden. Ziel ist es, belastbare Kennwerte für die Planung zukünftiger Projekte bereitzustellen.

Nachkalkulation zur Ermittlung von Kostendaten

Voraussetzung für eine aussagekräftige Nachkalkulation ist ein abgeschlossenes und vollständig abgerechnetes Projekt. Die Nachkalkulation umfasst die Erfassung relevanter Projektdaten – idealerweise nach *DIN 277*, etwa nach Quadratmetern, Kubikmetern, Flächenarten, Nutzungsarten oder Nutzungseinheiten – ergänzt um eine kurze Projektbeschreibung sowie die Definition und Abmessung der verwendeten Elemente bzw. Bauteile, beispielsweise … m^2 Außenwandfläche oder … m^2 Dachfläche.

Erfasst werden die tatsächlich abgerechneten Kosten, die anschließend anerkannten Kostengliederungen zugeordnet werden, etwa nach den Gewerke- und Elementstrukturen der *DIN 276*. Die Ermittlung von Kostenkennwerten erfolgt durch Bezug der erfassten Kosten auf die Projektkennzahlen, wie beispielsweise:

- €/m^2 für eine Kostengruppe nach *DIN 276*,
- €/m^2 für eine Fläche nach *DIN 277* oder
- €/Nutzungseinheit nach *DIN 277*.

Diese Kennwerte können für neue Kostenermittlungen herangezogen werden, wobei stets die Besonderheiten des Ursprungsprojekts und des neuen Vorhabens zu berücksichtigen sind.

Eine besonders detaillierte Form der Kostenermittlung basiert auf Leistungsbeschreibungen mit Angebots- oder Abrechnungspreisen. Dabei werden einzelne Positionen mit Preisangaben direkt auf die jeweiligen Elemente oder Bauteile des Projekts bezogen.

Kostendateien basierend auf Kostenkennwerten

Kostendateien, die auf Kostenkennwerten aus abgerechneten Bauvorhaben beruhen, eignen sich vor allem für grobe Kostenermittlungen – etwa für Kostenschätzungen oder Kostenberechnungen nach *DIN 276*. Sie liefern überschlägige Verhältniswerte, mit denen sich die Kosten eines neuen Projekts schnell und unkompliziert abschätzen lassen.

Kostenkennwerte

Kostenkennwerte geben das Verhältnis zwischen Kosten bestimmter Kostengruppen der *DIN 276* und geometrischen Bezugseinheiten nach *DIN 277* wieder wie

- €/m^3 Bruttorauminhalt (BRI),
- €/m^2 Bruttogrundfläche (BGF),
- €/m^2 Nutzungsfläche (NUF),

oder nutzungsspezifischen Bezugseinheiten wie

- €/Arbeitsplatz,
- €/Bett (Hotel, Krankenhaus, etc.).

Kostenkennwerte können nicht schematisch verwendet werden, da sie unendlich viele verschiedene Projekt-Varianten einschließen. Deshalb müssen sie auf die spezifischen Planungsbedingungen bezogen und angepasst werden. Einflüsse, die eine Anpassung der Werte erforderlich machen, sind u. a.

- besondere Nutzungsanforderungen,
- Standortbedingungen (Erschließung, Topografie, Bodenbeschaffenheit),
- Bauwerksgeometrie (Grundriss-Form, Geschosszahlen, Geschosshöhen, Dachformen, Dachaufbauten).

Kostendateien basierend auf Ausschreibungstexten

Kostendaten, die auf Ausschreibungstexten beruhen, ermöglichen eine deutlich präzisere und detailliertere Kostenermittlung. Sie eignen sich insbesondere für:

- Element- und Bauteilkosten,
- Kostenzuordnungen zu Leitpositionen,
- Kostenzuordnungen zu Kostenkontrolleinheiten.

Viele marktübliche Ausschreibungsprogramme und -systeme bieten solche Kostendateien als integrierte Funktion an – meist in Form von Standard-Leistungsverzeichnissen mit hinterlegten Preisangaben.

Als bewährte Quellen für marktübliche Kostendaten gelten:

- *BKI* Baukosteninformationszentrum Deutscher Architektenkammern GmbH, *www.bki.de*
- *SIRADOS*, WEKA Media GmbH & Co. KG, *www.sirados.de*
- *DBD* Dynamische Baudaten, Dr. Schiller & Partner, *www.dbd.de*
- *STLB-Bau* Standardleistungsbuch Bau, Gemeinsamer Ausschuss Elektronik im Bauwesen (GAEB), Hauptausschuss im Deutschen Vergabe- und Vertragsausschuss für Bauleistungen (DVA), Geschäftsstelle des GAEB: Bundesamt für Bauwesen und Raumordnung (BBR), *www.gaeb.de*

4.5 Kostenermittlungsmethoden

Die präzise und nachvollziehbare Ermittlung von Baukosten ist ein zentrales Element jeder erfolgreichen Projektplanung und -steuerung. Sie bildet die Grundlage für wirtschaftliche Entscheidungen, Vertragsgestaltungen und die Kontrolle der Projektziele über alle Phasen hinweg. In der Praxis kommen verschiedene Methoden zur Anwendung, die je nach Projektstand, Informationsgrad und Zielsetzung ausgewählt werden.

Im Rahmen der Leistungsphasen nach *HOAI* sind die Kostenermittlungsmethoden eng mit den Planungsfortschritten verknüpft: Während in der Vorplanung (LP 2) meist überschlägige Verfahren verwendet werden, ermöglichen die Entwurfs- und Ausführungsplanung (LP 3) zunehmend präzisere Ansätze. Die *DIN 276* liefert hierfür die systematische Grundlage. Sie definiert die Begriffe und Stufen der Kostenermittlung, von der Kostenschätzung bis zur Kostenfeststellung, und strukturiert die Baukosten in nachvollziehbare Kostenstufen (Abschnitt 4.2). Mit zunehmendem Planungsstand nimmt die Genauigkeit der Kostenplanung zu (Tabelle 4.13).

Tabelle 4.13 Leistungsphasen nach HOAI und Stufen der Kostenermittlung nach DIN 276

Leistungs-phase	Planungsstufen	Stufen der Kosten-ermittlung	Genauigkeit der Kostenermittlung
1	Grundlagenermittlung	Kostenrahmen	± 40 %
2	Vorplanung	Kostenschätzung	± 30 %
3	Entwurfsplanung	Kostenberechnung	± 20 %
4	Genehmigungsplanung		
5	Ausführungsplanung		
6	Vorbereitung der Vergabe	Kostenvoranschlag	
7	Mitwirkung bei der Vergabe	Kostenanschlag	± 10 %
8	Objektüberwachung	Kostenfeststellung	± 0 %
9	Objektbetreuung, Dokumentation		

Quellen: *Honorarordnung für Architekten und Ingenieure (HOAI)* und *DIN 276* Kosten im Bauwesen

Nachfolgend werden drei praxisrelevante Methoden der Kostenermittlung vorgestellt. Hierbei handelt es sich um

- das **Einzelwert-Verfahren**, das auf pauschalen Kostenkennwerten basiert,
- die **Kostenflächenarten-Methode**, die Flächenkennwerte nutzt,
- sowie die **Gebäudeelement-Methode**, die eine strukturierte Kostenbetrachtung nach funktionalen Bauteilgruppen erlaubt.

4.5.1 Einzelwert-Verfahren

Das Einzelwert-Verfahren ist eine einfache und schnell anwendbare Methode zur Kostenermittlung. Dabei wird ein pauschaler Kostenkennwert auf eine Bezugsgröße wie die Bruttogrundfläche (BGF), Nutzungsfläche (NUF) oder den Bruttorauminhalt (BRI) des Gebäudes angewendet. Die Gesamtkosten ergeben sich durch Multiplikation des Kennwerts mit der jeweiligen Fläche oder dem Volumen.

Im Sinne der *DIN 276* bezieht sich diese Methode ausschließlich auf die Kosten des Bauwerks, also die Kostengruppen 300 Bauwerk – Baukonstruktion und 400 Bauwerk – Technische Anlagen. Sie eignet sich insbesondere für die Kostenschätzung in der Vorplanung (Leistungsphase 2 nach *HOAI*), wenn noch keine detaillierten Mengen oder Ausführungsdetails vorliegen.

Durch Indizierung können die Kosten an die Preisentwicklung des Marktes angepasst werden.

Die Ermittlung der Kosten erfolgt auf der Grundlage von Bedarfsplänen, Baumassenkonzepten oder den Vorentwurfs- oder Entwurfsplänen. Dieses Verfahren berücksichtigt kaum individuelle Besonderheiten eines Projektes und kommt deshalb ausschließlich in sehr frühen Planungsphasen zum Einsatz.

$$\text{(Volumen, Fläche)} \cdot \text{Kostenkennwert} = \text{Geschätzte Kosten}$$

$$[(\text{m}^3\ \text{BRI}, \text{m}^2\ \text{BGF}, \text{m}^2\ \text{NUF})] \cdot \left[\left(\frac{€}{\text{m}^3}, \frac{€}{\text{m}^2}\right)\right] = \text{Geschätzte Kosten}\ [€]$$

Die Übungsbeispiele und Übungsaufgaben mit Musterlösungen in den Kapiteln 3 und 4 stellen eigene Berechnungen dar auf Grundlage der Veröffentlichungen des BKI Baukosteninformationszentrum Deutscher Architektenkammern GmbH, Stuttgart.

Übungsbeispiel 4.1

Kostenermittlung mit dem Einzelwert-Verfahren (Kostenrahmen)

Für einen Verbrauchermarkt soll eine einfache Kostenermittlung der Kostengruppen 300 + 400 anhand des Einzelwert-Verfahrens durchgeführt werden. Die Bruttogrundfläche BGF beträgt 2819 m^2.

Bild 4.1 Kostenkennwerte Verbrauchermärkte, Bildquelle: BKI Baukosteninformationszentrum, Kostenstand 1. Quartal 2025

Das BKI stellt zur Kostenermittlung für Verbrauchermärkte (Kostenstand 1. Quartal 2025) folgenden Planungskennwert zur Verfügung (Bild 4.1):

Geschätzte Kosten für Kostengruppe 300 + 400 : 1900 €/m^2 BGF

Demnach lassen sich die Kosten wie folgt ermitteln:

$$2819\ \text{m}^2\ \text{BGF} \cdot 1900\ \frac{€}{\text{m}^2\text{BGF}} = 5.356.000{,}00\ €$$

4.5.2 Kostenflächenarten-Methode

Die Kostenflächenarten-Methode ermittelt die Gebäudekosten auf der Grundlage von Kostenkennwerten, die sich auf die Nutzungsflächen eines Gebäudes beziehen. Die Flächenermittlung erfolgt auf Basis des Raumprogramms, das den bedarfsorientierten Nachweis der Flächenverwendung (Größe und Nutzung) dokumentiert.

Grundlage der Methode ist ein Raumnutzungskatalog, in dem verschiedenen Flächenarten – wie Büro-, Technik- oder Verkehrsflächen – spezifische, der Nutzung entsprechende Kostenkennwerte zugeordnet sind. Ein Beispiel hierfür ist der umfangreiche Raumnutzungskatalog nach den Richtlinien Baukostenplanung (RBK) der Informationsstelle Wirtschaftliches Bauen (IWB) des Landes Baden-Württemberg.

Die Methode eignet sich besonders für die Kostenschätzung in frühen Planungsphasen, etwa im Rahmen der Vorplanung gemäß *HOAI*, und orientiert sich an den Kostengruppen 300 + 400 der *DIN 276*.

4.5.3 Gebäude-Element-Methode

Auf der Basis der bauteilorientierten Gliederung der *DIN 276* lassen sich Kostenkennwerte gezielt auf einzelne Gebäudeelemente beziehen. Diese Kennwerte geben das Verhältnis der Bauteilkosten je Bauteilfläche oder Bauteilvolumen wieder. Die Gesamtkosten eines Gebäudes ergeben sich durch Multiplikation der jeweiligen Bauteilflächen oder -volumina mit den zugeordneten Kennwerten.

Die üblichen Flächentypen für die Beschreibung der Grobelemente sind:

- GF Grundstücksfläche,
- AF Außenanlagenfläche,
- BGI Baugrubeninhalt,
- GRF Gründungsfläche,
- AWF Außenwandfläche,
- IWF Innenwandfläche,
- DEF Deckenfläche,
- DAF Dachfläche.

Beim Einsatz von computergestützten AVA-Programmen (Ausschreibung, Vergabe, Abrechnung), die über Zusatzmodule für Kostenschätzungen verfügen, ist es mit geringem Aufwand möglich, einzelne artgleiche Leistungen (LV-Positionen) zu Funktions- und Grobelementen aus abgerechneten Projekten zusammenzufassen und für neue Kostenermittlungen zu nutzen.

Zu beachten ist, dass die Kostenkennwerte einzelner Gebäudeelemente stark von der Nutzungsart abhängig sind und nicht beliebig übertragen werden können. Kostenschätzungen und -berechnungen liefern nur dann verlässliche Ergebnisse, wenn der Standard des Vergleichsobjekts dem des geplanten Bauvorhabens entspricht. Je nach Gebäudestandard können die Kostenkennwerte einzelner Elemente erheblich variieren, wie nachfolgendes Beispiel zeigt.

Übungsbeispiel 4.2

Unterschiede zwischen Einzelwert-Verfahren und Gebäude-Element-Methode

Der Unterschied zwischen dem Einzelwert-Verfahren und der Gebäude-Element-Methode wird in Bild 4.2 deutlich: Beide Baukörper haben zwar das gleiche Volumen von 9250 m^3, nicht aber den gleichen Grundriss.

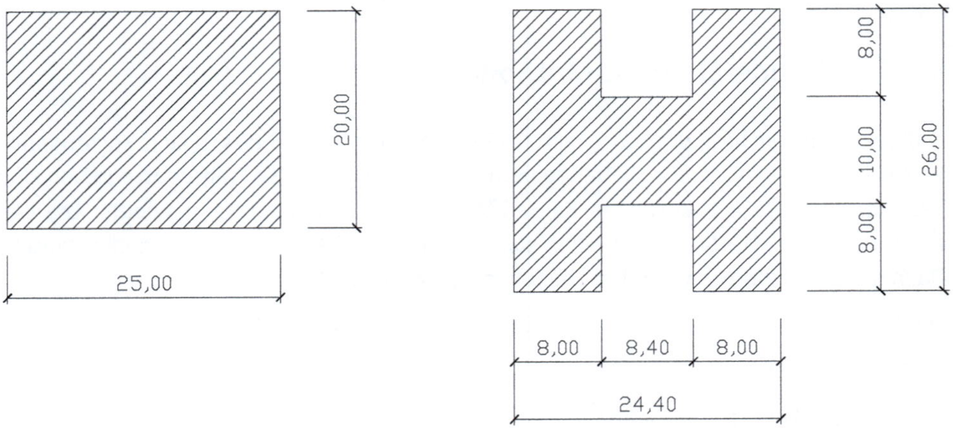

Bild 4.2 Baukörper 1 (links) und Baukörper 2 (rechts)

In Tabelle 4.14 werden die Unterschiede beider Verfahren veranschaulicht.

Während das Einzelwert-Verfahren nur das Volumen berücksichtigt, geht die Gebäude-Element-Methode auch auf die Gebäudeform mit unterschiedlichen Anteilen von Gebäudeelementen ein.

Tabelle 4.14 Unterschiede zwischen Einzelwert-Methode und Gebäude-Element-Methode

Baukörper 1	Baukörper 2
Grundfläche 500 m^2	Grundfläche 500 m^2
Gesamthöhe 18,5 m	Gesamthöhe 18,5 m
Umfang 90 m	Umfang 132,8 m
Bruttorauminhalt 9250 m^3 BRI	Bruttorauminhalt 9250 m^3 BRI
Außenwandfläche 1665 m^2	Außenwandfläche 2456,8 m^2
Einzelwert-Verfahren	**Einzelwert-Verfahren**
310 €/m^3·9250 m^3 BRI = 2 867 500 €	310 €/m^3·9250 m^3 BRI = 2 867 000 €
Gebäude-Element-Methode	**Gebäude-Element-Methode**
Kostengruppe 330 Außenwände 1665 m^2 670 €/m^2 AWF = 1 115 550 €	Kostengruppe 330 Außenwände 2456,8 m^2 670 €/m^2 AWF = 1 646 056 €
Quelle: BKI Bauinformationszentrum	

Übungsbeispiel 4.3

Kostenrahmen mit Kostenkennwerten – Beispielprojekt Stadtvilla

Für das *Beispielprojekt Stadtvilla* ist der Kostenrahmen für die Kostengruppen 300 + 400 mithilfe der BKI-Kostenkennwerte zu ermitteln. Das Zweifamilienhaus wird mit 1118,44 m^3 BRI geplant.

In Tabelle 4.15 sind *Kostenkennwerte* und Mittelwerte des Streubereichs für Ein- und Zweifamilienhäuser, unterkellert, mittlerer Standard, Kostenstand 1. Quartal 2025 gemäß BKI aufgeführt (Bild 4.3).

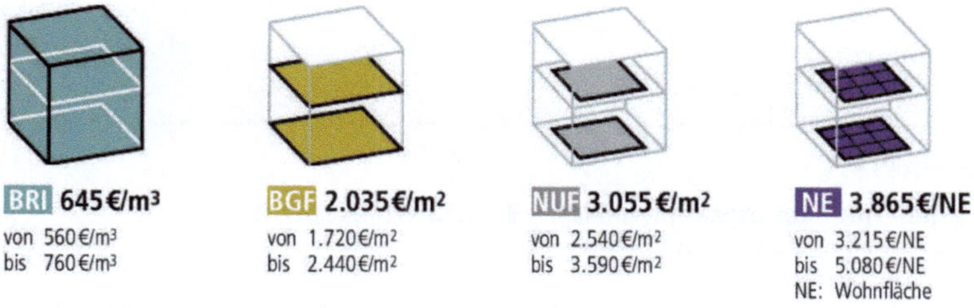

Bild 4.3 Kostenkennwerte Ein- und Zweifamilienhäuser, unterkellert, mittlerer Standard, Bildquelle: BKI Baukosteninformationszentrum, Kostenstand 1. Quartal 2025

Tabelle 4.15 Kostenkennwerte für Ein- und Zweifamilienhäuser, Kostengruppe 300 + 400

Bezugsgröße	Streubereich	Mittelwerte
Bruttorauminhalt BRI	560 bis 760 €/m³ BRI	645 €/m³ BRI
Bruttogrundfläche BGF	1720 bis 2440 €/m² BGF	2035 €/m² BGF
Nutzungsfläche NUF	2540 bis 3590 €/m² NUF	3055 €/m² NUF
Wohnfläche NE (Nutzeinheit)	3215 bis 5080 €/m² NE	3865 €/m² NE
Quelle: BKI Bauinformationszentrum, Ein- und Zweifamilienhäuser, unterkellert, mittlerer Standard, Kostenstand 1. Quartal 2025		

Der untere Wert des Kostenrahmens wird in Formel 4.1 berechnet:

$$\mathbf{1118{,}44\ m^3\ BRI \cdot 560\ \frac{€}{m^3\ BRI} = 626.326{,}40\ €} \tag{4.1}$$

Der obere Wert des Kostenrahmens ergibt mit Formel 4.2:

$$\mathbf{1118{,}44\ m^3\ BRI \cdot 760\frac{€}{m^3\ BRI} = 850.014{,}40\ €} \tag{4.2}$$

Entsprechend liegt der Mittelwert des Kostenrahmens bei (Formel 4.3):

$$\mathbf{1118{,}44\ m^3\ BRI \cdot 645\ \frac{€}{m^3\ BRI} = 721.393{,}80\ €} \tag{4.3}$$

Die Baukosten der Kostengruppen 300 + 400 für das Zweifamilienhaus werden also in einem Rahmen zwischen 626 000 € und 850 000 €, im Mittel bei 721 000 € liegen, zuzüglich der Kosten in den anderen Kostengruppen (100, 200, 500, 600 und 700).

Entsprechende Berechnungen können auch für die anderen Bezugsgrößen BGF, NUF oder NE (Nutzeinheit) Wohnfläche in Tabelle 4.15 vorgenommen werden, sofern diese zur Verfügung stehen. Aufgrund der unterschiedlichen Wichtung der Daten bei den zugrunde liegenden Objekten führen diese Berechnungen zu unterschiedlichen Ergebnissen, jedoch in einer ähnlichen Größenordnung, was für einen Kostenrahmen durchaus ausreichend ist.

Übungsbeispiel 4.4

Kostenrahmen mit Planungskennwerten – Beispielprojekt Stadtvilla

Für die Ermittlung eines Kostenrahmens oder zur Kostenschätzung sind *Planungskennwerte* sehr hilfreich.

Ausgehend von einem geplanten Bruttorauminhalt BRI von 1118,44 m³ BRI der *Stadtvilla* kann mithilfe von Planungskennwerten die ungefähre Bruttogrundfläche BGF oder auch die Nutzungsfläche NUF ermittelt werden. Das BKI stellt hierzu für die Kostengruppen 300 + 400 folgende Planungskennwerte als Mittelwerte zur Verfügung (Quelle: BKI Bauinformationszentrum, Ein- und Zweifamilienhäuser, unterkellert, mittlerer Standard, Kostenstand: 1. Quartal 2025):

- Für den Bruttorauminhalt BRI: 4,81 BRI/NUF [m] und 3,20 BRI/BGF [m].
- Für Flächen der Nutzeinheit Wohnfläche (NE): 1,27 NUF/NE und 1,91 BGF/NE.

Damit kann vom Bruttorauminhalt BRI auf die Bruttogrundfläche BGF geschlossen werden:

$$\frac{1118{,}44\ \mathrm{m}^3\ \mathrm{BRI}}{3{,}20\ \mathrm{m}\ \frac{\mathrm{BRI}}{\mathrm{BGF}}} = 349{,}51\ \mathrm{m}^2\mathrm{BGF} \tag{4.4}$$

Mit dem entsprechenden Kostenkennwert aus Tabelle 4.15 ergibt sich der untere Wert des Kostenrahmens zu:

$$349{,}51\ \mathrm{m}^2\ \mathrm{BGF} \cdot 1720\ \frac{€}{\mathrm{m}^2\ \mathrm{BGF}} = 601.157{,}20\ € \tag{4.5}$$

Der obere Wert des Kostenrahmens liegt bei:

$$349{,}51\ \mathrm{m}^2\ \mathrm{BGF} \cdot 2440\ \frac{€}{\mathrm{m}^2\ \mathrm{BGF}} = 852.804{,}40\ € \tag{4.6}$$

Der Mittelwert im Kostenrahmen ergibt sich zu:

$$349{,}51\ \mathrm{m}^2\ \mathrm{BGF} \cdot 2035\ \frac{€}{\mathrm{m}^2\ \mathrm{BGF}} = 711.252{,}85\ € \tag{4.7}$$

Nach dieser Berechnung werden die Baukosten der Kostengruppen 300 + 400 für das Zweifamilienhaus in einem Rahmen zwischen 601 000 € und 853 000 €, im Mittel bei 711 000 € liegen, zuzüglich der Kosten in den anderen Kostengruppen (100, 200, 500, 600 und 700).

Mit weiteren Planungskennwerten gemäß BKI lassen sich die ungefähren Mengen der Grobelemente in der 2. Ebene den Kostengruppen 300 + 400 und damit auch deren Kosten ermitteln.

Übungsbeispiel 4.5

Kostenrahmen für das gesamte Bauvorhaben – Beispielprojekt Stadtvilla

Kostenkennwerte in der 1. Ebene für alle Kostengruppen:

Auf der Basis des für die Kostengruppen 300 + 400 in Übungsbeispiel 4.3 ermittelten Kostenrahmens der Bauwerkskosten besteht die Möglichkeit, mithilfe der Prozentangaben in Tabelle 4.16 die Kosten auch für die anderen Kostengruppen abzuschätzen. Und damit einen Kostenrahmen für das gesamte Bauvorhaben schlüsselfertig zu berechnen.

Tabelle 4.16 Kostenrahmen für die Gesamtkosten

Kostengruppe	% an 300+400	Unterer Wert	Mittelwert	Oberer Wert
200	2,4	15 031,83 €	17 313,45 €	20 400,35 €
300	80,9	506 698,06 €	583 607,58 €	687 661,65 €
400	19,1	119 628,34 €	137 786,22 €	162 352,75 €
300+400	**100,0**	**626 326,40 €**	**721 393,80 €**	**850 014,40 €**
500	6,1	38 205,91 €	44 005,02 €	51 850,88 €
600	1,9	11 900,20 €	13 706,48 €	16 150,27 €
700	27,1	169 734,45 €	195 497,72 €	230 353,90 €
Kostenrahmen	**137,5**	**861 198,80 €**	**991 916,48 €**	**1 168 769,80 €**
Quelle: BKI Bauinformationszentrum, Ein- und Zweifamilienhäuser, unterkellert, mittlerer Standard, Kostenstand 1. Quartal 2025				

Die Baukosten für das Zweifamilienhaus werden also insgesamt zwischen 862 000 € und 1 169 000 €, im Mittel bei 992 000 € liegen, zuzüglich der Grundstückskosten.

Übungsbeispiel 4.6

Kostenschätzung für das gesamte Bauvorhaben – Beispielprojekt Stadtvilla

Kostenkennwerte in der 1. Ebene:

Das Grundstück hat eine Grundstücksfläche (GF) von 391,09 m² und kostet 224 825,00 €. Geplant wird ein Zweifamilienhaus mit 347,80 m² BGF. Die Grundfläche des Gebäudes mit Terrasse beträgt 138,81 m². Außerhalb des Bauwerks verbleiben 251,20 m² (AF) an Fläche der Außenanlagen.

In Tabelle 4.17 sind Kostenkennwerte der 1. Ebene für Ein- und Zweifamilienhäuser, unterkellert, mittlerer Standard, Kostenstand 1. Quartal 2025 gemäß BKI als Mittelwerte aufgeführt.

Tabelle 4.17 Kostenkennwerte für Ein- und Zweifamilienhäuser, Mittelwerte

Kostengruppe	1. Ebene	Einheit	€/Einheit	% an 300+400
200	Vorbereitende Maßnahmen	m² GF	17,00	2,4
300	Bauwerk – Baukonstruktion	m² BGF	1631,00	80,4
400	Bauwerk- Technische Anlagen	m² BGF	402,00	19,6

Kostengruppe	1. Ebene	Einheit	€/Einheit	% an 300+400
300+400	**Bauwerk 300+400**	**m^2 BGF**	**2033,00**	**100,0**
500	Außenanlagen und Freiflächen	m^2 AF	218,00	6,1
600	Ausstattung und Kunstwerke	m^2 BGF	35,00	1,9
700	Bauneben-kosten	m^2 BGF	548,00	27,1
Quelle: BKI Bauinformationszentrum, Ein- und Zweifamilienhäuser, unterkellert, mittlerer Standard, Kostenstand 1. Quartal 2025				

Durch Multiplikation der Kostenkennwerte mit den zugehörigen Flächen werden in Tabelle 4.18 die geschätzten Baukosten ermittelt.

Tabelle 4.18 Baukosten für ein Zweifamilienhaus, Mittelwerte

Kostengruppe	Mengen	Einheit	€/Einheit	Kosten in €
200	391,09	m^2 GF	17,00	6648,53 €
300	347,80	m^2 BGF	1631,00	567 261,80 €
400	347,80	m^2 BGF	402,00	139 815,60 €
300+400	**347,80**	**m^2 BGF**	**2033,00**	**707 077,40 €**
500	251,20	m^2 AF	218,00	54 761,60 €
600	347,80	m^2 BGF	35,00	12 173,00 €
700	347,80	m^2 BGF	548,00	190 594,40 €
				971 254,93 €
Quelle: BKI Bauinformationszentrum, Ein- und Zweifamilienhäuser, unterkellert, mittlerer Standard, Kostenstand 1. Quartal 2025				

Auf der Basis der Kostenkennwerte der 1. Ebene als Mittelwerte gemäß BKI werden die Baukosten somit im Mittel zu 971 254,93 € geschätzt. Die geschätzten Gesamtkosten ergeben sich nach Addition des Grundstückspreises in Formel 4.8 zu:

$$971.254,93\ € + 224.825,00\ € = 1.196.079,93\ € \tag{4.8}$$

Übungsbeispiel 4.7

Kostenschätzung der Bauwerkskosten mit Planungskennwerten – Beispielprojekt Stadtvilla

Grobelemente in der 2. Ebene, Planungskennwerte:

Mit weiteren Planungskennwerten gemäß BKI (Tabelle 4.19) lassen sich die ungefähren Mengen der Grobelemente in der 2. Ebene den Kostengruppen 300 + 400 und damit auch deren Kosten ermitteln. Das Zweifamilienhaus wird mit 347,8 m² BGF geplant.

Tabelle 4.19 Planungskennwerte Menge je BGF

KG	2. Ebene	Einheit	BGF m²	Menge/BGF	€/Einheit	Kosten €
310	Baugrube	m³ BGI	347,8	1,53	44,00 €	23 413,90 €
320	Gründung	m² GRF		0,34	329,00 €	38 904,91 €
330	Außenwände	m² AWF		1,17	533,00 €	216 891,56 €
340	Innenwände	m² IWF		0,76	252,00 €	66 610,66 €
350	Decken	m² DEF		0,63	455,00 €	99 696,87 €
360	Dächer	m² DAF		0,45	454,00 €	71 055,54 €
380	Baukonstruktive Einbauten	m² BGF		1,00	23,00 €	7999,40 €
390	Sonstige Maßnahmen für Baukonstruktion	m² BGF		1,00	63,00 €	21 911,40 €
300	**Bauwerk – Baukonstruktion**	**m² BGF**		**1,00**		**546 484,23 €**
400	**Bauwerk – Technische Anlagen**	**m² BGF**		**1,00**	**469,00 €**	**163 118,20 €**
Quelle: BKI Bauinformationszentrum, Ein- und Zweifamilienhäuser, unterkellert, mittlerer Standard, Kostenstand 1. Quartal 2025						

Die Summe für die Kostenarten 300 und 400 ergibt sich nach Formel 4.9 zu:

$$546.484{,}23\ € + 163.118{,}20\ € = 709.602{,}43\ € \tag{4.9}$$

Übungsbeispiel 4.8

Ermittlung der Elementmengen und Kosten des Bauwerks – Beispielprojekt „Stadtvilla"

Grobelemente 2. Ebene Kostenberechnung:

Für das Zweifamilienhaus des Beispielprojekts Stadtvilla sind die Elementmengen für die Grobelemente zu ermitteln. Unter Verwendung der in Tabelle 4.20 vorgeschlagenen Kennwerte ist eine Kostenberechnung für die Kostengruppen der 2. Ebene nach *DIN 276* durchzuführen:

- 300 Bauwerk – Baukonstruktion und
- 400 Bauwerk – Technische Anlagen.

Die Bezeichnungen und Abkürzungen der Grobelemente sind den Angaben des BKI entnommen. Die in Tabelle 4.20 vorgeschlagenen Kostenkennwerte sind Angaben des BKI Bauinformationszentrum – Baukosten 1. Quartal 2025 für Ein- und Zweifamilienhäuser, unterkellert, mittlerer Standard.

Tabelle 4.20 Kennwerte für Grobelemente bei Ein- und Zweifamilienhäusern

Kostengruppen	Ein- und Zweifamilienhäuser, unterkellert, mittlerer Standard	Kostenkennwerte, Stand 1. Quartal 2025
300	**Bauwerk – Baukonstruktion**	
310	Baugrube	44 €/m^3 BGI
320	Gründung	329 €/m^2 GRF
330	Außenwände	533 €/m^2 AWF
340	Innenwände	252 €/m^2 IWF
350	Decken	455 €/m^2 DEF
360	Dach	454 €/m^2 DAF
380	Baukonstruktive Einbauten	23 €/m^2 BGF
390	Sonstige Maßnahmen für Baukonstruktionen	63 €/m^2 BGF
400	**Bauwerk – Technische Anlagen**	**469 €/m^2 BGF**

Quelle: BKI Stand 1. Quartal 2025, für Ein- und Zweifamilienhäuser, unterkellert, mittlerer Standard, inkl. 19 % MWSt,

Baugrube

Gemäß Mengenermittlung für das *Beispielprojekt Stadtvilla* (Malpricht, W.; Rupp, C.: Bauleitung und Ausführung im Baubetrieb) hat die Baugrube einen Rauminhalt von 363,02 m^3 BGI. Diese werden mit dem Kostenkennwert für die Baugrube von 44,00 €/m^3 BGI multipliziert. Demnach ergeben sich nach Formel 4.10 für das Grobelement 310 Baugrube geschätzte Kosten von

$$363{,}02\ \mathrm{m^3\ BGI} \cdot 44{,}00\ \frac{€}{\mathrm{m^3\ BGI}} = 15.972{,}88\ € \tag{4.10}$$

Gründung

In Tabelle 4.21 wird die Gründungsfläche GRF für das *Beispielprojekt Stadtvilla* ermittelt.

Tabelle 4.21 Ermittlung der Gründungsfläche GRF

Geschoss	1. Dim. [m]	2. Dim. [m]	Fläche [m^2]
Kellergeschoss	9,99	6,12	61,14
	3,13	2,25	7,04
Erdgeschoss	9,99	4,12	41,16
	6,86	2,25	15,44
GRF			**124,78**
Alle Maße aus den Grundrissen Gründung Kellergeschoss und Erdgeschoss (Kapitel 2)			

Die Kosten für das Grobelement 320 Gründung ergeben sich aus Gründungsfläche und Kostenkennwert gemäß Formel 4.11.

$$124{,}78\ \mathrm{m^2} \cdot 329\ \frac{€}{\mathrm{m^2}} = 41.052{,}62\ € \tag{4.11}$$

Außenwände

In Tabelle 4.22 wird die Außenwandfläche AWF für das *Beispielprojekt Stadtvilla* ermittelt.

Tabelle 4.22 Ermittlung der Außenwandfläche AWF

Geschoss	Anzahl	1. Dim. [m]		2. Dim. [m]	Fläche [m²]
Kellergeschoss	2,0	9,99	19,98		
	2,0	8,37	16,74		
Höhe = 0,25 + 2,25 + 0,18 = 2,68 bis OKD			**36,72**	**2,68**	**98,41**
Erdgeschoss	2,0	9,99	19,98		
	2,0	12,49	24,98		
Höhe = 2,66 + 0,18 = 2,84 bis OKD			**44,96**	**2,84**	**127,69**
Obergeschoss	2,0	9,99	19,98		
	2,0	12,49	24,98		
Höhe = 2,66 + 0,18 = 2,84 bis OKD			**44,96**	**2,84**	**127,69**
Dachgeschoss	0,5	9,99	5,00		
	0,5	9,99	5,00		
			9,99	**2,18**	**21,78**
AWF					**375,56**
Alle Maße aus Grundrissen und Schnitten (Kapitel 2)					

Die Kosten für das Grobelement 330 Außenwände ergeben sich aus Außenwandfläche und Kostenkennwert gemäß Formel 4.12.

$$375{,}56\ \text{m}^2\ \text{AWF} \cdot 533{,}00\ \frac{€}{\text{m}^2\ \text{AWF}} = 200.173{,}48\ € \tag{4.12}$$

Innenwände

In Tabelle 4.23 (Kellergeschoss) und Tabelle 4.24 (Erdgeschoss/Obergeschoss) wird die Innenwandfläche IWF für das *Beispielprojekt Stadtvilla* ermittelt. Die Innenwandflächen in Erd- und Obergeschoss sind identisch.

Tabelle 4.23 Ermittlung der Innenwandfläche IWF – Kellergeschoss

Geschoss	Anzahl	1. Dim. [m]		2. Dim. [m]	Fläche [m^2]
Kellergeschoss	1,0	4,14	4,14		
	1,0	5,52	5,52		
	1,0	3,42^{5}	3,42^{5}		
	1,0	1,38	1,38		
	1,0	2,38	2,38		
			16,84^{5}	**2,25**	**37,90**
Alle Maße aus Grundrissen und Schnitten (Kapitel 2)					

Tabelle 4.24 Ermittlung der Innenwandfläche IWF – Erdgeschoss/Obergeschoss

Geschoss	Anzahl	1. Dim. [m]		2. Dim. [m]	Fläche [m^2]
Erdgeschoss/ Obergeschoss	2,0	4,01	8,02		
	1,0	2,57	2,57		
	1,0	4,24^{5}	4,24^{5}		
	1,0	3,78	3,78		
	1,0	1,14	1,14		
	1,0	6,46^{5}	6,46^{5}		
	1,0	6,08^{5}	6,08^{5}		
	1,0	2,51	2,51		
	2,0	2,38	4,76		
	1,0	3,87	3,87		
			43,44^{5}	**2,66**	**115,56**
Alle Maße aus Grundrissen und Schnitten (Kapitel 2)					

Die gesamte Innenwandfläche der drei Geschosse beträgt (Formel 4.13):

$$37{,}90\ m^2 + 115{,}56\ m^2 + 115{,}56\ m^2 = 269{,}02\ m^2 \tag{4.13}$$

Die Kosten für das Grobelement 340 Innenwände ergeben sich aus Innenwandfläche und Kostenkennwert gemäß Formel 4.14.

$$269{,}02\ m^2 \cdot 252{,}00\ \frac{€}{m^2} = 67.793{,}04\ € \tag{4.14}$$

Decken

In Tabelle 4.25 wird die Deckenfläche DEF für das *Beispielprojekt Stadtvilla* ermittelt.

Tabelle 4.25 Ermittlung der Deckenfläche DEF

Geschoss	Anzahl	1. Dim. [m]		2. Dim. [m]	Fläche [m²]
Kellergeschoss		9,99		6,12	61,14
		3,13		2,25	7,04
Erdgeschoss		9,99		12,49	124,78
		5,01		3,00	15,03
Obergeschoss		9,99		12,49	124,78
DEF					**332,77**
Alle Maße aus Grundrissen und Schnitten (Kapitel 2)					

Die Kosten für das Grobelement 350 Decken ergeben sich aus Deckenfläche und Kostenkennwert gemäß Formel 4.15.

$$332{,}77\ m^2\ DEF \cdot 455{,}00\ \frac{€}{m^2\ DEF} = 151.410{,}35\ € \tag{4.15}$$

Dächer

In Tabelle 4.26 wird die Dachfläche DAF für das *Beispielprojekt Stadtvilla* ermittelt.

Tabelle 4.26 Ermittlung der Dachfläche der Stadtvilla

Geschoss	Anzahl	1. Dim. [m]		2. Dim. [m]	Fläche [m²]
$\sqrt{(2{,}28^2+5{,}50^2)}$	2,0	5,95	11,90	12,49	148,63
DAF					**148,63**
Alle Maße aus Grundrissen und Schnitten (Kapitel 2)					

Die Kosten für das Grobelement 360 Dächer ergeben sich aus Dachfläche und Kostenkennwert gemäß Formel 4.16.

$$148{,}63\ \text{m}^2\ \text{DAF} \cdot 454{,}00\ \frac{€}{\text{m}^2\ \text{DAF}} = 67.478{,}02\ € \tag{4.16}$$

Baukonstruktive Einbauten

Gemäß Abschnitt 3.2.3 beträgt die Bruttogrundfläche BGF für das *Beispielprojekt Stadtvilla* 347,80 m².

Die Kosten für das Grobelement 380 Baukonstruktive Einbauten ergeben sich aus Bruttogrundfläche BGF und Kostenkennwert gemäß Formel 4.17.

$$347{,}80\ \text{m}^2\ \text{BGF} \cdot 23{,}00\ \frac{€}{\text{m}^2\ \text{BGF}} = 7999{,}40\ € \tag{4.17}$$

Sonstige Maßnahmen für Baukonstruktionen

Die Kosten für das Grobelement 390 Sonstige Maßnahmen für Baukonstruktionen ergeben sich aus Bruttogrundfläche BGF und Kostenkennwert gemäß Formel 4.18.

$$347{,}80\ \text{m}^2\ \text{BGF} \cdot 63{,}00\ \frac{€}{\text{m}^2\ \text{BGF}} = 21.911{,}40\ € \tag{4.18}$$

Technische Anlagen

Die Kosten für das Grobelement 400 Bauwerk – Technische Anlagen ergeben sich aus Bruttogrundfläche BGF und Kostenkennwert gemäß Formel 4.19.

$$347{,}80\ \text{m}^2 \cdot 469{,}00\ \frac{€}{\text{m}^2\ \text{BGF}} = 163.118{,}20\ € \tag{4.19}$$

In Tabelle 4.27 werden alle Ergebnisse zusammengefasst.

Tabelle 4.27 Kostenberechnung (2. Ebene) für Kostengruppen 300 und 400

300	Bauwerk – Baukonstruktion	
310	Baugrube	15 972,88 €
320	Gründung	41 052,62 €
330	Außenwände	200 173,48 €
340	Innenwände	67 793,04 €
350	Decken	151 410,35 €
360	Dächer	67 478,02 €
380	Baukonstruktive Einbauten	7999,40 €
390	Sonstige Maßnahmen für Baukonstruktionen	21 911,40 €

300	Bauwerk – Baukonstruktion	
300	**Bauwerk – Baukonstruktion**	**573 791,19 €**
400	**Bauwerk – Technische Anlagen**	**163 118,20 €**
300+400	**Bauwerk – Baukonstruktion und Technische Anlagen**	**736 909,39 €**
Gemäß *DIN 276* Kosten im Bauwesen		

Übungsbeispiel 4.9

Gesamtkosten des Bauvorhabens – Beispielprojekt Stadtvilla

Die Kosten des Bauwerks sind nur ein Teil der Gesamtkosten eines Bauvorhabens. Nachfolgend werden, unter Verwendung der Kennwerte für Kostengruppen bei Ein- und Zweifamilienhäusern aus Tabelle 4.28, die Kosten für die weiteren Kostengruppen ergänzt und eine Kostenschätzung für das Gebäude erstellt.

Tabelle 4.28 Kennwerte für Kostengruppen bei Ein- und Zweifamilienhäusern

Kostengruppe	Kostengruppen-Bezeichnung	Anteil an Kosten des Bauwerks	
100	Grundstück		224 825,00 €
200	Vorbereitende Maßnahmen	2,4 %	17 685,83 €
300+400	Bauwerk – Baukonstruktion und Technische Anlagen	100,0 %	736 909,39 €
500	Außenanlagen und Freiflächen	6,1 %	44 951,47 €
600	Ausstattung und Kunstwerke	1,9 %	14 001,28 €
700	Baunebenkosten	27,1 %	199 702,44 €
Insgesamt		**137,5 %**	**1 013 250,41 €**
Quelle: BKI Baukosteninformationszentrum, Stand 1. Quartal 2025			

Die Kostenschätzung der gesamten Gebäudekosten ergibt ohne Grundstückskosten (Formel 4.20):

$$736.909{,}39\ € \cdot 137{,}5\ \% = 1.013.250{,}41\ € \quad (4.20)$$

Als Grundstückskosten wird der Bodenwert mit 224 825,00 € aus Kapitel 7 angenommen. Die gesamten Kosten für Gebäude und Grundstück liegen somit bei (Formel 4.21)

$$1.013.250{,}41\ € + 224.825{,}00\ € = 1.238.075{,}41\ € \quad (4.21)$$

4.6 Übungsaufgaben

Übungsaufgabe 4.1

Kostenermittlung nach DIN 276

Benennen Sie die Stufen der Kostenermittlung nach *DIN 276* und ordnen Sie diese den entsprechenden Leistungsphasen der Objektplanung nach *HOAI* zu.

Übungsaufgabe 4.2

Kostenrahmen Bauwerk und Technische Anlagen – Verbrauchermarkt

Für einen Verbrauchermarkt ist der Kostenrahmen mithilfe der BKI-Kostenkennwerte zu ermitteln. Der Verbrauchermarkt wird mit 1034 m² NUF geplant.

In Tabelle 4.29 sind Kostenkennwerte und Mittelwerte des Streubereichs der Kostengruppen 300 + 400, für Verbrauchermärkte, Kostenstand 1. Quartal 2025 gemäß BKI aufgeführt.

Tabelle 4.29 Kostenkennwerte für Verbrauchermärkte, Kostengruppe 300 + 400

Bezugsgröße	Streubereich	Mittelwerte
Bruttorauminhalt BRI	265 bis 395 €/m³ BRI	315 €/m³ BRI
Bruttogrundfläche BGF	1500 bis 2460 €/m² BGF	1900 €/m² BGF
Nutzungsfläche NUF	1840 bis 3250 €/m² NUF	2430 €/m² NUF
Quelle: BKI Bauinformationszentrum, Verbrauchermärkte, Kostenstand 1. Quartal 2025		

Berechnen Sie den oberen und unteren Wert des Streubereichs sowie den Mittelwert des Kostenrahmens.

Übungsaufgabe 4.3

Kostenrahmen mit Planungskennwerten – Verbrauchermarkt

Für die Ermittlung eines Kostenrahmens oder zur Kostenschätzung können Planungskennwerte verwendet werden.

Ausgehend von einer geplanten Nutzungsfläche NUF eines Verbrauchermarkts von 1034 m² NUF kann mithilfe von Planungskennwerten der ungefähre Bruttorauminhalt BRI oder auch die Bruttogrundfläche BGF ermittelt werden. Das BKI stellt hierzu für Verbrauchermärkte folgende Planungskennwerte als Mittelwerte zur Verfügung (Quelle: BKI Bauinformationszentrum, Verbrauchermärkte, Kostenstand: 1. Quartal 2025):

Für den Bruttorauminhalt BRI: 7,80 BRI/NUF [m] und 6,09 BRI/BGF [m]

Mit den Kostenkennwerten aus Tabelle 4.29 kann von der Nutzungsfläche NUF auf den Bruttorauminhalt BRI geschlossen werden. Zu berechnen ist der Bruttorauminhalt BRI, unterer und oberer Wert sowie Mittelwert des Kostenrahmens.

Übungsaufgabe 4.4

Kostenrahmen – Beispielprojekt Verbrauchermarkt

Das Baukosteninformationszentrum BKI veröffentlichte mit dem Kostenstand 1. Quartal 2025 für Verbrauchermärkte folgende grobe Kostenkennwerte für die Kostengruppen 300 + 400 als Mittelwerte: 315,00 €/m^3 BRI, 1900,00 €/m^2 BGF und 2430,00 €/m^2 NUF.

Für einen zu planenden Verbrauchermarkt soll mit diesen Kennwerten der grobe Kostenrahmen für das 1. Quartal 2025 abgesteckt werden. Geplant werden 1034 m^2 NUF, 1310 m^2 BGF und 7637 m^3 BRI.

Übungsaufgabe 4.5

Kostenrahmen – Verbrauchermarkt

Kostenkennwerte 1. Ebene alle Kostengruppen:

Auf der Basis des in Übungsaufgabe 4.2 für die Kostengruppen 300 + 400 ermittelten Kostenrahmens besteht die Möglichkeit, mithilfe der Prozentangaben in Tabelle 4.30 die Kosten auch für die anderen Kostengruppen abzuschätzen und damit einen Kostenrahmen für das gesamte Bauvorhaben zu berechnen.

Tabelle 4.30 Kostenrahmen – Gegebene Werte

Kostengruppe	% an 300+400	Unterer Wert	Mittelwert	Oberer Wert
200	6,1			
300	77,1			
400	22,9			
300+400	**100**			
500	17,7			
600	0,1			

Tabelle 4.30 Kostenrahmen – Gegebene Werte *(Fortsetzung)*

Kostengruppe	% an 300+400	Unterer Wert	Mittelwert	Oberer Wert
700	20,7			
Kostenrahmen	**144,6**			

Quelle: BKI Bauinformationszentrum, Verbrauchermärkte, Kostenstand 1. Quartal 2025

Übungsaufgabe 4.6

Kostenschätzung – Verbrauchermarkt

Mit weiteren Planungskennwerten gemäß BKI lassen sich für die Grobelemente die Elementmengen der Grobelemente in der 2. Ebene der Kostengruppen 300 + 400 ermitteln und damit auch deren Kosten.

Ein Verbrauchermarkt wird mit 1310 m^2 NUF geplant. Mit den in Tabelle 4.31 gegebenen Planungs- und Kostenkennwerten sind die Kosten der einzelnen Kostengruppen und die gesamten Kosten der Kostengruppen 300 + 400 zu berechnen.

Tabelle 4.31 Planungskennwerte Menge je BGF

KG	2. Ebene	Einheit	NUF m^2	Menge/NUF	€/Einheit	Kosten €
310	Baugrube	m^3 BGI		0,26	51,00	
320	Gründung	m^2 GRF		1,24	329,00	
330	Außenwände	m^2 AWF		0,68	681,00	
340	Innenwände	m^2 IWF		0,63	373,00	
350	Decken	m^2 DEF				
360	Dächer	m^2 DAF		1,47	290,00	
380	Baukonstruktive Einbauten	m^2 BGF		1,27	1,00	
390	Sonstige Maßnahmen für Baukonstruktion	m^2 BGF		1,27	30,00	
300	**Bauwerk – Baukonstruktion**	**m^2 BGF**		**1,27**		
400	**Bauwerk – Technische Anlagen**	**m^2 BGF**		**1,27**	**516,00**	

Quelle: BKI Bauinformationszentrum, Verbrauchermärkte, Kostenstand 1. Quartal 2025

Übungsaufgabe 4.7

Kostenschätzung – Verbrauchermarkt

Die Kosten des Bauwerks sind nur ein Teil der Gesamtkosten eines Bauvorhabens.

Ergänzen Sie unter Verwendung der Kennwerte für Kostengruppen bei Verbrauchermärkten aus Tabelle 4.32 die Kosten für die weiteren Kostengruppen und erstellen Sie eine Kostenschätzung für das Gebäude des Verbrauchermarkts der Übungsaufgabe 4.6. Ermitteln Sie die gesamten Kosten für Gebäude und Grundstück bei Grundstückskosten von 500 000,00 €.

Tabelle 4.32 Kennwerte für Kostengruppen bei Ein- und Zweifamilienhäusern

Kostengruppe	Kostengruppen-Bezeichnung	Anteil an Kosten des Bauwerks
100	Grundstück	
200	Vorbereitende Maßnahmen	6,1 %
300+400	Bauwerk – Baukonstruktion und Technische Anlagen	100,0 %
500	Außenanlagen und Freiflächen	17,7 %
600	Ausstattung und Kunstwerke	0,1 %
700	Baunebenkosten	20,7 %
Insgesamt		**144,6 %**

Quelle: BKI Baukosteninformationszentrum, Stand 1. Quartal 2024

Übungsaufgabe 4.8

Kostenschätzung (1. Ebene) – Verbrauchermarkt

Erstellen Sie eine Kostenschätzung nach DIN 276 (ohne Kostengruppe 100) für den Verbrauchermarkt mit 1034 m^2 NUF, 1310 m^2 BGF und 7637 m^3 BRI.

Das Baukosteninformationszentrum BKI veröffentlichte für das 1. Quartal 2025 folgende Kostenkennwerte für die Kostengruppen der 1. Ebene (Tabelle 4.33)

Tabelle 4.33 Kostenschätzung 1. Ebene – Kostenkennwerte nach BKI

KG Nr.	Kostengruppe	Einheit	€/Einheit	Kostenschätzung
100	Grundstück	m^2 GF		
200	Vorbereitende Maßnahmen	m^2 GF	39,00	
300	Bauwerk – Baukonstruktionen	m^2 BGF	1401,00	
400	Bauwerk – Technische Anlagen	m^2 BGF	438,00	
500	Außenanlagen und Freiflächen	m^2 AF	164,00	
600	Ausstattung und Kunstwerke	m^2 BGF	2,00	
700	Baunebenkosten	m^2 BGF	381,00	
Quelle: BKI Bauinformationszentrum, Verbrauchermärkte, Kostenstand 1. Quartal 2025				

Für die Kostenschätzung ist eine Grundstücksfläche von 2500 m^2 mit einer Außenanlagenfläche von 1190 m^2 zugrunde zu legen.

5 Baupreisindizes und Baupreisstatistiken

Studienziele

Das Kapitel soll dem Leser grundlegende Kenntnisse ermöglichen über

- Baupreisindizes und Baupreisstatistiken.

Das Kapitel soll dem Leser Fähigkeiten vermitteln,

- mit Baupreisindizes und Baupreisstatistiken zu arbeiten.

Die Kosten eines Bauwerks sind nicht nur von seiner Größe, Ausstattung und Lage abhängig, sondern ganz wesentlich auch vom Zeitpunkt seiner Erstellung. Baupreise unterliegen konjunkturellen Schwankungen, technischen Entwicklungen und marktbedingten Veränderungen. Um diese Dynamik nachvollziehbar und vergleichbar zu machen, werden Baupreisindizes erstellt.

Ein *Baupreisindex* bildet die zeitliche Entwicklung der Baupreise ab, ohne dabei konkrete Einzelpreise zu nennen. Er zeigt, wie sich die Preise für Bauleistungen über definierte Zeiträume hinweg verändert haben und ermöglicht so eine belastbare Vergleichbarkeit zwischen verschiedenen Projektzeiträumen. Herausgegeben werden diese Indizes regelmäßig von den statistischen Ämtern des Bundes und der Länder.

5.1 Indextypen

Die Berechnung von Preisindizes basiert auf einem, bereits 1764 von Carli durchgeführten Vergleich von Preisverhältnissen zwischen einem Basisjahr und einem aktuellen Erhebungsjahr. Er benutzte folgendes Berechnungsprinzip:

- Drei Warenarten werden zur Analyse herangezogen: W_1, W_2 und W_3.

- Ihre Preise im Basisjahr sind P_{10}, P_{20} und P_{30}.
- Die Preise im Berechnungsjahr sind P_{1n}, P_{2n} und P_{3n}.

Die relative Preisveränderung ergibt sich aus dem Verhältnis P_n/P_0 für jede einzelne Ware. Der Gesamtindex kann zunächst als ungewogenes arithmetisches Mittel dieser Einzelindizes gebildet werden (Formel 5.1).

$$I = \frac{1}{3} \cdot \left(\frac{P_{1n}}{P_{10}} + \frac{P_{2n}}{P_{20}} + \frac{P_{3n}}{P_{30}} \right) \quad (5.1)$$

Dabei bleiben jedoch sowohl die Mengen der betrachteten Güter als auch deren wirtschaftliche Bedeutung unberücksichtigt.

Um realistischere Aussagen zu erhalten, wird der sogenannte *Warenkorb* gewichtet. Dabei stellt sich die Frage, mit welchen Mengen gewichtet werden soll – denen des Basisjahres oder denen des aktuellen Jahres. Daraus ergeben sich zwei gängige Verfahren:

- Nach „Paasche“: Gewichtung der Preise mit den Warenmengen des Berechnungsjahres (Erhebungsjahres),
- Nach „Laspeyres“: Gewichtung der Preise mit den Warenmengen des Basisjahres.

In der Baupreisstatistik hat sich das Laspeyres-Verfahren durchgesetzt. Auch der Baupreisindex wird nach diesem Prinzip berechnet: Die aktuellen Preise für Bauleistungen werden mit den Mengen des Basisjahres gewichtet. So fließen sowohl die Preisentwicklung als auch die Struktur des damaligen Bauvolumens in die Bewertung ein.

Für die Kostenermittlung und -fortschreibung in Bauprojekten sind Baupreisindizes ein unverzichtbares Instrument. Sie ermöglichen die Anpassung älterer Kostenansätze an heutige Preisniveaus und schaffen eine verlässliche Grundlage für die Bewertung von Baukosten über Zeiträume hinweg – etwa bei der Fortschreibung von Kostenberechnungen oder bei der Bewertung von Nachträgen.

5.2 Baupreisstatistiken

Ein zentrales Arbeitsmittel für die tägliche Praxis in der Bauwirtschaft sind die regelmäßig veröffentlichten Preisindizes. Sie ermöglichen eine fundierte Einschätzung der aktuellen Kostenentwicklung und dienen als Grundlage für zahlreiche Anwendungen – von der Baukostenplanung bis zur Bewertung von Gebäuden.

Bis November 2022 wurden die *Preisindizes für die Bauwirtschaft* quartalsweise in der Fachserie 17, Reihe 4 des Statistischen Bundesamts veröffentlicht.

Seitdem sind die Tabellen der Preisindizes der Bauwirtschaft in den Themen unter der Code-Nummer 61261 bei *www.destatis.de/genesis* zu finden. Dort werden u. a. die Preisindizes für Bauwerke, Wohngebäude und Nichtwohngebäude veröffentlicht.

Die Preisindizes für die Bauwirtschaft enthalten Werte für

- Wohngebäude (Bauleistungen insgesamt),
- Wohngebäude (Rohbau-, Ausbauarbeiten, Ein- und Mehrfamilienhäuser, Fertighäuser),
- Nichtwohngebäude (Bürogebäude, Gewerbliche Betriebsgebäude),
- sonstige Gebäude (Straßenbau, Brücken im Straßenbau, Ortskanäle, Staudämme, Kläranlagen).

Darüber hinaus sind die Indextabellen für Einzelleistungen des Baugewerbes nach Gewerken gegliedert, was eine gezielte Auswertung einzelner Leistungsbereiche ermöglicht. Die Baupreisindizes finden in zahlreichen Bereichen Anwendung, unter anderem bei

- Baukostenvergleichen,
- Gebäudebewertungen,
- Konjunkturanalysen,
- Prämienfestsetzungen durch die Versicherungen,
- Wertsicherungsklauseln.

Je nach Einsatzgebiet bieten die Indizes unterschiedliche Vorteile. Für die Baukostenplanung wäre beispielsweise von Interesse, wie stark Preisveränderungen auf konjunkturelle Einflüsse oder auf technische Entwicklungen zurückzuführen sind – eine Differenzierung, die in den Standardindizes jedoch nicht direkt ablesbar ist.

Ergänzend zu den Baupreisindizes stehen weitere Erzeugerpreisstatistiken zur Verfügung, etwa für „Steine und Erden" oder „Baustoffe". Nicht enthalten sind hingegen Baulandpreise – hierfür existiert eine separate Statistik unter dem Titel „Kaufwerte für Bauland".

5.2.1 Baupreis und Baukosten

Im Bauwesen werden die Begriffe „Preis" und „Kosten" häufig nebeneinander verwendet, ohne dass ihre unterschiedliche Bedeutung immer klar herausgestellt wird. Dabei lohnt sich eine präzise Unterscheidung: Der *Preis* ist dem Absatzbereich zuzuordnen. Er beschreibt, was ein Bauunternehmen für seine Leistung verlangt. Die *Kosten* hingegen entstehen im Produktionsprozess und betreffen die Aufwendungen, die dem Bauherrn durch die Erstellung eines Bauwerks entstehen.

Baupreise sind die am Markt angebotenen Preise für konkrete Bauleistungen. Sie entstehen im Rahmen der Unternehmenskalkulation und spiegeln neben den tatsächlichen Herstellungskosten auch Zuschläge für Risiko, Gewinn und Marktbedingungen wider. Sie sind somit Ausdruck des Marktgeschehens und unterliegen regionalen und konjunkturellen Einflüssen.

Baukosten hingegen sind die einmaligen finanziellen Aufwendungen, die dem Auftraggeber durch den Erwerb oder die Errichtung eines Bauwerks entstehen. Sie umfassen alle Leistungen, die zur Herstellung des Gebäudes erforderlich sind, und werden in der Regel nach den Kostengruppen der *DIN 276* gegliedert.

Die Preisbildung im Bauwesen folgt keinem einheitlichen Modell, da der Baumarkt stark lokal geprägt ist. Es handelt sich um einen sogenannten Punktmarkt, bei dem regionale Gegebenheiten, Wettbewerbssituation und individuelle Projektanforderungen eine zentrale Rolle spielen. Klassische volkswirtschaftliche Preistheorien lassen sich daher nur eingeschränkt anwenden.

Ein Baupreis durchläuft typischerweise vier Stufen:

1. **Kalkulationspreis** – der intern ermittelte, potenzielle Marktpreis,
2. **Angebotspreis** – der dem Auftraggeber unterbreitete Preis, ggf. angepasst an Wettbewerb und Strategie,
3. **Vertragspreis** – der im Bauvertrag vereinbarte Preis,
4. **Abrechnungspreis** – der endgültige Preis nach Ausführung und eventuellen Anpassungen.

Die vom Statistischen Bundesamt erhobenen Baupreise basieren auf den Vertragspreisen, also den im jeweiligen Berichtsmonat vereinbarten Preisen für ausgewählte Bauleistungen. Diese Leistungen werden als *Preisrepräsentanten* bezeichnet. Abgerechnete Projekte fließen nicht direkt in die Statistik ein. Es ist jedoch nicht auszuschließen, dass vereinzelt auch Angebotspreise oder kalkulierte Preise in die Erhebung einfließen, was zu gewissen Unschärfen führen kann.

5.2.2 Regelbauleistungen

Aus den von den Berichtsfirmen gemeldeten Vertragspreisen für Einzelbauleistungen stellen die Statistischen Ämter sogenannte *Regelbauleistungen* zusammen. Diese dienen als repräsentative Grundlage für die Berechnung der Baupreisindizes.

Sofern nicht ausdrücklich anders angegeben, beziehen sich die veröffentlichten Indexwerte ausschließlich auf die Kostengruppen

- 300 Bauwerk – Baukonstruktionen und
- 400 Bauwerk – Technische Anlagen

gemäß *DIN 276*. Damit konzentrieren sich die Indizes auf die wesentlichen Bauleistungen, die unmittelbar mit der Errichtung des Gebäudes verbunden sind.

5.3 Indexreihen

Aus den *Einzelindizes* eines bestimmten Jahres werden sogenannte *Indexreihen* gebildet. Sie zeigen die Preisentwicklung über mehrere Jahre hinweg, bezogen auf ein festgelegtes Basisjahr. So lassen sich Veränderungen der Baupreise über längere Zeiträume nachvollziehen und vergleichen.

Die amtlichen Baupreisindizes beruhen auf umfangreichen Daten, die unterschiedlichen preisbeeinflussenden Faktoren unterliegen. Daher bilden sie nicht die exakte Marktsituation ab, sondern stellen einen statistischen Durchschnitt dar. Kurzfristige Schwankungen – etwa durch plötzliche Materialengpässe oder regionale Nachfragespitzen – sind in den Indexreihen nicht direkt erkennbar.

Die zeitliche Entwicklung der Indexreihen spiegelt vor allem konjunkturelle Trends wider. Für die praktische Anwendung, etwa bei der Fortschreibung von Kostendaten, ist es deshalb wichtig, die jeweils aktuelle Marktsituation mit einzubeziehen. Regionale Besonderheiten oder branchenspezifische Entwicklungen können eine Anpassung der Indexwerte erforderlich machen.

Mögliche Einflussfaktoren sind unter anderem:

- die allgemeine Konjunkturlage im Bundesgebiet,
- wirtschaftliche Entwicklungen auf Landes- oder regionaler Ebene,
- die spezifische Baumarktsituation in einzelnen Städten oder Regionen.

Trotz dieser Einschränkungen bilden Baupreisindizes langfristig betrachtet die Preisentwicklung im Bauwesen zuverlässig ab. Sie eignen sich daher auch als Grundlage für Prognosen. Mithilfe statistischer Verfahren lassen sich zukünftige Indexwerte abschätzen und in die Kostenplanung einbeziehen.

5.3.1 Basiswerte

Ein *Basisjahr* ist das Bezugsjahr, dem innerhalb einer Indexreihe der Wert 100 zugewiesen wird. Auf dieser Grundlage lassen sich Preisveränderungen in den Folgejahren oder auch in den Jahren davor rechnerisch darstellen und miteinander vergleichen.

Am gebräuchlichsten sind Indexreihen mit fester Basis, bei denen das jeweilige Basisjahr ausdrücklich genannt wird. Der Ausgangswert eines Index hängt dabei wesentlich von der Wahl dieses Jahres ab: Liegt das Basisjahr in einer Phase mit überdurchschnittlich hohem Preisniveau, erscheint die Folgeentwicklung tendenziell rückläufig – und umgekehrt. Dieser Zusammenhang ist besonders wichtig beim Vergleich mehrerer Indexreihen mit unterschiedlichen Basisjahren.

Für die Baupreisstatistik wurden im Laufe der Zeit verschiedene Basisjahre verwendet. Gesamtreihen wurden veröffentlicht für die Basisjahre 1913, 1914, 1938, 1950, 1958, 1962, 1970, 1976, 1980, 1985, 1991, 2000, 2005, 2010, 2015 und derzeit aktuell 2021.

5.3.2 Aktuelle Baupreisindizes

Das Statistische Bundesamt veröffentlicht quartalsweise aktuelle Preisindizes für die Bauwirtschaft. Diese Indizes erfassen die Preisentwicklung für verschiedene Bauwerksarten und Bauleistungen und dienen als wichtige Grundlage für die Kostenplanung und Bewertung im Bauwesen.

Die Baupreisindizes werden differenziert nach folgenden Kategorien:

- Neubau von Gebäuden
  - Wohngebäude,
  - Bürogebäude,
  - gewerbliche Betriebsgebäude.
- Ingenieurbau
  - Straßenbau,
  - Brücken im Straßenbau,
  - Ortskanäle.
- Instandhaltung von Wohngebäuden
  - Instandhaltungsmaßnahmen ohne Schönheitsreparaturen,
  - Schönheitsreparaturen innerhalb von Wohnungen.

In Tabelle 5.1 sind die jährlichen Mittelwerte der Baupreisindizes für den Zeitraum von 2010 bis 2022 dargestellt. Sie zeigen die Preisentwicklung für den Neubau von Wohngebäuden und Nichtwohngebäuden (Bürogebäuden und gewerblichen Betriebsgebäuden). Dadurch wird eine fundierte Einschätzung der langfristigen Kostenentwicklung möglich.

Die Indizes beziehen sich jeweils auf die Vertragspreise für ausgewählte Bauleistungen und werden auf Basis eines festgelegten Basisjahres berechnet. Für diese Indexreihen gilt das Jahr 2015 = 100 als Bezugsgröße.

Tabelle 5.1 Preisindizes 2010 – 2022 für den Neubau von Wohngebäuden und Nichtwohngebäuden

Jahr	Wohngebäude	Bürogebäude	Gewerbliche Betriebsgebäude
2010	90,1	89,8	89,7
2011	92,5	92,5	92,5
2012	94,9	94,8	94,8
2013	96,8	96,7	96,6
2014	98,5	98,4	98,4
2015	100,0	100,0	100,0
2016	102,1	102,2	102,1
2017	105,3	105,5	105,5
2018	109,9	110,2	110,2
2019	114,6	115,0	115,1
2020	116,4	116,8	116,9
2021	127,0	127,5	128,1
2022	147,8	149,9	150,6
Quelle: Statistisches Bundesamt, Basis 2015 = 100			

Für die Folgejahre finden sich in Tabelle 5.2 die entsprechenden Mittelwerte, jedoch quartalsweise für die Zeit von 2023 bis 2. Quartal 2025. Das Basisjahr ist hier 2021 = 100.

Tabelle 5.2 Preisindizes 2023 – 2025 für den Neubau von Wohngebäuden und Nichtwohngebäuden

Jahr	Quartal	Wohngebäude	Bürogebäude	Gewerbliche Betriebsgebäude
2023	I	125,0	126,0	125,9
	II	126,0	127,1	126,8
	III	126,4	127,6	127,3
	IV	126,9	128,2	127,8

Tabelle 5.2 Preisindizes 2023 – 2025 für den Neubau von Wohngebäuden und Nichtwohngebäuden *(Fortsetzung)*

Jahr	Quartal	Wohngebäude	Bürogebäude	Gewerbliche Betriebsgebäude
2024	I	128,5	130,0	129,5
	II	129,4	131,0	130,3
	III	130,3	132,0	131,2
	IV	130,8	132,6	131,8
2025	I	132,6	134,5	133,6
	II	133,6	135,6	134,7
Quelle: Statistisches Bundesamt, Basis 2021 = 100				

5.3.3 Umbasierung

Für den Vergleich unterschiedlicher Indexreihen kann es erforderlich sein, eine sogenannte Umbasierung vorzunehmen. Dabei wird eine bestehende Indexreihe rechnerisch so angepasst, dass sie mit einer anderen Reihe kompatibel ist, etwa, wenn beide auf unterschiedlichen Basisjahren beruhen.

Dies kann mit Formel 5.2 geschehen.

$$I_{Bn} = \frac{I_{An}}{I_{Aj}} \cdot I_{Bj} = \frac{I_{An}}{I_{Aj}} \cdot 100 \qquad (5.2)$$

I_{Bn} neue, umbasierte Indexreihe

I_{An} vorhandene Indexreihe

I_{Aj} Index A in dem Jahr, auf welchem die Indexreihe B basiert

I_{Bj} Index B in dem Jahr, auf welchem die Indexreihe B basiert

Übungsbeispiel 5.1
Indexrechnung, Umbasierung

Gesucht ist der Index für 2004 (I_{Bn} neue, umbasierte Indexreihe) für die Reihe B mit Basisjahr 2000 (Tabelle 5.3).

Tabelle 5.3 Indexrechnung, Umbasierung

Indexrechnung	Indexreihe A	Indexreihe B
Basisjahr	**2005**	**2000**
Periode	**Index**	**Index**
2000	97,9	100
2004	99,1	$I_{B\,2004} = ?$
2005	100,0	
Quelle: Statistisches Bundesamt, Wohngebäude		

Die Umbasierung erfolgt mit Formel 5.3.

$$I_{B\,2004} = \frac{I_{A\,2004}}{I_{A\,2000}} \cdot I_{B\,2000} = \frac{99{,}1}{97{,}9} \cdot 100 = 101{,}2 \tag{5.3}$$

Übungsbeispiel 5.2

Indexrechnung, Umbasierung

In den beiden Indexreihen A und B sind die Werte in Tabelle 5.4 vorhanden, die fehlenden Werte berechnen sich nach Umformen der Formel 5.2.

Tabelle 5.4 Indexrechnung, Umbasierung

Periode	Indexreihe A	Indexreihe B
0	100	$I_{B0} = ?$
1	120	80
2	150	100
3	165	110
4	$I_{A4} = ?$	115

Für Periode 4 in Indexreihe A gilt der Index I_{A4} (Formel 5.4):

$$I_{A4} = \frac{I_{B4} \cdot I_{A2}}{I_{B2}} = \frac{115 \cdot 150}{100} = 172{,}5 \tag{5.4}$$

Für Periode 0 in Indexreihe B gilt der Index I_{B0} (Formel 5.5):

$$I_{B0} = \frac{I_{A0}}{I_{A2}} \cdot I_{B2} = \frac{100}{150} \cdot 100 = 66{,}7 \tag{5.5}$$

5.3.4 Indexanwendung

Mithilfe von Indexzahlen lassen sich Baukosten aus unterschiedlichen Zeiträumen vergleichbar machen. Dazu werden die Kosten eines Bauwerks rechnerisch auf das Preisniveau eines anderen Jahres übertragen, beispielsweise um zwei Projekte aus verschiedenen Bauzeiten gegenüberzustellen oder ältere Kostenansätze zu aktualisieren.

Die Umrechnung erfolgt mit folgender Formel 5.6:

$$P_y = \frac{I_y}{I_x} \cdot P_x \tag{5.6}$$

P_x Preis eines Gebäudes im Herstellungsjahr x (tatsächliche Baukosten)

I_x Preisindex für das Jahr x

I_y Preisindex für das Jahr y

P_y auf das Jahr y umgerechneter Preis dieses Gebäudes (äquivalente Baukosten)

Dies gilt jedoch nur, solange die Preisindizes sich auf das gleiche Basisjahr beziehen! Bei verschiedenen Basisjahren für unterschiedliche Preisindizes sind diese auf eine andere Reihe umzurechnen.

Übungsbeispiel 5.3
Indexrechnung

Die Bauwerkskosten beliefen sich im Jahr 2010 auf 285 000 €. Mithilfe der in Tabelle 5.5 gegebenen Indexreihe ist der Gebäudepreis auf das Jahr 2014 umzurechnen.

Tabelle 5.5 Übungsbeispiel Indexrechnung, gegebene Werte

Gebäudepreis im Jahr 2010	P_{10} = 285 000 €
Preisindex für das Jahr 2010	I_{10} = 90,1
Preisindex für das Jahr 2014	I_{14} = 98,5
Gebäudepreis im Jahr 2014	**P_{14} = ?**
Quelle: Statistisches Bundesamt, Wohngebäude	

Mit Formel 5.7 werden die entsprechenden Bauwerkskosten im Jahr 2014 berechnet.

$$P_y = \frac{I_y}{I_x} \cdot P_x = P_{14} = \frac{I_{14}}{I_{10}} \cdot P_{10} = \frac{98{,}5}{90{,}1} \cdot 285.000\ € = 311.570{,}48\ € \tag{5.7}$$

Index-Veränderung

Die Index-Veränderung von einem Zeitpunkt zum anderen kann in Punkten, z. B. 98,7 – 97,7 = 1,0; als Vielfaches der Ausgangszahl, z. B. 98,7 / 97,7 = 1,01 oder in Prozent ausgedrückt werden. In der Regel wird die Index-Veränderung in Prozent ausgedrückt. Sie kann nach Formel 5.8 berechnet werden:

$$\frac{\text{Neuer Indexstand}}{\text{Alter Indexstand}} \cdot 100 - 100 = \pm\% \tag{5.8}$$

Übungsbeispiel 5.4
Index-Veränderung

Zu berechnen ist die Index-Veränderung in Prozent von Februar 2006 bis August 2009.

Februar 2005 = 100,0
Februar 2006 = 100,6
August 2009 = 112,8
Quelle: Statistisches Bundesamt, Wohngebäude

Die Index-Veränderung ergibt sich mit Formel 5.9 zu:

$$\frac{112{,}8}{100{,}6} \cdot 100 - 100 = +12{,}1\ \% \tag{5.9}$$

Das Ergebnis ist von der Wahl des Basisjahres – abgesehen von geringfügigen Rundungsdifferenzen – unabhängig.

Übungsbeispiel 5.5
Gesamtkosten des Bauvorhabens – Indizierung – Beispielprojekt Stadtvilla

Die Gesamtkosten des *Beispielprojekts Stadtvilla* in Höhe von 1 013 250,41 € aus Übungsbeispiel 4.9 sind unter Verwendung des Baupreisindex für Wohngebäude (2021 = 100) (Tabelle 5.2) für das 2. Quartal 2025 zu indizieren. Baupreisindex für Wohngebäude: 1. Quartal 2025 Index = 132,6; 2. Quartal 2025 Index = 133,6.

Die Gesamtkosten des Gebäudes belaufen sich für 2. Quartal 2025 auf (Formel 5.10):

$$1.013.250{,}41\ € \cdot \frac{133{,}6}{132{,}6} = 1.020.891{,}82\ € \tag{5.10}$$

Rechnet man den Grundstückspreis hinzu, ergeben sich für das 2. Quartal 2025 Gesamtkosten nach Formel 5.11 zu:

$$1.020.891{,}82\ € + 224.825{,}00\ € = 1.245.716{,}82\ € \tag{5.11}$$

Für weitergehende detaillierte Planungen sowie Ausschreibungen und Vergaben von Bauleistungen aller Gewerke werden von BKI für alle Leistungsbereiche des Rohbaus, Ausbaus und der Gebäudetechnik Kostenkennwerte als Prozentanteile bezogen auf die Kosten der Kostengruppen 300 + 400 angegeben. In Summe betragen die Kostenanteile

- für den Rohbau etwa 44,7 %,
- für den Ausbau 36,0 %,
- für die Gebäudetechnik 18,9 % und
- für sonstige Leistungsbereiche 0,4 %.

5.4 Übungsaufgaben

Übungsaufgabe 5.1
Gesamtkosten des Bauvorhabens -Verbrauchermarkt

Indizieren Sie die Gesamtkosten des Verbrauchermarkts aus Übungsaufgabe 4.7 unter Verwendung des Baupreisindex für gewerbliche Betriebsgebäude (2021 = 100) (Tabelle 5.2) für das 2. Quartal 2025.

Übungsaufgabe 5.2
Indizierung

Ein Investor hat im Jahr 2001 Bauland zum Preis von 90 000 € gekauft. Zu welchem Preis muss er es in seine Kostenschätzung im Jahr 2020 aufnehmen, wenn sich die Neubewertung lediglich an der Preissteigerung für Bauland orientiert? Grundlage der Berechnung sind die Indexreihen für Bauland mit den Basisjahren 2010 und 2015 des Statistischen Bundesamtes (Tabelle 5.6).

Tabelle 5.6 Preisindizes für Bauland, Basisjahre 2010 und 2015

Indexreihe	Basisjahr 2010	Indexreihe	Basisjahr 2015
2000	89,5	**2010**	**78,1**
2001	**90,9**	2011	80,2
2002	92,1	2012	82,8
2003	93,4	2013	87,9
2004	94,4	2014	93,4

Indexreihe	Basisjahr 2010	Indexreihe	Basisjahr 2015
2005	95,6	2015	100,0
2006	97,5	2016	110,0
2007	97,6	2017	122,7
2008	97,6	2018	134,5
2009	98,1	2019	146,1
2010	**100,0**	**2020**	**156,1**
2011	102,8	2021	187,5
Quelle: Statistisches Bundesamt, Bauland			

Übungsaufgabe 5.3

Indexrechnung

a) Ein Bauherr hat 2006 ein Einfamilienhaus mit einem Bruttorauminhalt von 370 m^3 BRI errichten lassen. Die damaligen Bauwerkskosten beliefen sich auf 303 €/m^3 (Kostengruppen 300 und 400). Zwischenzeitlich hat sich der Baupreisindex wie in Tabelle 5.7 entwickelt. Wieviel hätte der Bauherr für den Neubau des gleichen Hauses in 2012 zahlen müssen?

b) Der Bauherr möchte im Jahr 2015 eine Wohngebäudeversicherung auf dieses Einfamilienhaus zum aktuellen Neuwert desselben abschließen. Wie hoch ist, gemessen an der Baupreisentwicklung für den Neubau von Wohngebäuden, die Summe, auf die er das Gebäude versichern muss?

Tabelle 5.7 Entwicklung Baupreisindex für Wohngebäude, Basisjahre 2005 und 2010

Jahr	Index Basis 2005	Index Basis 2010	Jahr	Index Basis 2005	Index Basis 2010
2004	99,1		2011	117,0	102,8
2005	100,0		**2012**	**120,1**	**105,4**
2006	**101,9**		2013		107,5
2007	108,7		2014		109,4
2008	111,8		**2015**		**111,1**
2009	112,8	99,0	2016		113,4
2010	113,9	100,0	2017		116,8
Quelle: Statistisches Bundesamt					

6 Honorarberechnung nach HOAI

Studienziele

Das Kapitel soll dem Leser grundlegende Kenntnisse ermöglichen über

- die *Honorarordnung für Architekten und Ingenieure (HOAI)*.

Das Kapitel soll dem Leser Fähigkeiten vermitteln,

- Honorare für Architekten- und Ingenieurleistungen nach der *Honorarordnung für Architekten und Ingenieure (HOAI)* zu berechnen.

6.1 Die Honorarordnung für Architekten und Ingenieure (HOAI)

Die *Honorarordnung für Architekten und Ingenieure* (HOAI) besitzt den Charakter einer Verordnung und wird im Bundesgesetzblatt veröffentlicht. Mit der Novellierung im Jahr 2009 erfolgte eine grundlegende Änderung: Die Honorare wurden von den tatsächlichen Baukosten entkoppelt. Seither wirken sich Baukostensteigerungen nicht mehr direkt auf die Honorarbemessung aus. Maßgeblich sind stattdessen die sogenannten *anrechenbaren Kosten*, wie sie in der *HOAI* definiert sind.

Für Zeithonorare sieht die *HOAI* keine verbindlichen Stundensätze vor – diese sind frei verhandelbar. Gleiches gilt für Leistungen im Bereich Beratung und Gutachten, die ebenfalls außerhalb der verbindlichen Honorartafeln liegen. Ergänzend wurde ein *Bonus-Malus-System* eingeführt, das kosteneffizientes und qualitätsbewusstes Planen und Bauen fördern soll. Bei Projekten im Bestand kann ein *Umbauzuschlag* berücksichtigt werden, um den erhöhten Planungsaufwand angemessen zu honorieren.

Obwohl die *HOAI* in ihrer Struktur übersichtlich erscheint, erweist sich die praktische Anwendung aufgrund der Vielfalt und Komplexität von Bauvorhaben oft als anspruchsvoll. Eine fundierte Interpretation erfordert daher nicht nur die Kenntnis der Verordnung selbst, sondern auch die Auseinandersetzung mit der *amtlichen Begründung* zur letzten Novellierung sowie mit ergänzenden Kommentaren und Fachliteratur. Darüber hinaus bieten Gerichtsurteile, Gutachten und Seminare wertvolle Orientierungshilfen für die korrekte Anwendung.

Für Architekten und Ingenieure stellt die *HOAI* eine zentrale Grundlage zur wirtschaftlichen Absicherung ihrer Leistungen dar. Ihre Relevanz beschränkt sich jedoch nicht ausschließlich auf diese Berufsgruppen – auch öffentliche Auftraggeber orientieren sich bei der Bewertung und Vergütung von Planungsleistungen häufig an den Regelungen der *HOAI*.

6.1.1 Aufbau der HOAI

Die *Honorarordnung für Architekten und Ingenieure* (HOAI) gliedert sich in fünf Hauptteile sowie ergänzende Anlagen. Diese Struktur dient der klaren Trennung allgemeiner Regelungen von den spezifischen Anforderungen einzelner Leistungsbereiche.

- **Teil 1 – Allgemeine Vorschriften**

  Enthält grundlegende Bestimmungen, die für alle nachfolgenden Teile relevant sind. Dazu zählen etwa Definitionen, Anwendungsbereiche und Regelungen zur Honorarermittlung.

- **Teil 2 – Flächenplanung**

  Behandelt die Bauleitplanung und die Landschaftsplanung. Hier werden die Leistungen beschrieben, die sich mit der übergeordneten räumlichen Entwicklung befassen.

- **Teil 3 – Objektplanung**

  Umfasst die Planung von Gebäuden und Innenräumen, Freianlagen, Ingenieurbauwerken sowie Verkehrsanlagen. Dieser Teil bildet das Herzstück der *HOAI* und enthält detaillierte Leistungsbilder und Honorartabellen für die genannten Bereiche.

- **Teil 4 – Fachplanung**

  Widmet sich der Tragwerksplanung und der Technischen Ausrüstung. Die hier aufgeführten Leistungen ergänzen die Objektplanung durch spezialisierte ingenieurtechnische Fachkompetenz.

- **Teil 5 – Überleitungs- und Schlussvorschriften**

  Regelt Übergangsbestimmungen sowie abschließende rechtliche Aspekte.

Ergänzend zu den Hauptteilen enthält die *HOAI* mehrere Anlagen:

- **Anlage 1** beschreibt weitere Fachplanungs- und Beratungsleistungen, darunter Umweltverträglichkeitsstudien, Bauphysik, Geotechnik und Ingenieurvermessung. Auch hier sind Leistungsbilder und Honorartabellen enthalten.
- **Anlagen 2 bis 15** listen die Grundleistungen der verschiedenen Leistungsbilder auf und dienen als verbindliche Grundlage für die Honorarermittlung.

Für Leistungen, die über die in der *HOAI* definierten Leistungsbilder hinausgehen – etwa Projektsteuerung, Gutachten, Wertermittlungen oder sonstige Beratungsleistungen – können die Honorare frei vereinbart werden. Diese unterliegen dem freien Wettbewerb und sind nicht durch die *HOAI* reglementiert.

6.1.2 Allgemeine Vorschriften der HOAI

Die *HOAI* findet Anwendung auf die Leistungen von Architekten und Ingenieuren mit Sitz im Inland. In den *Begriffsbestimmungen* der Verordnung werden zentrale Fachbegriffe wie „Objekt", „Gebäude", „Modernisierung", „Instandsetzung" sowie die „allgemein anerkannten Regeln der Technik" präzise definiert und damit eine einheitliche Grundlage für die Auslegung geschaffen.

Die Honorare für die sogenannten *Grundleistungen* sind verbindlich geregelt und orientieren sich an den jeweiligen Leistungsbildern der *HOAI*. Diese sind in den Honorartafeln systematisch erfasst und dienen als Basis für die Vergütung. Leistungen, die über den Umfang der Grundleistungen hinausgehen, gelten als *besondere Leistungen* und unterliegen der freien Vereinbarung zwischen Auftraggeber und Planer. *Beratungsleistungen* sind nicht durch die *HOAI* verbindlich geregelt und können individuell verhandelt werden.

Die *Leistungsbilder* der *HOAI* gliedern sich in neun aufeinander aufbauende *Leistungsphasen* (LP):

- LP 1 Grundlagenermittlung,
- LP 2 Vorplanung,
- LP 3 Entwurfsplanung,
- LP 4 Genehmigungsplanung,
- LP 5 Ausführungsplanung,
- LP 6 Vorbereitung der Vergabe,
- LP 7 Mitwirkung bei der Vergabe,
- LP 8 Objektüberwachung (Bauüberwachung oder Bauoberleitung),
- LP 9 Objektbetreuung und Dokumentation.

Bei der Tragwerksplanung beschränkt sich der Leistungsumfang auf die Leistungsphasen1 bis 6.

6.2 Ermittlung der Honorare für Architekten und Ingenieure

Die Grundlage für die Honorarermittlung bilden die *anrechenbaren Kosten*, die gemäß *DIN 276* ermittelt werden. Ergänzend dazu erfolgt eine Einordnung der Planungsaufgabe in eine von fünf *Honorarzonen*, die den Schwierigkeitsgrad der Leistung widerspiegeln. Die Zuordnung erfolgt anhand definierter *Bewertungsmerkmale*, die in der *HOAI* festgelegt sind. Zusätzlich enthält die Verordnung *Objektlisten* mit typischen Beispielen, die den Honorarzonen zugeordnet sind. Maßgeblich für die Einstufung ist jedoch stets die Bewertung anhand der Merkmale – nicht die beispielhafte Nennung in der Liste.

Kostenanteile, die nicht in die Honorarberechnung einfließen, werden als *nicht anrechenbare Kosten* bezeichnet.

Das Honorar ergibt sich in der Regel aus folgenden Parametern:

- den anrechenbaren Kosten,
- dem Leistungsbild,
- der Honorarzone,
- der dazugehörigen Honorartafel.

Bei *Planungsleistungen im Bestand* wird zusätzlich ein *Umbauzuschlag* berücksichtigt. Die Vergütung erfolgt auf Basis einer schriftlichen Vereinbarung innerhalb der in der *HOAI* festgelegten Höchst- und Mindestsätze.

Zur Förderung kostenbewusster Planung kann ein *Erfolgshonorar* von bis zu 20 % bei *Unterschreitung der Kosten* vereinbart werden. Im Gegenzug ist bei *Kostenüberschreitungen* ein *Malus-Honorar* von bis zu 5 % vorgesehen.

Werden nicht alle Leistungsphasen oder einzelne Phasen nur teilweise beauftragt, erfolgt die Abrechnung anteilig nach den dafür vorgesehenen Prozentsätzen. Bei der Beauftragung einzelner Leistungsphasen gelten abweichende Werte. Mehrfach erstellte Vorentwurfs- oder Entwurfsplanungen mit unterschiedlichen Anforderungen sind jeweils gesondert zu honorieren.

Bei der Beauftragung mehrerer Objekte ist grundsätzlich jedes Objekt einzeln abzurechnen. Wiederholungen können jedoch mit Abschlägen berücksichtigt werden. Für Planausschnitte im Rahmen von Bauleitplänen gelten besondere Regelungen zur Honorarermittlung.

Zwischenwerte der Honorartafeln werden durch lineare *Interpolation* berechnet. Zusätzlich zum Honorar können *Nebenkosten* entweder pauschal oder nach Einzelnachweis vereinbart werden.

Die Vergütung wird nach erbrachter Leistung und Vorlage einer prüfbaren Honorarschlussrechnung fällig. Abschlagszahlungen sind zulässig. Der Auftragnehmer hat zudem Anspruch auf Erstattung der gesetzlich anfallenden *Umsatzsteuer*.

6.2.1 Anrechenbare Kosten

Die *Honorarordnung für Architekten und Ingenieure (HOAI)* unterscheidet zwischen *anrechenbaren Kosten* und *sonstigen anrechenbaren Kosten*. Als Grundlage dienen stets die Nettokosten ohne Mehrwertsteuer.

Grundsätzliche Regelungen

- **Kostengruppe 300 Bauwerk – Baukonstruktionen**

  Die Kosten dieser Gruppe sind gemäß § 33 Abs. 1 *HOAI* immer und vollständig anrechenbar.

- **Kostengruppe 400 Bauwerk – Technische Anlagen**

  Für technische Anlagen, die der Architekt oder Ingenieur nicht selbst fachlich plant oder überwacht, gilt:

  - Bis zu 25 % der sonstigen anrechenbaren Kosten sind vollständig anrechenbar.
  - Der darüber hinausgehende Betrag ist zur Hälfte anrechenbar.

- Kosten der Kostengruppen 100 Grundstück und 800 Finanzierung sind grundsätzlich nicht anrechenbar. Da die hier zu berechnenden Honorare Teil der Kostengruppe 700 Baunebenkosten sind, können auch diese Kosten nicht angerechnet werden.

Weitere Kostengruppen nach DIN 276

- **Kostengruppe 200 Vorbereitende Maßnahmen**

  Diese Kosten sind nur dann anrechenbar, wenn der Architekt oder Ingenieur die Planung übernimmt oder die Ausführung überwacht. Beispiele:

  - Sicherungsmaßnahmen (KG 211),
  - Abbruchmaßnahmen (KG 212),
  - Altlastenbeseitigung (KG 213).
  - Kosten der Nichtöffentlichen Erschließung (KG 230) sind in der Regel nicht anrechenbar.

- **Kostengruppe 500 Außenanlagen und Freiflächen**

  Beträgt der geplante Aufwand mehr als 7500 €, wird die Leistung als separates Objekt gemäß § 11 *HOAI* behandelt. Liegt der Betrag darunter, sind die Kosten gemäß § 37 Abs. 1 *HOAI* voll anrechenbar.

- **Kostengruppe 600 Ausstattung und Kunstwerke**

  Diese Kosten sind nur dann anrechenbar, wenn der Architekt oder Ingenieur an der Beschaffung beteiligt ist oder den Einbau überwacht.

Besondere Regelungen

- **Eigenleistungen des Bauherrn**

  Werden Arbeiten in Eigenleistung erbracht, sind die entsprechenden Leistungen als fiktive Kosten zu bewerten und ebenfalls als anrechenbare Kosten zu berücksichtigen.

Sonstige anrechenbare Kosten

Als sonstige anrechenbare Kosten gelten alle anrechenbaren Kosten außerhalb der Kostengruppe 400. Dazu gehören insbesondere die Kosten der Kostengruppe 300 Bauwerk – Baukonstruktion sowie weitere Kosten, die unter den genannten Bedingungen vollständig berücksichtigt werden.

Die Summe der sonstigen anrechenbaren Kosten bildet die Grundlage für die Berechnung der anrechenbaren Kosten der Kostengruppe 400 Bauwerk – Technische Anlagen. Eine Übersicht zur Ermittlung dieser Kosten ist in Tabelle 6.1 dargestellt.

Tabelle 6.1 Ermittlung der Sonstigen anrechenbaren Kosten nach *HOAI*

Kostengruppe	Bedingung	Umfang
200 Vorbereitende Maßnahmen	Wenn Leistungen geplant oder überwacht werden	Voll
300 Bauwerk – Baukonstruktion	Immer	Voll
500 Außenanlagen und Freiflächen	Wenn Leistungen < 7500 €	Voll
600 Ausstattung und Kunstwerke	Wenn an Leistungen mitgewirkt wird oder diese überwacht werden	Voll
Eigenleistungen	Vom Bauherrn selbst erbracht	Voll

Quelle: *Honorarordnung für Architekten und Ingenieure (HOAI)*

6.2.2 Honorarzonen

Für die Berechnung der Honorare werden zunächst die Planungsleistungen der Architekten und Ingenieure entsprechend der Planungsanforderungen in insgesamt fünf Honorarzonen eingestuft (Tabelle 6.2).

Tabelle 6.2 Honorarzonen und Planungsanforderungen nach Schwierigkeitsgrad

Honorarzone	I	II	III	IV	V
Schwierigkeitsgrade	Sehr gering	Gering	Durchschnittlich	Hoch	Sehr hoch

Quelle: *Honorarordnung für Architekten und Ingenieure (HOAI)*

Mithilfe von Bewertungsmerkmalen hinsichtlich der Planungsanforderungen kann entsprechend den jeweiligen Leistungsbildern die Honorarzone ermittelt werden. Zusätzlich stehen in Anlage 10 der *HOAI Objektlisten* mit Regelbeispielen zur Verfügung, die vergleichend für die Bewertung der Leistungen herangezogen werden können.

Bewertungsmerkmale

Zur Bestimmung der Honorarzone legt die *HOAI* Bewertungsmerkmale entsprechend der jeweiligen Leistungsbilder zugrunde. Die Grundleistungen für Gebäude können nach folgenden Bewertungsmerkmalen bewertet werden:

1. Anforderungen an die Einbindung in die Umgebung,
2. Anzahl der Funktionsbereiche,
3. gestalterische Anforderungen,
4. konstruktive Anforderungen,
5. technische Ausrüstung,
6. Ausbau.

Für andere Grundleistungen werden in der HOAI jeweils entsprechende Bewertungsmerkmale vorgegeben. So werden beispielsweise die Grundleistungen für Innenräume nach anderen Bewertungsmerkmalen bewertet:

1. Anzahl der Funktionsbereiche,
2. Anforderungen an die Lichtgestaltung,
3. Anforderungen an die Raumzuordnung und Raumproportion,
4. technische Ausrüstung,

5. Farb- und Materialgestaltung,
6. konstruktive Detailgestaltung.

Bewertungspunkte

Mithilfe von Bewertungspunkten werden die Bewertungsmerkmale gewichtet. Bei Gebäuden werden die Bewertungsmerkmale Nummer 1 und 4 bis 6 mit je bis zu sechs Punkten und die Bewertungsmerkmale Nummer 2 und 3 mit je bis zu neun Punkten bewertet. Mithilfe des Bewertungsschemas nach Eich in Bild 6.1 kann die Wichtung der Bewertungsmerkmale für Gebäude vorgenommen werden.

Bewertungsmerkmale nach Planungsanforderungen	Bewertung der Planungsanforderungen nach Schwierigkeitsgrad										Punkte
	Sehr gering		Gering		Durchschnittlich		Hoch		Sehr hoch		
Einbindung in die Umgebung	1		2		3	4	5		6		
Anzahl der Funktionsbereiche	1	2	3	4	5		6	7	8	9	
Gestalterische Anforderungen	1	2	3	4	5		6	7	8	9	
Konstruktive Anforderungen	1		2		3	4	5		6		
Technische Gebäudeausrüstung	1		2		3	4	5		6		
Ausbau	1		2		3	4	5		6		
Gesamtpunktzahl											
Gebäude und Innenräume	1 bis 10		11 bis 18		19 bis 26		27 bis 34		35 bis 42		
Honorarzone	I		II		III		IV		V		

Bild 6.1 Bewertungsschema nach Eich für Gebäude

Bei Innenräumen werden die Bewertungsmerkmale Nummer 1 bis 4 mit je bis zu sechs Punkten und die Bewertungsmerkmale Nummer 5 und 6 mit je bis zu neun Punkten bewertet.

6.2.3 Berechnung der Honorare

Mit der im Bewertungsschema ermittelten Gesamtpunktzahl ergibt sich die Honorarzone für das geplante Bauvorhaben. In Bild 6.2 ist die Honorartabelle nach § 35 *HOAI* Honorare für Grundleistungen bei Gebäuden und Innenräumen abgebildet. Darin sind stufenweise und in Abhängigkeit der anrechenbaren Kosten für alle Honorarzonen jeweils die *Mindest- und Höchstsätze* der Honorare angegeben.

Für die anrechenbaren Kosten wird aus den in der Honorartabelle in Bild 6.2 angegebenen Mindest- und Höchstsätzen durch Interpolation das Honorar ermittelt. Es können dabei die Mindest- und Höchstsätze gebildet werden. Üblich ist auch, vertraglich den Mittelsatz, Viertel- oder Dreiviertelsatz zu vereinbaren.

	Honorarzone I		Honorarzone II		Honorarzone III		Honorarzone IV		Honorarzone V	
Anforderungen	sehr gering		gering		durchschnittlich		hoch		sehr hoch	
Anrechenbare Kosten (Euro)	Honorar (Euro) von	bis	Honorar (Euro) von	bis	Honorar (Euro) von	bis	Honorar (Euro) von	bis	Honorar (Euro) von	bis
25.000	3.120	3.657	3.657	4.339	4.339	5.412	5.412	6.094	6.094	6.631
35.000	4.217	4.942	4.942	5.865	5.865	7.315	7.315	8.237	8.237	8.962
50.000	5.804	6.801	6.801	8.071	8.071	10.066	10.066	11.336	11.336	12.333
75.000	8.342	9.776	9.776	11.601	11.601	14.469	14.469	16.293	16.293	17.727
100.000	10.790	12.644	12.644	15.005	15.005	18.713	18.713	21.074	21.074	22.928
150.000	15.500	18.164	18.164	21.555	21.555	26.883	26.883	30.274	30.274	32.938
200.000	20.037	23.480	23.480	27.863	27.863	34.751	34.751	39.134	39.134	42.578
300.000	28.750	33.692	33.692	39.981	39.981	49.864	49.864	56.153	56.153	61.095
500.000	45.232	53.006	53.006	62.900	62.900	78.449	78.449	88.343	88.343	96.118
750.000	64.666	75.781	75.781	89.927	89.927	112.156	112.156	126.301	126.301	137.416
1.000.000	83.182	97.479	97.479	115.675	115.675	144.268	144.268	162.464	162.464	176.761
1.500.000	119.307	139.813	139.813	165.911	165.911	206.923	206.923	233.022	233.022	253.527
2.000.000	153.965	180.428	180.428	214.108	214.108	267.034	267.034	300.714	300.714	327.177
3.000.000	220.161	258.002	258.002	306.162	306.162	381.843	381.843	430.003	430.003	467.843
5.000.000	343.879	402.984	402.984	478.207	478.207	596.416	596.416	671.640	671.640	730.744
7.500.000	493.923	578.816	578.816	686.862	686.862	856.648	856.648	964.694	964.694	1.049.587
10.000.000	638.277	747.981	747.981	887.604	887.604	1.107.012	1.107.012	1.246.635	1.246.635	1.356.339
15.000.000	915.129	1.072.416	1.072.416	1.272.601	1.272.601	1.587.176	1.587.176	1.787.360	1.787.360	1.944.648
20.000.000	1.180.414	1.383.298	1.383.298	1.641.513	1.641.513	2.047.281	2.047.281	2.305.496	2.305.496	2.508.380
25.000.000	1.436.874	1.683.837	1.683.837	1.998.153	1.998.153	2.492.079	2.492.079	2.806.395	2.806.395	3.053.358

Bild 6.2 Honorartabelle nach § 35 *HOAI* Honorare für Grundleistungen bei Gebäuden und Innenräumen

Übungsbeispiel 6.1

Interpolation

Bei anrechenbaren Kosten von 25 000,00 € wird in Honorarzone III der der *Mittelsatz* des Honorars nach Formel 6.1 berechnet.

$$(4339{,}00\ € + 5412{,}00\ €) \cdot \frac{1}{2} = 4875{,}50\ € \tag{6.1}$$

Der entsprechende *Viertelsatz* ergibt sich nach Formel 6.2.

$$4339{,}00\ € + (5412{,}00\ € - 4339{,}00\ €) \cdot \frac{1}{4} = 4607{,}25\ € \tag{6.2}$$

Mit Formel 6.3 wird der zugehörige *Dreiviertelsatz* berechnet.

$$4339{,}00\ € + (5412{,}00 - 4339{,}00\ €) \cdot \frac{3}{4} = 5143{,}75 \tag{6.3}$$

Bei anrechenbaren Kosten von 32 500,00 € wird der *Mittelsatz* des Honorars nach Formel 6.4 berechnet.

$$4875{,}50\ € + \frac{(32.500\ € - 25.000\ €)}{(35.000\ € - 25.000\ €)} \cdot (6590{,}00 - 4875{,}50)\ € = 6161{,}38\ € \tag{6.4}$$

Mit Formel 6.5 ergibt sich der zugehörige *Viertelsatz* bei anrechenbaren Kosten von 32 500,00 €.

$$4607{,}25\ € + \frac{(32.500\ € - 25.000\ €)}{(35.000\ € - 25.000\ €)} \cdot (6227{,}50 - 4607{,}25)\ € = 5822{,}44\ € \tag{6.5}$$

Analog berechnet man den entsprechenden *Dreiviertelsatz* des Honorars bei anrechenbaren Kosten von 32 500,00 € nach Formel 6.6.

$$5143{,}75\text{ €} + \frac{(32.500\text{ €} - 25.000\text{ €})}{(35.000\text{ €} - 25.000\text{ €})} \cdot (6952{,}50 - 5143{,}75)\text{ €} = 6500{,}31\text{ €} \tag{6.6}$$

Die entsprechend dieser Formeln berechneten Honorare als Mindest- und Höchstsätze, sowie Mittelsatz, Viertel- und Dreiviertelsätze sind in Tabelle 6.3 exemplarisch zusammengefasst.

Tabelle 6.3 Auszug aus der Honorartabelle *HOAI* – Honorarzone III – Interpolation

Anrechenbare Kosten	Mindestsatz	Viertelsatz	Mittelsatz	Dreiviertelsatz	Höchstsatz
25 000,00 €	4339,00 €	4607,25 €	4875,50 €	5143,75 €	5412,00 €
32 500,00 €		**5822,44 €**	**6161,38 €**	**6500,31 €**	
35 000,00 €	5865,00 €	6227,50 €	6590,00 €	6952,50 €	7315,00 €
Gemäß *HOAI* 2023					

Der Honoraranspruch wird daraufhin anteilig für die beauftragten Leistungsphasen entsprechend Tabelle 6.4 berechnet.

Tabelle 6.4 Bewertung der Grundleistungen in Prozent der Honorare nach HOAI 2023

HOAI	Gebäude, Innenräume § 34 HOAI	Freianlagen § 39 HOAI	Tragwerksplanung § 51 HOAI
Leistungsphase 1	2	3	3
Leistungsphase 2	7	10	10
Leistungsphase 3	15	16	15
Leistungsphase 4	Gebäude 3, Innenräume 2	4	30
Leistungsphase 5	Gebäude 25, Innenräume 30	25	40
Leistungsphase 6	Gebäude 10, Innenräume 7	7	2
Leistungsphase 7	Gebäude 4, Innenräume 3	3	-
Leistungsphase 8	32	30	–
Leistungsphase 9	2	2	–
Gemäß *Honorarordnung für Architekten und Ingenieure (HOAI)*			

Bei Umbaumaßnahmen wird ein Umbauzuschlag berechnet. Zusätzlich können Nebenkosten geltend gemacht werden. Nicht zuletzt muss die Mehrwertsteuer aufgeschlagen werden.

Übungsbeispiel 6.2

Honorarberechnung nach HOAI – Beispielprojekt Stadtvilla

Für die Objektplanung des *Beispielprojekts Stadtvilla* ist das Honorar für die Architektenleistung zu ermitteln.

Die in Kapitel 4, Übungsbeispiel 4.9 nach *DIN 276* geschätzten Kosten werden zunächst in Tabelle 6.5 aufgeführt und in Nettobeträge umgerechnet.

Tabelle 6.5 Gegebene Werte für Honorarberechnung *Beispielprojekt Stadtvilla*

Kostengruppe	Brutto	MWSt 19 %	Netto
Kostengruppe 200	17 685,83 €	2823,79 €	14 862,04 €
Kostengruppe 300	573 791,19 €	91 613,72 €	482 177,47 €
Kostengruppe 400	163 118,20 €	26 044,08 €	137 074,12 €
Kostengruppe 500	44 951,47 €	7177,13 €	37 774,35 €
Kostengruppe 600	14 001,28 €	2235,50 €	11 765,78 €
Summe	**813 547,97 €**	**129 894,21 €**	**683 653,75 €**
Gemäß Kostenschätzung nach *DIN 276* Kosten im Bauwesen			

In Tabelle 6.6 werden die sonstigen anrechenbaren Kosten ermittelt.

Tabelle 6.6 Sonstige anrechenbare Kosten

Kostengruppe	Anrechenbarkeit	Betrag
Kostengruppe 200	wenn ja, dann voll	14 862,04 €
Kostengruppe 300	voll	482 177,47 €
Kostengruppe 500	nein, da > 7500 €	0,00 €
Kostengruppe 600	wenn ja, dann voll	11 765,78 €
Summe Sonstige anrechenbare Kosten		**508 805,29 €**
25 % der Sonstigen anrechenbare Kosten	**25 %**	**127 201,32 €**
Gemäß *Honorarordnung für Architekten und Ingenieure (HOAI)*		

Die Kosten der Kostengruppe 400 werden in Tabelle 6.7 berücksichtigt.

Tabelle 6.7 Kosten der Kostengruppe 400

Anrechenbarkeit	Betrag
Kostengruppe 400	137 074,12 €
abzüglich 25 % der Sonstigen anrechenbare Kosten	–127 201,32 €
Differenz	9872,80 €
50 % der Differenz	**4936,40 €**
Gemäß *Honorarordnung für Architekten und Ingenieure (HOAI)*	

Damit ergeben sich die anrechenbaren Kosten gemäß Tabelle 6.8.

Tabelle 6.8 Anrechenbare Kosten

Anrechenbarkeit	Betrag
Summe der Sonstigen anrechenbaren Kosten	508 805,29 €
25 % der Sonstigen anrechenbaren Kosten	127 201,32 €
50 % der Differenz aus Kostengruppe 400 abzüglich 25 % der Sonstigen anrechenbare Kosten	4936,40 €
Summe Anrechenbare Kosten	**640 943,01 €**
Gemäß *Honorarordnung für Architekten und Ingenieure (HOAI)*	

Den Bewertungsmerkmalen nach *HOAI* werden in Tabelle 6.9 die Schwierigkeitsgrade der **Planungsanforderungen** gewählt und zugeordnet. Diese können nach *HOAI*

- sehr gering,
- gering,
- durchschnittlich,
- hoch oder
- sehr hoch

sein.

Tabelle 6.9 Bewertungsmerkmale und Planungsanforderungen nach *HOAI* für die Feinbewertung von Planungsleistungen für Gebäude und raumbildende Ausbauten

Bewertungsmerkmale	Planungsanforderungen (gewählt)
Einbindung in die Umgebung	Geringe Anforderungen
Anzahl der Funktionsbereiche	Durchschnittliche Anforderungen
Gestalterische Anforderungen	Hohe Anforderungen
Konstruktive Anforderungen	Durchschnittliche Anforderungen
Technische Gebäudeausrüstung	Durchschnittliche Anforderungen
Ausbau	Geringe Anforderungen
Gemäß *Honorarordnung für Architekten und Ingenieure (HOAI)*	

Mit dem Bewertungsschema nach Eich (Bild 6.3) wird eine Punktzahl ermittelt, aus der sich die zu vereinbarende Honorarzone nach HOAI ergibt.

Bewertungsmerkmale nach Planungsanforderungen	Bewertung der Planungsanforderungen nach Schwierigkeitsgrad										**Punkte**
	Sehr gering		Gering		Durchschnittlich		Hoch		Sehr hoch		
Einbindung in die Umgebung	1		**2**		3	4	5		6		**2**
Anzahl der Funktionsbereiche	1	2	3	4	**5**		6	7	8	9	**5**
Gestalterische Anforderungen	1	2	3	4	5		**6**	**7**	8	9	**6,5**
Konstruktive Anforderungen	1		2		**3**	**4**	5		6		**3,5**
Technische Gebäudeausrüstung	1		2		**3**	**4**	5		6		**3,5**
Ausbau	1		**2**		3	4	5		6		**2**
Gesamtpunktzahl			**4**		**12**		**6,5**				**22,5**
Gebäude und Innenräume	1 bis 10		11 bis 18		19 bis 26		27 bis 34		35 bis 42		
Honorarzone	I		II		III		IV		V		**III**

Bild 6.3 Bewertungsschema nach Eich – *Beispielprojekt Stadtvilla*

Mit der im Bewertungsschema ermittelten Gesamtpunktzahl von 22,5 ergibt sich die Honorarzone III für dieses Bauvorhaben.

In Tabelle 6.10 wird für die anrechenbaren Kosten von 640 943,01 € aus den Mindest- und Höchstsätzen der Honorartabelle in Bild 6.2 durch Interpolation nach Formel 6.1 und Formel 6.4 das Honorar als Mittelsatz in Höhe von 87 794,57 € ermittelt.

Zur Interpolation ist der entsprechende Auszug aus der Honorartabelle *HOAI* in Tabelle 6.10 wiedergegeben. Für anrechenbare Kosten von 500 000,00 € wird mit Formel 6.1 der zugehörige Mittelsatz zu 70 674,50 € berechnet:

$$(62.900{,}00\,€ + 78.449{,}00\,€) \cdot \frac{1}{2} = 70.674{,}50\,€$$

Für anrechenbare Kosten von 750 000,00 € wird mit Formel 6.1 der zugehörige Mittelsatz zu 101 041,50 € berechnet:

$$(89.927{,}00\,€ + 112.156{,}00\,€) \cdot \frac{1}{2} = 101.041{,}50\,€$$

Für die anrechenbaren Kosten von 640 943,01 € ergibt sich mit Formel 6.4 der zugehörige Mittelsatz zu 87 794,57 €:

$$70.674{,}50\ € + \frac{(640.943{,}01\ € - 500.000{,}00\ €)}{(750.000{,}00\ € - 500.000{,}00\ €)} \cdot (101.041{,}50 - 70.674{,}50)\ €$$

$$= 87.794{,}57\ €$$

Tabelle 6.10 Auszug aus der Honorartabelle *HOAI* – Honorarzone III – Interpolation

Anrechenbare Kosten	Von	Mittelsatz	Bis
500 000,00 €	62 900,00 €	70 674,50 €	78 449,00 €
640 943,01 €		**87 794,57 €**	
750 000,00 €	89 927,00 €	101 041,50 €	112 156,00 €
Gemäß *HOAI* 2023			

In Tabelle 6.11 erfolgt die Berechnung der Endsumme des Honorars.

Tabelle 6.11 Berechnung Endsumme Honorar

100 % Honoraranspruch			87 794,57 €
Leistungsumfang LP 1–9		100,00 %	87 794,57 €
Umbauzuschlag		0,00 %	0,00 €
	Zwischensumme		**87 794,57 €**
Nebenkosten		5,00 %	4389,73 €
	Zwischensumme		**92 184,29 €**
Mehrwertsteuer		19,00 %	17 515,02 €
Honorar Endsumme			**109 699,31 €**
Gemäß *Honorarordnung für Architekten und Ingenieure* (HOAI) 2023			

Das Honorar für die Architektenleistungen des *Beispielprojekts Stadtvilla* beträgt inklusiv 5 % Zuschlag für Nebenkosten und 19 % Mehrwertsteuer insgesamt 109 699,31 €.

6.3 Übungsaufgaben

Übungsaufgabe 6.1

Honorarberechnung nach HOAI – Geschäftshaus ohne Wohnungen

Ermitteln Sie das Honorar nach HOAI für die Objektplanung eines Geschäftshauses ohne Wohnungen. Die anrechenbaren Kosten sind aus der Kostenberechnung der Tabelle 6.12 zu entnehmen.

Tabelle 6.12 Kostenberechnung brutto, Geschäftshaus ohne Wohnungen

Kostengruppe	Bezeichnung	Kostenberechnung brutto
100	Grundstück	180 000,00 €
200	Herrichten	205 000,00 €
300	Bauwerk – Baukonstruktion	8 870 000,00 €
400	Bauwerk – Technische Anlagen	2 705 000,00 €
500	Außenanlagen	182 000,00 €
600	Ausstattung und Kunstwerke	2 153 000,00 €
700	Baunebenkosten	5 270 000,00 €

Verwenden Sie dafür die Honorartabelle nach § 35 *HOAI* Honorare für Grundleistungen bei Gebäuden und Innenräumen in Bild 6.2.

Beauftragt sind die Grundleistungen der Leistungsphasen 3 bis 8 nach § 34 HOAI (Tabelle 6.4).

Die zu vereinbarende Honorarzone ist mithilfe der angegebenen Planungsanforderungen in Tabelle 6.13 und anhand des Bewertungsschemas nach Eich in Bild 6.1 festzulegen.

Tabelle 6.13 Bewertungsmerkmale und Planungsanforderungen nach *HOAI* für die Feinbewertung von Planungsleistungen für Gebäude und raumbildende Ausbauten

Bewertungsmerkmale	Planungsanforderungen (gewählt)
Einbindung in die Umgebung	Geringe Anforderungen
Anzahl der Funktionsbereiche	Durchschnittliche Anforderungen
Gestalterische Anforderungen	Hohe Anforderungen
Konstruktive Anforderungen	Durchschnittliche Anforderungen
Technische Gebäudeausrüstung	Hohe Anforderungen
Ausbau	Durchschnittliche Anforderungen
Gemäß *Honorarordnung für Architekten und Ingenieure (HOAI)*	

Es soll der entsprechende Dreiviertelsatz gelten. Die Nebenkosten sind mit 4,25 % des Honorars und die Mehrwertsteuer mit 19 % anzusetzen.

Übungsaufgabe 6.2

Honorarberechnung nach HOAI – Umbau eines Wohn- und Geschäftshauses mit Tiefgarage

Ermitteln Sie das Honorar nach HOAI für die Objektplanung des Umbaus eines Wohn- und Geschäftshauses mit Tiefgarage. Die anrechenbaren Kosten sind aus der Kostenberechnung der Tabelle 6.14 zu entnehmen.

Tabelle 6.14 Kostenberechnung brutto, Umbau Wohn- und Geschäftshaus mit Tiefgarage

Kostengruppe	Bezeichnung	Kostenberechnung brutto
Kostengruppe 100	Grundstück	310 000,00 €
Kostengruppe 200	Herrichten	70 000,00 €
Kostengruppe 300	Bauwerk – Baukonstruktion	2 000 000,00 €
Kostengruppe 400	Bauwerk – Technische Anlagen	800 000,00 €
Kostengruppe 500	Außenanlagen	150 000,00 €
Kostengruppe 600	Ausstattung und Kunstwerke	80 000,00 €
Kostengruppe 700	Baunebenkosten	0,00 €
Eigenleistungen KGR 300		385 000,00 €
Gesamtkosten		3 795 000,00 €

Verwenden Sie dafür die Honorartabelle nach § 35 *HOAI* Honorare für Grundleistungen bei Gebäuden und Innenräumen in Bild 6.2.

Beauftragt sind die Grundleistungen der Leistungsphasen 2 bis 8 nach § 34 HOAI gemäß Tabelle 6.4. Die zu vereinbarende Honorarzone ist mithilfe der in Tabelle 6.15 angegebenen Planungsanforderungen anhand des Bewertungsschemas nach Eich in Bild 6.1 festzulegen.

Tabelle 6.15 Bewertungsmerkmale und Planungsanforderungen nach *HOAI* für die Feinbewertung von Planungsleistungen für Gebäude und raumbildende Ausbauten

Bewertungsmerkmale	Planungsanforderungen (gewählt)
Einbindung in die Umgebung	Geringe Anforderungen
Anzahl der Funktionsbereiche	Durchschnittliche Anforderungen
Gestalterische Anforderungen	Hohe Anforderungen
Konstruktive Anforderungen	Durchschnittliche Anforderungen
Technische Gebäudeausrüstung	Durchschnittliche Anforderungen
Ausbau	Geringe Anforderungen
Gemäß *Honorarordnung für Architekten und Ingenieure (HOAI)*	

Es soll der entsprechende Viertelsatz gelten. Es ist ein Umbauzuschlag von 33,00 % nach *HOAI* zu berechnen. Die Nebenkosten sind mit 5,00 % des Honorars und die Mehrwertsteuer mit 19 % anzusetzen.

7 Wertermittlung von Immobilien

Studienziele

Das Kapitel soll dem Leser grundlegende Kenntnisse ermöglichen über

- die Wertermittlung von Immobilien.

Das Kapitel soll dem Leser Fähigkeiten vermitteln,

- Wertermittlung von Immobilien durchzuführen.

7.1 Bewertungsverfahren

Die Bewertung von Immobilien erfolgt in der Regel durch qualifizierte Sachverständige. Sie dient unterschiedlichen Zwecken, unter anderem:

- dem Kauf oder Verkauf von Immobilien,
- steuerlichen Bewertungen,
- der Beleihung zur Liquiditätsbeschaffung und -sicherung,
- der Erstellung von Bilanzen,
- der Vermögensaufteilung im Erbfall,
- der Klärung von Eigentumsverhältnissen bei Ehescheidungen,
- städtebaurechtlichen Verfahren wie Enteignungen, Grundstücksumlegungen sowie Sanierungs- und Entwicklungsmaßnahmen.

Die zentrale Herausforderung bei der Wertermittlung liegt in der Beschaffung belastbarer, marktnaher Informationen über vergleichbare Transaktionen. Als Quellen dienen unter anderem:

- Marktberichte von Maklern und Maklerverbänden (z. B. Immobilienverband Deutschland (IVD) – Bundesverband der Immobilienberater, Makler, Verwalter und Sachverständigen e. V.),
- Veröffentlichungen der Gutachterausschüsse bei den Regierungspräsidien,
- amtliche Statistiken, etwa des Statistischen Bundesamts (ehemals Fachserie 17, z. B. Reihe 4: Preisindizes für Bauwerke, Reihe 5: Kaufwerte für Bauland u. a., künftig über die Datenbank GENESIS-Online).

Diese Quellen liefern jedoch häufig nur ein grobes Bild der regionalen Immobilienmärkte und können zu Fehleinschätzungen führen.

Verkehrswert

Der Verkehrswert ist gesetzlich in § 194 *Baugesetzbuch* (BauGB) definiert. Er entspricht dem Preis, der zum Bewertungsstichtag im gewöhnlichen Geschäftsverkehr unter Berücksichtigung der rechtlichen und tatsächlichen Gegebenheiten sowie der Lage des Grundstücks zu erzielen wäre – ohne Einfluss außergewöhnlicher oder persönlicher Umstände.

Die Vorschriften zur Ermittlung des Verkehrswerts sind in der *Immobilienwertermittlungsverordnung* (ImmoWertV) geregelt. Sie enthalten verbindliche Grundsätze und Verfahren zur sachgerechten Bewertung. Auch wenn sie in anderen Kontexten – etwa bei Zwangsversteigerungen (§ 74a Abs. 5 *ZVG – Zwangsversteigerungsgesetz*), im Zivilprozess oder bei privaten Gutachten – nicht unmittelbar gelten, stellen sie den allgemein anerkannten Stand der Technik dar und dienen als Maßstab für eine ordnungsgemäße Begutachtung.

Die Wertermittlung kann sich beziehen auf

- unbebaute Grundstücke,
- bebaute Grundstücke,
- Gebäude und einzelne Anlagen,
- Rechte an Grundstücken.

Baugesetzbuch (BauGB), 3. Kapitel: Wertermittlung

Immobilienwertermittlungsverordnung (ImmoWertV), Verordnung über die Grundsätze für die Ermittlung der Verkehrswerte von Immobilien und der für die Wertermittlung erforderlichen Daten

---

Wertbildende Faktoren

Zum Stichtag der Bewertung ist der Zustand des Grundstücks bzw. der Immobilie festzustellen. Der Verkehrswert ergibt sich aus der Summe aller wertbeeinflussenden Faktoren. Dies sind insbesondere:

- Entwicklungszustand (baureifes Land, Rohbauland, Bauerwartungsland, Flächen der Land- und Forstwirtschaft),
- Art und Maß der baulichen Nutzung,
- bestehende Rechte und Belastungen,
- beitrags- und abgabenrechtlicher Zustand,
- Wartezeit bis zu einer baulichen oder sonstigen Nutzung,
- Bodenbeschaffenheit,
- Eigenschaft des Grundstücks und die Lagemerkmale, z. B. Verkehrsanbindung,
- wirtschaftliche und demografische Struktur des Umfelds.

Die Marktlage wird durch die allgemeinen Wertverhältnisse auf dem Grundstücksmarkt zum Bewertungsstichtag bestimmt. Hierbei sind alle preisrelevanten Umstände zu berücksichtigen, etwa Kapitalmarktzinsen oder regionale Besonderheiten.

Marktwert und Verkehrswert

Der Verkehrswert entspricht nicht zwangsläufig dem Marktwert. In tatsächlichen Kaufpreisen spiegeln sich oft subjektive Einschätzungen der Beteiligten wider, beispielsweise die Motivation des Verkäufers oder die Zahlungsbereitschaft des Käufers. Der Verkehrswert hingegen basiert auf objektiven Kriterien und setzt voraus, dass der Preis unter normalen Marktbedingungen erzielt werden kann.

Bodenwert

Der Bodenwert eines Grundstücks wird grundsätzlich unabhängig und getrennt von bestehenden Gebäuden oder baulichen Anlagen ermittelt. Die Berechnung erfolgt auf Basis

- des *Bodenrichtwerts*, wie er in der öffentlich zugänglichen Bodenrichtwertekarte für das jeweilige Bebauungsgebiet ausgewiesen ist, und
- der Gesamtfläche des Grundstücks (Formel 7.1)

$$BW = GF \cdot BRW \tag{7.1}$$

BW Bodenwert

GF vorhandene Grundstücksfläche

BRW Bodenrichtwert aus der Bodenrichtwertekarte

Übungsbeispiel 7.1

Wertermittlung von Immobilien – Bodenwert Beispielprojekt Stadtvilla

Die Berechnung des Bodenwerts erfolgt aus dem Bodenrichtwert BRW und der Grundstücksfläche GF.

Das *Beispielprojekt Stadtvilla* hat eine Grundstücksfläche von 391 m². Bei einem Bodenrichtwert von 575 €/m² ergibt sich nach Formel 7.1 ein Bodenwert von 224 825 €:

$$BW = GF \cdot BRW = 391\ m^2 \cdot 575\ \frac{€}{m^2} = 224.825\ €$$

Die getrennte Berechnung von Bodenwert und Gebäudewert ermöglicht eine objektive Betrachtung beider Werte. Der Grundstückswert ergibt sich in allen Wertermittlungsverfahren aus der Summe von Gebäude- und Bodenwert.

In den Wertermittlungsverfahren wird zum reinen Gebäudewert immer der Bodenwert hinzugerechnet. Beim Vergleich mehrerer bebauter Grundstücke muss der Bodenwert aus dem gesamten Grundstückswert herausgerechnet werden, um den Gebäudewert zu erfahren (Vergleichswertverfahren). Beim Sachwert- und Ertragswertverfahren wird der Bodenwert zum Gebäudewert hinzugerechnet.

Wertermittlungsverfahren

Zur Ermittlung des Verkehrswerts stehen dem Sachverständigen drei Verfahren zur Verfügung (Bild 7.1):

- Vergleichswertverfahren,
- Sachwertverfahren,
- Ertragswertverfahren.

Je nach Objektart und Marktlage können diese Verfahren einzeln oder kombiniert angewendet werden. Die Ergebnisse sind stets individuell zu bewerten. Eine bloße Durchschnittsbildung ist nicht vorgesehen.

Nachfolgend werden die drei Wertermittlungsverfahren vorgestellt.

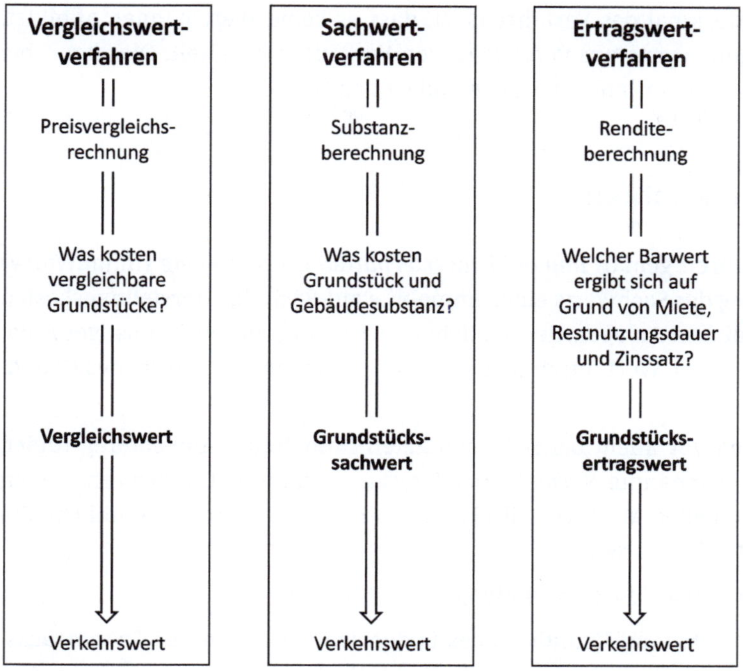

Bild 7.1 Verfahren nach Wertermittlungsverordnung

7.1.1 Vergleichswertverfahren

Das Vergleichswertverfahren dient der Ermittlung des Verkehrswerts auf Basis tatsächlich erzielter Kaufpreise vergleichbarer Immobilien. Voraussetzung für eine belastbare Bewertung ist eine ausreichende Anzahl aktueller und qualitativ geeigneter Vergleichsdaten.

Die Vergleichbarkeit von Immobilien wird anhand folgender Kriterien beurteilt:

- Lage,
- Art der baulichen Nutzung,
- Größe und Alter der aufstehenden Gebäude,
- Ertragsfaktoren.

Bei vermieteten Wohn- oder Gewerbeimmobilien eignet sich das Vergleichswertverfahren in der Regel nur als ergänzendes Kontrollinstrument zu anderen Bewertungsverfahren. Der Grund liegt in der begrenzten Aussagekraft bei stark variierenden Erträgen aus der baulichen Nutzung. Zudem gestaltet sich die Suche nach geeigneten Vergleichsfällen oft schwierig, da neben der strukturellen Ähnlichkeit auch eine zeitliche Nähe der Transaktionen erforderlich ist.

Ein wesentliches Merkmal des Verfahrens ist, dass es keine Wertspannen abbildet, sondern Durchschnittswerte aus vergleichbaren Verkäufen ermittelt. Dies kann bei heterogenen Märkten zu erheblichen Ungenauigkeiten führen.

7.1.2 Sachwertverfahren

Das Sachwertverfahren gemäß *Immobilienwertermittlungsverordnung* (ImmoWertV) dient der Ermittlung des Sachwerts einer Immobilie auf Basis der Herstellungskosten der nutzbaren baulichen Anlagen, der baulichen Außenanlagen sowie sonstiger Anlagen. Ergänzt wird dieser Wert durch den separat ermittelten Bodenwert des Grundstücks.

Da dieses Verfahren vor allem bei selbstgenutzten Immobilien Anwendung findet, wird zunächst der sogenannte *Normalherstellungswert* ermittelt. Um den ermittelten Sachwert an die aktuellen Marktverhältnisse anzupassen, können marktübliche Zu- oder Abschläge erforderlich sein.

Der Sachwert setzt sich aus folgenden Komponenten zusammen:

- **Bodenwert:** Ermittelt auf Grundlage des Bodenrichtwerts und der Grundstücksfläche.
- **Gebäudewert:** Berechnet aus den Herstellungskosten gemäß *DIN 276* durch Multiplikation eines Flächen- oder Raummaßes mit dem entsprechenden Herstellungswert. Dabei werden auch Baunebenkosten wie Planung, Genehmigung und Bauleitung berücksichtigt. Der resultierende Wert wird anschließend um altersbedingte Abnutzung und etwaige Baumängel reduziert.
- **Wert der Außen- und sonstigen Anlagen:** In der Praxis häufig pauschal mit 6 bis 8 % des Gebäudewerts angesetzt.

Die Summe dieser drei Komponenten ergibt den Sachwert der Immobilie. Zusätzlich können besondere objektspezifische Grundstücksmerkmale berücksichtigt werden, sofern sie für die Wertermittlung relevant sind.

Übungsbeispiel 7.2

Wertermittlung von Immobilien – Sachwert Beispielprojekt Stadtvilla

Die Berechnung des Bauwerts des Gebäudes erfolgt aus den Normalherstellungskosten.

In der *ImmoWertV* sind die Werte der *Normalherstellungskosten 2010 (NHK 2010)* integriert worden. Die Kostenkennwerte der *NHK 2010* beschreiben die Kosten für die Kostengruppen 300 + 400 in Euro je m^2 Brutto-Grundfläche (BGF) einschließlich Baunebenkosten und Umsatzsteuer mit Kostenstand 2010.

Für das *Beispielprojekt Stadtvilla* wird nachfolgend die Berechnung des Sachwerts dargestellt. Die *NHK 2010* enthalten für alle Gebäudearten Kostenkennwerte mit Stand 2010. Für die Gebäudearten 1.13 Ein- und Zweifamilienhäuser, 2.13 Doppelhäuser und Reihenendhäuser sowie 3.13 Reihenmittelhäuser sind in Tabelle 7.1 die Kostenkennwerte aus *NHK 2010* wiedergegeben. Das Gebäude der Stadtvilla hat ein Keller-, Erd- und Obergeschoss sowie ein flach geneigtes Dach.

Tabelle 7.1 Auszug aus Normalherstellungskosten 2010 (NHK 2010)

€/m² BGF[a]	Gebäude mit Keller-, Erd- und Obergeschoss, mit Flachdach oder flach geneigtem Dach				
Standardstufe	**1**	**2**	**3**	**5**	**6**
Freistehende Einfamilienhäuser 1.13[b]	665	740	850	1025	1285
Doppelhäuser und Reihenendhäuser 2.13	625	695	800	965	1205
Reihenmittelhäuser 3.13	585	650	750	905	1130

a) Einschließlich Baunebenkosten in Höhe von 17 %; b) Korrekturfaktor für freistehende Zweifamilienhäuser 1,05

Die Standardstufen in *NHK 2010* (Tabelle 7.1) beschreiben zusammengefasst folgende Ausprägungen:

- Stufe 1: Gebäudestandard vor 1980,
- Stufe 2: Gebäudestandard vor 1995,
- Stufe 3: Gebäudestandard nach 1995,
- Stufe 4: Gebäudestandard nach 2005,
- Stufe 5: Aufwändiger und hochwertiger Gebäudestandard.

In Bild 7.2 sind die Beschreibungen der Standardstufen für Außenwände, Dach, Fenster und Außentüren sowie Innenwände und Innentüren aufgeführt. Den verschiedenen Bauteilen sind unterschiedliche Wägungsanteile zugeordnet:

- 23 % für Außenwände,
- 15 % für das Dach,
- 11 % für Fenster und Außentüren,
- 11 % für Innenwände und Innentüren.

	Standardstufe					Wägungsanteil
	1	2	3	4	5	
Außenwände	Holzfachwerk, Ziegelmauerwerk; Fugenglattstrich, Putz, Verkleidung mit Faserzementplatten, Bitumenschindeln oder einfachen Kunststoffplatten; kein oder deutlich nicht zeitgemäßer Wärmeschutz (vor ca. 1980)	ein-/zweischaliges Mauerwerk, z. B. Gitterziegel oder Hohlblocksteine; verputzt und gestrichen oder Holzverkleidung; nicht zeitgemäßer Wärmeschutz (vor ca. 1995)	ein-/zweischaliges Mauerwerk, z. B. aus Leichtziegeln, Kalksandsteinen, Gasbetonsteinen; Edelputz; Wärmedämmverbundsystem oder Wärmedämmputz (nach ca. 1995)	Verblendmauerwerk, zweischalig, hinterlüftet, Vorhangfassade (z. B. Naturschiefer); Wärmedämmung (nach ca. 2005)	aufwendig gestaltete Fassaden mit konstruktiver Gliederung (Säulenstellungen, Erker etc.), Sichtbeton-Fertigteile, Natursteinfassade, Elemente aus Kupfer-/Eloxalblech, mehrgeschossige Glasfassaden; Dämmung im Passivhausstandard	23
Dach	Dachpappe, Faserzementplatten/Wellplatten; keine bis geringe Dachdämmung	einfache Betondachsteine oder Tondachziegel, Bitumenschindeln; nicht zeitgemäße Dachdämmung (vor ca. 1995)	Faserzement-Schindeln, beschichtete Betondachsteine und Tondachziegel, Folienabdichtung; Rinnen und Fallrohre aus Zinkblech; Dachdämmung (nach ca. 1995)	glasierte Tondachziegel, Flachdachausbildung tlw. als Dachterrassen; Konstruktion in Brettschichtholz, schweres Massivflachdach; besondere Dachformen, z. B. Mansarden-, Walmdach; Aufsparrendämmung, überdurchschnittliche Dämmung (nach ca. 2005)	hochwertige Eindeckung z. B. aus Schiefer oder Kupfer, Dachbegrünung, befahrbares Flachdach; aufwendig gegliederte Dachlandschaft, sichtbare Bogendachkonstruktionen; Rinnen und Fallrohre aus Kupfer; Dämmung im Passivhausstandard	15
Fenster und Außentüren	Einfachverglasung; einfache Holztüren	Zweifachverglasung (vor ca. 1995); Haustür mit nicht zeitgemäßem Wärmeschutz (vor ca. 1995)	Zweifachverglasung (nach ca. 1995), Rollläden (manuell); Haustür mit zeitgemäßem Wärmeschutz (nach ca. 1995)	Dreifachverglasung, Sonnenschutzglas, aufwendigere Rahmen, Rollläden (elektr.); höherwertige Türanlage z. B. mit Seitenteil, besonderer Einbruchschutz	große feststehende Fensterflächen, Spezialverglasung (Schall- und Sonnenschutz); Außentüren in hochwertigen Materialien	11
Innenwände und -türen	Fachwerkwände, einfache Putze/Lehmputze, einfache Kalkanstriche; Füllungstüren, gestrichen, mit einfachen Beschlägen ohne Dichtungen	massive tragende Innenwände, nicht tragende Wände in Leichtbauweise (z. B. Holzständerwände mit Gipskarton), Gipsdielen; leichte Türen, Stahlzargen	nicht tragende Innenwände in massiver Ausführung bzw. mit Dämmmaterial gefüllte Ständerkonstruktionen; schwere Türen, Holzzargen	Sichtmauerwerk, Wandvertäfelungen (Holzpaneele); Massivholztüren, Schiebetürelemente, Glastüren, strukturierte Türblätter	gestaltete Wandabläufe (z. B. Pfeilervorlagen, abgesetzte oder geschwungene Wandpartien); Vertäfelungen (Edelholz, Metall), Akustikputz, Brandschutzverkleidung; raumhohe aufwendige Türelemente	11

Bild 7.2 Beschreibung der Gebäudestandards für freistehende Ein-und Zweifamilienhäuser, Doppel- und Reihenhäuser, Auszug aus *NHK 2010* Tabelle 1

Weitere Beschreibungen der Standardstufen für Deckenkonstruktion und Treppen, Fußböden, Sanitäreinrichtungen, Heizung und sonstige technische Ausstattung sind in Bild 7.3 aufgeführt. Den verschiedenen Bauteilen sind folgende unterschiedliche Wägungsanteile zugeordnet:

- 11 % für Deckenkonstruktion und Treppen,
- 5 % für Fußböden,
- 9 % für Sanitäreinrichtungen,
- 9 % für Heizung und
- 6 % sonstige technische Ausstattung.

Mit dem Korrekturfaktor 1,05 für freistehende Zweifamilienhäuser ergeben sich die Kostenkennwerte für Standard Stufe 3 und Stufe 4 gemäß Tabelle 7.2

Tabelle 7.2 Kostenkennwert für freistehende Zweifamilienhäuser

Standard	Tabellenwert 1.13	Korrekturfaktor	Kostenkennwert
Stufe 3	850,00 €/m² BGF	1,05	892,50 €/m² BGF
Stufe 4	1025,00 €/m² BGF	1,05	1076,25 €/m² BGF
Quelle: NHK 2010			

Den verschiedenen Bauteilen des Gebäudes werden die Qualitätsmerkmale der Standardstufen gemäß *NHK 2010* anteilig zugeordnet. Mithilfe der Wägungsanteile aus *NHK 2010* kann ein gewichteter Kostenkennwert für das ganze Bauwerk ermittelt werden. Je nach gewähltem Standard werden in Tabelle 7.3 die einzelnen Bauteile anteilig den Stufen 3 und 4 zugeordnet. Die anteiligen Kostenkennwerte der einzelnen Bauteile berechnen sich wie exemplarisch für die Außenwände ausgeführt:

$$1076{,}25\ \frac{€}{m^2\ BGF} \cdot 23\,\% = 247{,}54\ \frac{€}{m^2\ BGF}$$

	Standardstufe					Wägungs-anteil
	1	2	3	4	5	
Decken-konstruktion und Treppen	Holzbalkendecken ohne Füllung, Spalierputz; Weichholztreppen in einfacher Art und Ausführung; kein Trittschallschutz	Holzbalkendecken mit Füllung, Kappendecken; Stahl- oder Hartholztreppen in einfacher Art und Ausführung	Beton- und Holzbalkendecken mit Tritt- und Luftschallschutz (z. B. schwimmender Estrich); geradläufige Treppen aus Stahlbeton oder Stahl, Harfentreppe, Trittschallschutz	Decken mit größerer Spannweite, Deckenverkleidung (Holzpaneele/Kassetten); gewendelte Treppen aus Stahlbeton oder Stahl, Hartholztreppenanlage in besserer Art und Ausführung	Decken mit großen Spannweiten, gegliedert, Deckenvertäfelungen (Edelholz, Metall); breite Stahlbeton-, Metall- oder Hartholztreppenanlage mit hochwertigem Geländer	11
Fußböden	ohne Belag	Linoleum-, Teppich-, Laminat- und PVC-Böden einfacher Art und Ausführung	Linoleum-, Teppich-, Laminat- und PVC-Böden besserer Art und Ausführung, Fliesen, Kunststeinplatten	Natursteinplatten, Fertigparkett, hochwertige Fliesen, Terrazzobelag, hochwertige Massivholzböden auf gedämmter Unterkonstruktion	hochwertiges Parkett, hochwertige Natursteinplatten, hochwertige Edelholzböden auf gedämmter Unterkonstruktion	5
Sanitär-einrichtungen	einfaches Bad mit Stand-WC, Installation auf Putz, Ölfarbenanstrich, einfache PVC-Bodenbeläge	1 Bad mit WC, Dusche oder Badewanne; einfache Wand- und Bodenfliesen, teilweise gefliest	1 Bad mit WC, Dusche und Badewanne, Gäste-WC; Wand- und Bodenfliesen, raumhoch gefliest	1 – 2 Bäder mit tlw. zwei Waschbecken, tlw. Bidet/ Urinal, Gäste-WC, bodengleiche Dusche; Wand- und Bodenfliesen; jeweils in gehobener Qualität	mehrere großzügige, hochwertige Bäder, Gäste-WC; hochwertige Wand- und Bodenplatten (oberflächenstrukturiert, Einzel- und Flächendekors)	9
Heizung	Einzelöfen, Schwerkraftheizung	Fern- oder Zentralheizung, einfache Warmluftheizung, einzelne Gasaußenwandthermen, Nachtstromspeicher-, Fußbodenheizung (vor ca. 1995)	elektronisch gesteuerte Fern- oder Zentralheizung, Niedertemperatur- oder Brennwertkessel	Fußbodenheizung, Solarkollektoren für Warmwassererzeugung, zusätzlicher Kaminanschluss	Solarkollektoren für Warmwassererzeugung und Heizung, Blockheizkraftwerk, Wärmepumpe, Hybrid-Systeme; aufwendige zusätzliche Kaminanlage	9
Sonstige technische Ausstattung	sehr wenige Steckdosen, Schalter und Sicherungen, kein Fehlerstromschutzschalter (FI-Schalter), Leitungen teilweise auf Putz	wenige Steckdosen, Schalter und Sicherungen	zeitgemäße Anzahl an Steckdosen und Lichtauslässen, Zählerschrank (ab ca. 1985) mit Unterverteilung und Kippsicherungen	zahlreiche Steckdosen und Lichtauslässe, hochwertige Abdeckungen, dezentrale Lüftung mit Wärmetauscher, mehrere LAN- und Fernsehanschlüsse	Video- und zentrale Alarmanlage, zentrale Lüftung mit Wärmetauscher, Klimaanlage, Bussystem	6

Bild 7.3 Beschreibung der Gebäudestandards für freistehende Ein-und Zweifamilienhäuser, Doppel- und Reihenhäuser, Auszug aus *NHK 2010* Tabelle 1

Tabelle 7.3 Ermittlung eines gewichteten Kostenkennwerts für ein Gebäude

Bauteile	Standard Stufe 3	Standard Stufe 4	Wägungs-anteil	Kostenkenn-wert anteilig
Außenwände		1	23	247,54
Dach		1	15	161,44
Fenster und Außentüren	1		11	98,18
Innenwände und -türen	0,5	0,5	11	108,28
Deckenkonstruktion und Treppen	1		11	98,18
Fußböden		1	5	53,81
Sanitäreinrichtungen	0,5	0,5	9	88,59
Heizung	0,5	0,5	9	88,59
Sonstige technische Aus-stattung	0,5	0,5	6	59,06
Kostenkennwert (Summe)				**1003,67**
Gemäß NHK 2010, anteilige Zuordnung der Standardstufen gewählt				

Der Baupreis ist der Gebäudewert mit dem Kostenstand 2010. Dieser beträgt für die Stadtvilla mit 317,74 m^2 BGF gemäß Formel 7.2:

$$1003{,}67\ \frac{€}{m^2\ BGF} \cdot 317{,}74\ m^2\ BGF = 318.906{,}11\ € \qquad (7.2)$$

Dies entspricht den Normalherstellungskosten 2010 für die Stadtvilla mit Kostenstand 2010.

Der Baupreis muss entsprechend der Entwicklung des Baupreisindex auf den Wertermittlungsstichtag 2. Quartal 2025 umgerechnet werden (Formel 7.3). Die Baupreisindizes können den Tabellen 5.1 und 5.2 in Kapitel 5 entnommen werden.

$$P_{25} = P_{10} \cdot \frac{I_{A21}}{I_{A10}} \cdot \frac{I_{B25}}{I_{B21}} = 318.906{,}11€ \cdot \frac{127{,}0}{90{,}1} \cdot \frac{133{,}6}{100{,}0} = 600.548{,}70\ € \qquad (7.3)$$

Baupreisindex für Wohngebäude (2015=100) für 2010 Index = 90,1; für 2021= 127,0 (Tabelle 5.1)

Baupreisindex für Wohngebäude (2021=100) für 2. Quartal 2025 Index = 133,6 (Tabelle 5.2)

Wertminderungsfaktor wegen Alters

Der Alterswertminderungsfaktor entspricht dem Verhältnis der Restnutzungsdauer zur Gesamtnutzungsdauer (Formel 7.4).

$$\frac{\text{Restnutzungsdauer}}{\text{Gesamtnutzungsdauer}} \cdot 100\,\% = \frac{11\text{ Jahre}}{80\text{ Jahre}} \cdot 100\,\% = 13{,}75\,\% \tag{7.4}$$

Gesamtnutzungsdauer für Zweifamilienhäuser nach ImmoWertV: 80 Jahre

Baujahr Stadtvilla 2013, Alter 11 Jahre, Restnutzungsdauer 69 Jahre

Damit wird der Altersminderungsbetrag (Formel 7.5):

$$600.548{,}70\text{ €} \cdot 13{,}75\,\% = 82.575{,}45\text{ €} \tag{7.5}$$

Der Bauwert des Gebäudes wird berechnet zu (Formel 7.6):

$$600.548{,}70\text{ €} - 82.575{,}45\text{ €} = 517.973{,}25\text{ €} \tag{7.6}$$

Die Berechnung des Sachwerts von Gebäude und Grundstück wird in Tabelle 7.4 durchgeführt.

Tabelle 7.4 Sachwert

Bauwert	517 973,25 €
Bodenwert	224 825,00 €
Sachwert	**742 798,25 €**
Gemäß NHK 2010	

Der Sachwert beschreibt den Wert der Gebäudesubstanz zum entsprechenden Zeitpunkt. Eine weitere Möglichkeit ist die Berechnung des Ertragswerts. Gewöhnlich kommen jedoch beide Verfahren zu unterschiedlichen Ergebnissen.

7.1.3 Ertragswertverfahren

Das Ertragswertverfahren gemäß *Immobilienwertermittlungsverordnung* (ImmoWertV) dient der Bewertung von Grundstücken auf Basis der Rendite, die sich aus der Nutzung des Grundstücks ergibt. Grundlage ist die marktüblich erzielbare Miete oder Pacht. Dieses Verfahren eignet sich insbesondere für gewerblich genutzte Immobilien, da sich deren wirtschaftlicher Wert am zuverlässigsten über die Ertragskraft bestimmen lässt.

Das Verfahren basiert auf dem sogenannten Reinertragsprinzip. Der jährliche *Reinertrag* ergibt sich aus dem *Rohertrag*, also den Bruttoeinnahmen, abzüglich der *Bewirtschaftungskosten*. Dazu zählen unter anderem:

- Verwaltungskosten,
- Betriebskosten,
- Instandhaltungskosten,
- Mietausfallwagnis.

Die Ermittlung des Ertragswerts erfolgt in zwei Schritten:

1. **Ertragswert der baulichen Anlagen**
   - Ermittlung der Jahresrohmiete,
   - Abzug der Bewirtschaftungskosten zur Berechnung des Reinertrags,
   - Abzug des Bodenwertverzinsungsbetrags,
   - Kapitalisierung des verbleibenden Reinertrags über die Restnutzungsdauer der baulichen Anlagen unter Anwendung eines objektspezifisch angepassten Liegenschaftszinssatzes (z. B. 5 % bei Mietwohnungsgrundstücken, bis zu 6,5 % bei Geschäftsgrundstücken).
2. **Bodenwert**
   - Separat ermittelt und dem Ertragswert der baulichen Anlagen hinzugerechnet.

Der Ermittlung des Bodenwertverzinsungsbetrags und der Kapitalisierung des jährlichen Reinertragsanteils der baulichen Anlagen ist jeweils derselbe objektspezifisch angepasste Liegenschaftszinssatz zugrunde zu legen. Die Kapitalisierungsdauer entspricht der Restnutzungsdauer der baulichen Anlagen.

Auch dieses Bewertungsergebnis muss durch die Marktfaktoren korrigiert werden. Bei einer unter 30 Jahre liegenden Restnutzungsdauer ergibt sich bei niedriger nachhaltiger Miete unter Umständen die Schwierigkeit, dass der kapitalisierte Gebäudereinertrag unter den Bodenwert absinkt.

7.1.4 Varianten des Ertragswertverfahrens

Residualverfahren (Bauträgerverfahren)

Beim Residualverfahren wird der Grundstückswert aus den Ertragskomponenten einer optimalen, städtebaulich zulässigen Bebauung abgeleitet. Dabei werden sämtliche Kosten – etwa für Planung, Finanzierung, Bauausführung und Vermarktung sowie ein kalkulierter Bauträgergewinn gegengerechnet. Das Verfahren eignet sich besonders für die Projektentwicklung und Grundstücksbewertung im Rahmen von Investitionsentscheidungen.

Barwertverfahren

Das Barwertverfahren basiert auf der Abzinsung aller zukünftigen Nettozahlungen auf einen festgelegten Bewertungsstichtag. Im Gegensatz zum klassischen Ertragswertverfahren werden hier sämtliche Einnahmen und Ausgaben über den Investitionszeitraum hinweg quantifiziert. Die Methode ist besonders bei komplexen Investitionsvorhaben relevant, erfordert jedoch eine realistische Einschätzung langfristiger Entwicklungen, beispielsweise bei Mieterträgen, Instandhaltungskosten oder Leerstands-Risiken. In der Praxis lässt sich das Barwertverfahren sinnvoll mit dem Residualverfahren kombinieren.

Übungsbeispiel 7.3

Wertermittlung von Immobilien – Ertragswert Beispielprojekt Stadtvilla

---

Für das *Beispielprojekt Stadtvilla* wird der Jahres-Rohertrag mit Formel 7.7 berechnet.

$$\text{Jahres–Rohertrag} = 192\ \text{m}^2 \cdot 12{,}40\ \frac{€}{\text{m}^2} \cdot 12\ \text{Monate} = 28.569{,}60\ € \quad (7.7)$$

Wohnfläche 192 m^2

Angenommene örtliche Monatsmiete inklusive Nebenkosten 12,40 €/m^2

1 Jahr = 12 Monate

Die *Bewirtschaftungskosten* sind die für eine ordnungsgemäße Bewirtschaftung und zulässige Nutzung entstehenden regelmäßigen Aufwendungen, die nicht durch Umlagen oder sonstige Kostenübernahmen gedeckt sind. Zu den Bewirtschaftungskosten gehören

- die Verwaltungskosten,
- die Instandhaltungskosten,
- das Mietausfallwagnis und
- die Betriebskosten

Verwaltungskosten umfassen insbesondere die Kosten der zur Verwaltung des Grundstücks erforderlichen Arbeitskräfte und Einrichtungen, die Kosten der Aufsicht und die Kosten der Geschäftsführung sowie den Gegenwert der von Eigentümerseite persönlich geleisteten Verwaltungsarbeit (Tabelle 7.5).

Tabelle 7.5 Verwaltungskosten bei Wohnnutzung

Jährliche Kosten	je Einheit
298,00 €	Wohnung bzw. Wohngebäude bei Ein- und Zweifamilienhäusern
357,00 €	Eigentumswohnung
39,00 €	Garage oder Stellplatz
Gemäß *Immobilienwertermittlungsverordnung* (ImmoWertV), Stand 2021	

Für das *Beispielprojekt „Stadtvilla"* sind die jährlichen Verwaltungskosten mit Formel 7.8 ermittelbar.

$$(298{,}00\ € + 39{,}00\ €) \cdot 2 = 674{,}00\ € \tag{7.8}$$

Instandhaltungskosten umfassen die Kosten, die im langjährigen Mittel infolge Abnutzung oder Alterung zur Erhaltung des der Wertermittlung zugrunde gelegten Ertragsniveaus der baulichen Anlagen während ihrer Restnutzungsdauer marktüblich aufgewendet werden müssten (Tabelle 7.6).

Tabelle 7.6 Instandhaltungskosten bei Wohnnutzung

Jährliche Kosten	je Einheit
11,70 €	m^2 Wohnfläche, wenn Schönheitsreparaturen von den Mietern getragen werden
88,00 €	je Garage oder Stellplatz einschließlich der Kosten für Schönheitsreparaturen
Gemäß *Immobilienwertermittlungsverordnung* (ImmoWertV), Stand 2021	

Für das Beispielprojekt Stadtvilla sind die jährlichen Instandhaltungskosten mit Formel 7.9 berechenbar.

$$\left(11{,}70\ \frac{€}{m^2} \cdot 192\ m^2\right) + (2 \cdot 88{,}00\ €) = 2422{,}40\ € \tag{7.9}$$

Das *Mietausfallwagnis* (Tabelle 7.7) umfasst

- das Risiko einer Ertragsminderung, die durch Zahlungsrückstände von Mieten, Pachten und sonstigen Einnahmen oder durch vorübergehenden Leerstand von Grundstücken oder Grundstücksteilen entstehen, die zur Vermietung, Verpachtung oder sonstigen Nutzung bestimmt sind,
- das Risiko von bei Zahlungsrückständen oder vorübergehendem Leerstand anfallenden zusätzlich vom Eigentümer zu tragenden Bewirtschaftungskosten sowie
- das Risiko von Kosten einer Rechtsverfolgung auf Zahlung, auf Aufhebung eines Mietverhältnisses oder auf Räumung.

Tabelle 7.7 Mietausfallwagnis bei Wohnnutzung

Jährliche Kosten je Einheit
Pauschal 2 % des marktüblichen Rohertrags
Gemäß *Immobilienwertermittlungsverordnung* (ImmoWertV), Stand 2021

Für das *Beispielprojekt Stadtvilla* wird das Mietausfallwagnis mit Formel 7.10 berechnet zu

$$28.569{,}60\ € \cdot 2\ \% = 571{,}39\ € \quad (7.10)$$

Betriebskosten sind gemäß § 556 Absatz 1 Satz 2 des *Bürgerlichen Gesetzbuchs* (BGB) die Kosten, die dem Eigentümer durch das Eigentum am Grundstück oder durch den bestimmungsmäßigen Gebrauch des Gebäudes, der Nebengebäude, Anlagen, Einrichtungen und des Grundstücks laufend entstehen.

Zu den Betriebskosten gehören gemäß *Betriebskostenverordnung (BetrKV)* insbesondere

- die Grundsteuer und andere öffentliche Lasten des Grundstücks,
- Kosten für Wasserversorgung und Entwässerung, für Heizung und Warmwasser,
- Kosten für Aufzüge, Straßenreinigung und Müllbeseitigung,
- Kosten für Gebäudereinigung, Gartenpflege und Schornsteinreinigung,
- Kosten für Sach- und Haftpflichtversicherung sowie für den Hauswart.

Die Betriebskosten werden häufig getrennt von den Bewirtschaftungskosten ausgewiesen. Bei vermieteten Objekten werden die Betriebskosten auf die Mieter umgelegt.

Die Betriebskosten für das Beispielprojekt Stadtvilla betragen jährlich 7200,00 €.

Für die Bewirtschaftungskosten bei gewerblichen Immobilien sind in der *ImmoWertV* weitere Kostenansätze aufgeführt.

Der jährliche Reinertrag lässt sich wie in Tabelle 7.8 berechnen.

Tabelle 7.8 Jährlicher Reinertrag für das Beispielprojekt Stadtvilla

Rohertrag		**28 569,60 €**
Verwaltungskosten	674,00 €	
Instandhaltungskosten	2422,40 €	
Mietausfallwagnis	571,39 €	
Betriebskosten	7200,00 €	
Bewirtschaftungskosten insgesamt	**10 867,79 €**	–10 867,79 €
Reinertrag		**17 701,81 €**
Gemäß *Immobilienwertermittlungsverordnung* (ImmoWertV), Stand 2021		

Der Anteil des Bodens am Reinertrag muss vom gesamten Reinertrag abgezogen werden, um den Reinertragsanteil des Gebäudes zu erhalten. Durch Verzinsung des Bodenwerts mit dem *Liegenschaftszins* erhält man den Reinertragsanteil des Bodens.

Liegenschaftszinssätze sind die Zinssätze, mit denen der Wert von Grundstücken abhängig von der Grundstücksart durchschnittlich und marktüblich verzinst wird. Bei der Bewertung bebauter Grundstücke gelten nach *Bewertungsgesetz* (BewG) die folgenden Liegenschaftszinssätze:

- 2,5 % für Ein- und Zweifamilienhäuser,
- 3,0 % für Wohnungseigentum,
- 4,0 % für Mietwohngrundstücke mit bis zu sechs Wohnungen,
- 4,5 % für Mietwohngrundstücke mit mehr als sechs Wohnungen.

Der Reinertragsanteil des Bodens für das *Beispielprojekt Stadtvilla* beträgt (Formel 7.11):

$$224.825\ € \cdot 2{,}5\ \% = 5620{,}63\ € \tag{7.11}$$

Somit ergibt sich der jährliche Reinertragsanteil des Gebäudes gemäß Tabelle 7.9.

Tabelle 7.9 Reinertragsanteil des Gebäudes (der baulichen Anlagen)

Jährlicher Reinertrag	17 701,81 €
Reinertragsanteil des Bodens	–5620,63 €
Reinertragsanteil des Gebäudes	**12 081,18 €**
Gemäß *Immobilienwertermittlungsverordnung* (ImmoWertV), Stand 2021, *Bewertungsgesetz* (BewG), Stand 2022	

Mithilfe des Kapitalisierungsfaktors KF kann der Ertragswert des Gebäudes, also der baulichen Anlagen berechnet werden. KF ist dabei der jährliche nachschüssige Rentenbarwertfaktor für die Kapitalisierung. Nach *Bewertungsgesetz* (BGes) § 256 ist für Ein- und Zweifamilienhäuser ein Liegenschaftszinssatz von 2,5 % anzusetzen (Formel 7.12).

$$KF = \frac{q^n - 1}{q^n \cdot (q - 1)} = \frac{1{,}025^{69} - 1}{1{,}025^{69} \cdot (1{,}025 - 1)} = 32{,}72 \tag{7.12}$$

$q = 1 + LZ = 1 + 0{,}025 = 1{,}025$

$LZ = p/100 = 2{,}5/100 = 0{,}025$ Liegenschaftszins; Zinsfuß $p = 2{,}5$

$n = 69$ Jahre Restnutzungsdauer, Alter des Gebäudes 11 Jahre, Gesamtnutzungsdauer 80 Jahre gemäß ImmoWertV

Der *Ertragswert des Gebäudes* ergibt sich aus dem jährlichem Reinertragsanteil des Gebäudes und dem Kapitalisierungsfaktor KF zu (Formel 7.13):

$$12.081{,}18\ € \cdot 32{,}72 = 395.296{,}21\ € \tag{7.13}$$

Reinertragsanteil des Gebäudes 12 081,18 €

Kapitalisierungsfaktor KF = 32,72

Der Ertragswert des Gebäudes stellt somit den *Barwert* des Kapitals dar, das über die Restnutzungsdauer von 69 Jahren des Gebäudes durch den Reinertragsanteil des Gebäudes erzielt werden kann.

Damit kann der Ertragswert von Gebäude und Grundstück berechnet werden (Tabelle 7.10).

Tabelle 7.10 Ertragswert von Gebäude und Grundstück

Ertragswert des Gebäudes	395 296,21 €
Bodenwert des Grundstücks	224 825,00 €
Ertragswert von Gebäude und Grundstück	**620 121,21 €**
Gemäß *Immobilienwertermittlungsverordnung* (ImmoWertV), Stand 2021	

Die Ergebnisse beider Verfahren unterscheiden sich erwartungsgemäß:

- Ergebnis Sachwertverfahren: 744 599,90 €,
- Ergebnis Ertragswertverfahren: 620 121,21 €.

Um den Verkehrswert besser abschätzen können, ist zusätzlich das Vergleichswertverfahren hilfreich. Sofern also Vergleichswerte von ähnlichen Immobilien zeitnah und aus ähnlicher Lage zur Verfügung stehen, können diese zur weiteren Abschätzung eines Verkehrswerts herangezogen werden.

7.2 Übungsaufgaben

Übungsaufgabe 7.1

Wertermittlung von Immobilien – Bodenwert Einfamilienhaus mit Einliegerwohnung, nicht unterkellert

Für das Grundstück eines Einfamilienhauses mit Einliegerwohnung ist der Bodenwert zu berechnen. Grundstücksfläche GF = 661,27 m², aktueller Bodenrichtwert BRW = 340,00 €/m².

Übungsaufgabe 7.2

Wertermittlung von Immobilien – Sachwert Einfamilienhaus mit Einliegerwohnung, nicht unterkellert

Für das Einfamilienhaus mit Einliegerwohnung der Übungsaufgabe 7.1 ist der Sachwert für Februar 2025 zu berechnen.

Das Einfamilienhaus ist nicht unterkellert, es hat ein Erdgeschoss sowie ein voll ausgebautes Dachgeschoss. Für die Gebäudearten 1.21 Ein- und Zweifamilienhäuser, 2.21 Doppelhäuser und Reihenendhäuser sowie 3.21 Reihenmittelhäuser sind in Tabelle 7.11 die Kostenkennwerte aus NHK 2010 wiedergegeben. Die Zuordnung der Standardstufen und die Wägungsanteile können aus Tabelle 7.3 übernommen werden.

Mit dem Baujahr 1995 kann das Gebäude der Stufe 3: Gebäudestandard nach 1995 gemäß *NHK 2010* zugeordnet werden. Für teilweise hochwertigere Ausstattungen bei Fenster und Außentüren, Sanitäreinrichtungen und sonstiger technischer Ausstattung gilt anteilig zu 50 % Stufe 4: Gebäudestandard nach 2005.

Tabelle 7.11 Auszug aus Normalherstellungskosten 2010 (*NHK 2010*)

€/m² BGF[a)]	Gebäude, Erdgeschoss, nicht unterkellert, Dachgeschoss voll ausgebaut				
Standardstufe	1	2	3	4	5
Freistehende Einfamilienhäuser 1.21[b)]	790	875	1005	1215	1515
Doppelhäuser und Reihenendhäuser 2.21	740	825	945	1140	1425
Reihenmittelhäuser 3.21	695	770	885	1065	1335

a) Einschließlich Baunebenkosten in Höhe von 17 %; b) Korrekturfaktor für freistehende Zweifamilienhäuser 1,05; Quelle: *NHK 2010*

Das EFH hat eine Bruttogrundfläche (BGF) von 338,85 m^2. Baupreisindizes können den Tabellen 5.1 und 5.2 entnommen werden. Die Gesamtnutzungsdauer für Einfamilienhäuser soll nach ImmoWertV mit 80 Jahren angenommen werden. Das Einfamilienhaus wurde 1996 fertiggestellt.

Übungsaufgabe 7.3

Wertermittlung von Immobilien – Ertragswert Einfamilienhaus mit Einliegerwohnung, nicht unterkellert

Für das Einfamilienhaus mit Einliegerwohnung der Übungsaufgabe 7.2 soll der Ertragswert berechnet werden.

Das EFH hat eine Wohnfläche von 260,65 m^2. Die örtlich übliche Monatsmiete inklusive Nebenkosten beträgt 10,50 €/m^2. Zum Wohngebäude gehört auch eine Garage. Die Betriebskosten für das Einfamilienhaus betragen jährlich 7200,00 €.

8 Nutzungskosten, Lebenszykluskosten

Studienziele

Das Kapitel soll dem Leser grundlegende Kenntnisse ermöglichen über

- Nutzungskosten nach *DIN 18960* und Lebenszykluskosten gemäß *GEFMA*.

8.1 Nutzungskosten im Hochbau nach DIN 18960

Neben der *DIN 276*, die sich ausschließlich mit den Investitionskosten im Bauwesen befasst, ist die *DIN 18960* Nutzungskosten im Hochbau als gleichrangige Norm zu betrachten. Sie definiert einheitliche Grundsätze zur Ermittlung und Fortschreibung der *Nutzungskosten* baulicher Anlagen und ermöglicht, in Verbindung mit *DIN 276* und *DIN 277*, eine durchgängige *Kosten-Nutzen-Analyse* vom Bau bis zur Nutzung eines Gebäudes.

Die Norm enthält klare Begriffsbestimmungen, Abgrenzungen und eine strukturierte Gliederung der Nutzungskosten. Ziel ist es, die Ermittlung nach einheitlichen Kriterien zu ermöglichen und damit eine Vergleichbarkeit zwischen verschiedenen Bauobjekten herzustellen. Sie bildet eine wesentliche Grundlage für die Wirtschaftlichkeitsprüfung eines Bauwerks, sowohl in der Planungsphase als auch über dessen gesamte Nutzungsdauer hinweg.

DIN 18960 Nutzungskosten im Hochbau

Analog zur *DIN 276* unterscheidet die *DIN 18960* folgende *Stufen der Kostenermittlung*:

- Nutzungskosten-Rahmen,
- Nutzungskosten-Schätzung,
- Nutzungskosten-Berechnung,
- Nutzungskosten-Anschlag,
- Nutzungskosten-Feststellung.

Die Gliederung erfolgt je nach gewünschtem Detaillierungsgrad in drei Ebenen mit dreistelligen Ordnungszahlen. In der ersten Gliederungsebene werden die Nutzungskosten in vier Hauptkostengruppen unterteilt (Tabelle 8.1). Bei Bedarf kann eine weitere Differenzierung in der zweiten und dritten Ebene erfolgen.

Tabelle 8.1 Nutzungskosten-Gruppen nach *DIN 18960* Nutzungskosten im Hochbau

1. Ebene	2. Ebene
100 Kapitalkosten	110 Fremdmittel 120 Eigenmittel
200 Verwaltungskosten	210 Eigenpersonalkosten 220 Eigensachkosten 230 Fremdleistungen 290 Objektmanagementkosten, Sonstiges
300 Betriebskosten	310 Versorgung 320 Entsorgung 330 Reinigung und Pflege von Gebäuden 340 Reinigung und Pflege von Außenanlagen 350 Bedienung, Inspektion und Wartung 360 Sicherheits- und Überwachungsdienste 370 Abgaben und Beiträge 390 Betriebskosten, Sonstiges
400 Instandsetzungskosten	410 Instandsetzung der Baukonstruktion 420 Instandsetzung der technischen Anlagen 430 Instandsetzung der Außenanlagen 440 Instandsetzung der Ausstattung 490 Instandsetzungskosten, Sonstiges

Quelle: *DIN 18960* Nutzungskosten im Hochbau

Definition

Nutzungskosten sind alle regelmäßig oder unregelmäßig wiederkehrenden Kosten, die während der Nutzungszeit eines Gebäudes und seines Grundstücks entstehen – von der Inbetriebnahme bis zur Beseitigung. Dazu zählen insbesondere Betriebs- und

Folgekosten. Nicht zu den Nutzungskosten gehören betriebsspezifische oder produktionsbedingte Aufwendungen, sofern sie klar von den eigentlichen Nutzungskosten abgrenzbar sind, etwa die Betriebskosten einer Flaschenabfüllanlage.

Anwendungsbereiche

Die *DIN 18960* findet Anwendung in folgenden Bereichen:

- Informationsgewinnung und Vorausberechnung der Nutzungskosten anhand von Vergleichs- und Richtwerten,
- Wirtschaftlichkeitsuntersuchungen bestehender Hochbauten hinsichtlich Lebensdauer, Nutzungsmöglichkeiten und baulicher Gegebenheiten,
- Kontrolle der Investitionsplanung sowie der laufenden Wirtschaftsführung technischer und baulicher Anlagen,
- Entscheidungshilfe bei der Kostenplanung, insbesondere zur Substitution von Nutzungskosten durch gezielte Investitionen, z. B.:
  - höherer Bauaufwand zur Reduzierung laufender Betriebskosten,
  - Einsatz hochwertiger Materialien zur Minimierung von Folgekosten,
  - Verlängerung der Lebensdauer oder Verbesserung der Reinigungsfreundlichkeit.

Die *DIN 18960* kann als Grundlage für besondere Leistungen gemäß *HOAI* § 33 dienen, wie z. B.:

- bei der Vorplanung: Erstellung einer *Bauwerks- und Betriebskosten-Nutzen-Analyse*,
- bei der Entwurfsplanung: Durchführung von *Wirtschaftlichkeitsberechnungen* und Optimierungsmaßnahmen,
- bei der Objektbetreuung und Dokumentation: Überprüfung der Kosten-Nutzen-Analyse im laufenden Betrieb.

Geltungsbereich

Die *DIN 18960* gilt für selbstständig nutzbare Gebäude und überdachte bauliche Anlagen, die von Menschen betreten werden können und dem Schutz von Personen, Tieren oder Sachen dienen. Dazu zählen auch unterirdische Bauwerke wie Klärbehälter, Bunker, Silos, Verkehrsanlagen und sonstige Außenanlagen, sofern sie vergleichbare Schutzfunktionen erfüllen.

Kostendateien

Die systematische Erfassung von Nutzungskosten auf Basis der *DIN 18960* befindet sich noch im Aufbau. Erst in den letzten Jahren ist das Interesse an solchen Daten gestiegen. In der Praxis werden sie meist im Rahmen des Facility Managements durch die Immobilieneigentümer erhoben. Öffentliche Zugänglichkeit ist selten gegeben. Häufig sind diese Daten kostenpflichtig oder nur eingeschränkt verfügbar.

8.2 Lebenszykluskosten nach GEFMA

Als führender Fachverband im deutschsprachigen Raum entwickelt die GEFMA praxisnahe Richtlinien und Standards für ein effizientes, nachhaltiges und rechtssicheres *Facility Management*. (GEFMA – German Facility Management Association – Deutscher Verband für Facility Management e. V.)

Facility Management

Der Begriff Facility Management wird im Deutschen häufig mit Gebäudemanagement übersetzt. Während beide Begriffe ähnliche Aufgabenbereiche beschreiben, umfasst Facility Management in der Regel ein breiteres Spektrum. Neben der technischen und infrastrukturellen Betreuung von Gebäuden schließt es auch kaufmännische, strategische und nutzerorientierte Leistungen ein.

Die Veröffentlichungen der GEFMA, darunter auch Richtlinien zur Digitalisierung und zum lebenszyklusorientierten Gebäudemanagement, bieten eine wertvolle Grundlage für die strukturierte Umsetzung relevanter Prozesse.

Richtlinien der GEFMA

GEFMA 100 Facility Management – Grundlagen

GEFMA 200 Kosten im Facility Management – Kostengliederungsstruktur zu GEFMA 100

Die Richtlinie *GEFMA 100* beschreibt Begriffe und Definitionen sowie die Strukturierung und Anwendungsgebiete des Faciliy Managements. Die Richtlinie *GEFMA 200* definiert die Struktur und Kostengliederung der Lebenszykluskosten und integriert dabei die *DIN 276* Kosten im Bauwesen sowie die *DIN 18960* Nutzungskosten im Hochbau, soweit dies möglich ist.

Die Richtlinie macht auf der Basis der *DIN 276* einen Vorschlag zur Gliederung aller Kosten eines Bauwerks entsprechend seiner Lebensphasen zur Ermittlung der Betriebs- und Nutzungskosten (Tabelle 8.2). Die Richtlinie *GEFMA 200* bezieht sich auf die Facility-Management-Prozesse nach der Richtlinie *GEFMA 100*.

Tabelle 8.2 Kostengruppen nach *GEFMA 200*

Kostengruppen	Lebenszyklusphasen
KGR 0.000	Phasenübergreifende Facility-Management-Leitung
KGR 1.000	Konzeptionsphase
KGR 2.000	Planungsphase
KGR 3.000	*Errichtungsphase* (Bauphase)
KGR 4.000	Vermarktungsphase
KGR 5.000	Beschaffungsphase
KGR 6.000	*Betriebs- und Nutzungsphase*
KGR 7.000	Umbau / Umnutzung und Sanierung / Modernisierung
KGR 8.000	Leerstandsphase
KGR 9.000	*Verwertungsphase*
Quelle: Richtlinie *GEFMA 200* Kosten im Facility Management	

8.3 Der Lebenszyklus von Bauwerken

Bauwerke unterliegen einem Lebenszyklus, der sich in drei Hauptphasen einteilen lässt (Bild 8.1) Dabei handelt es sich um die *Errichtungsphase* (Bauphase), die *Betriebs- und Nutzungsphase* und die *Verwertungsphase*.

Um den Anforderungen und Zielsetzungen innerhalb der einzelnen Lebenszyklusphasen eines Bauwerks gerecht zu werden, ist die Koordination einer Vielzahl von Prozessen und Maßnahmen erforderlich. Eine zentrale Rolle spielt dabei die Digitalisierung – insbesondere durch den Einsatz von *Building Information Modeling* (BIM).

Ziel ist die ganzheitliche Betrachtung des Bauwerks über alle Phasen hinweg durch objektorientiertes Arbeiten aller Beteiligten anhand eines digitalen Bauwerksmodells. So soll ein reibungsloser Datenaustausch zwischen allen Projektpartnern ermöglicht werden. Unterstützt wird dieser Ansatz durch die GEFMA.

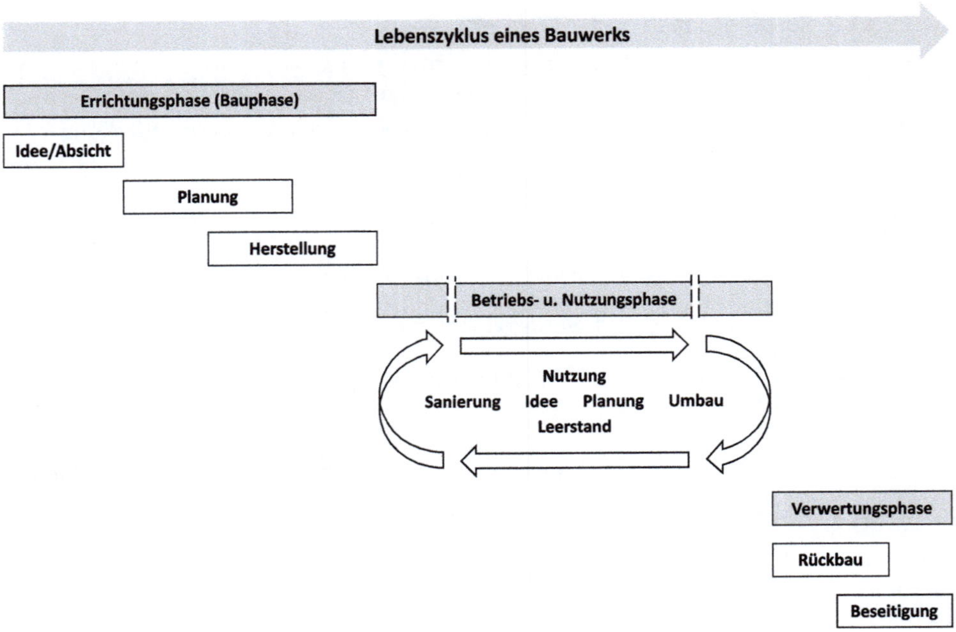

Bild 8.1 Die Hauptphasen im Lebenszyklus eines Bauwerks

Errichtungsphase (Bauphase)

Nachdem die Absicht des Bauherrn zur Umsetzung seiner Idee, also zur Realisierung des Bauprojektes erfolgt und auch die Durchführbarkeit gesichert ist, kann mit der Planung und der Herstellung des Bauwerks begonnen werden.

Ein für die Baupraxis typisches Merkmal ist, dass Planung und Herstellung nicht nacheinander, sondern mit deutlichen Überschneidungen teilweise zeitlich parallel ablaufen. Üblicherweise geschieht dies mit der Absicht, die Gesamtbauzeit zu reduzieren. Dieses Vorgehen wird mit dem Begriff „*baubegleitendes Planen*" bezeichnet. Trotz der sicherlich vorhandenen Optimierungsmöglichkeiten, führt das baubegleitende Planen jedoch häufig auch zu Problemen. Diese können sein:

- kurze Vorlaufzeiten für Planung und Ausführung,
- hohe Fehlerhäufigkeit,
- häufige Planänderungen,
- großes Konfliktpotenzial unter den Baubeteiligten.

Eine fortschreitende Digitalisierung der Prozesse, wie bereits oben beschrieben, kann hierbei sicherlich zur Verbesserung beitragen. Allerdings müssen dafür auch die notwendigen Voraussetzungen vorhanden sein bzw. geschaffen werden. Gerade kleinere Handwerksunternehmen sind hierzu häufig noch nicht in der Lage.

Betriebs- und Nutzungsphase

Die Betriebs- und Nutzungsphase stellt normalerweise den größten Zeitraum im Lebenszyklus eines Bauwerks dar. Nachdem die Übergabe an den Bauherrn erfolgt ist, wird das Bauwerk für den vorgesehenen Zweck genutzt und betrieben.

In der Immobilienwirtschaft werden der Betrieb und die Bewirtschaftung von Gebäuden an das *Gebäudemanagement* übertragen. Dabei handelt es sich um Dienstleistungsunternehmen, die dem Nutzer eine weitestgehend uneingeschränkte Fokussierung auf seine Kernaufgaben ermöglichen. Das Gebäudemanagement trägt auch zum Werterhalt einer Immobilie bei, da Aufgaben wie Wartung, Inspektion und die Veranlassung notwendiger Reparaturen ebenfalls übernommen werden.

Die Sanierung oder der Umbau von Bauwerken erfordert Maßnahmen, die teilweise bereits in der Errichtungsphase angefallen sind. Auch hierbei fallen Planungs- und Ausführungs-Tätigkeiten an, die im Einklang mit eventuell notwendigen Genehmigungen und gesetzlichen Vorgaben koordiniert werden müssen.

Verwertungsphase

Am Ende des Lebenszyklus eines Bauwerks stehen der Rückbau und die Beseitigung. Die Hauptgründe hierfür sind erhebliche Mängel an der Bausubstanz und damit einhergehende Sicherheitsrisiken sowie die Umnutzung des Grundstückes bzw. des Geländes. Häufig geht dem Entschluss zur Beseitigung eine längere Zeit ohne Nutzung (z. B. Leerstand) voraus.

Beim Rückbau eines Bauwerks sind neben der Sicherheit immer auch Aspekte der Umweltverträglichkeit und der Wiederverwertbarkeit zu berücksichtigen. Hierzu wird ein „kontrollierter Rückbau“ angestrebt, bei dem die verwendeten Baumaterialien nach Stoffen getrennt, entsorgt und zu einem möglichst hohen Anteil wieder verwendet werden.

9 Bauordnungsrecht

Studienziele

Das Kapitel soll dem Leser grundlegende Kenntnisse vermitteln über

- die gesetzlichen Grundlagen des Bauens,
- die Gesetze, Vorschriften und Richtlinien des Bundes und der Länder,
- die Grundzüge der Baugenehmigungsverfahren,
- die erforderlichen Bauvorlagen.

Das Kapitel soll dem Leser Fähigkeiten vermitteln,

- die Grundflächen nach Baunutzungsverordnung zu berechnen.

9.1 Gesetzliche Grundlagen des Bauens

Bauwerke dienen dem Aufenthalt von Menschen – sei es im privaten, gewerblichen oder öffentlichen Raum. Ihre Nutzung setzt voraus, dass sie sicher sind und keine Gefahr für Leib und Leben darstellen. Der Schutz der Nutzer ist daher ein zentrales öffentliches Anliegen.

Um diesem Schutz Rechnung zu tragen, hat sich unsere Gesellschaft im Rahmen des staatlichen Gemeinwesens verbindliche Regeln gegeben. Gesetze und Vorschriften im Bauwesen dienen dem Zweck, Menschen vor Schäden zu bewahren, sei es durch bauliche Mängel, unzureichende Sicherheitsvorkehrungen oder durch negative Auswirkungen auf die Umwelt und Nachbarschaft. Sie sind Ausdruck einer gemeinschaftlichen Verantwortung und Grundlage für ein geordnetes und sicheres Bauen (Bild 9.1).

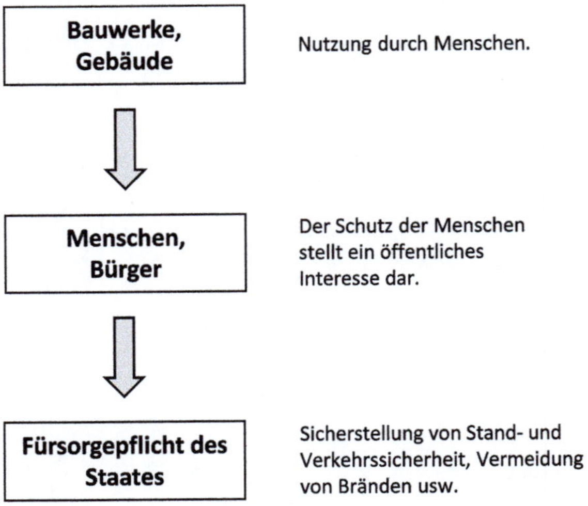

Bild 9.1
Fürsorgepflicht des Staates

9.2 Einschränkung der Baufreiheit

Die Baufreiheit ist ein Ausdruck individueller Gestaltungsfreiheit und Eigentumsnutzung. Sie findet jedoch dort ihre Grenzen, wo übergeordnete Interessen berührt werden, insbesondere der Schutz von Menschen, Umwelt und öffentlichem Raum.

So verpflichtet die staatliche Fürsorge dazu, Gefahren wie etwa die Ausbreitung von Bränden auf benachbarte Grundstücke zu verhindern. Auch städtebauliche und landschaftsbezogene Aspekte spielen eine Rolle: Bauwerke beeinflussen das Erscheinungsbild von Stadt und Land, sie können Windverhältnisse verändern oder die Frischluftzufuhr in urbanen Räumen beeinträchtigen. Aus diesen Gründen unterliegt das Bauen einer Vielzahl von Regelungen, die sicherstellen sollen, dass individuelle Bauvorhaben mit dem Gemeinwohl in Einklang stehen (Bild 9.2).

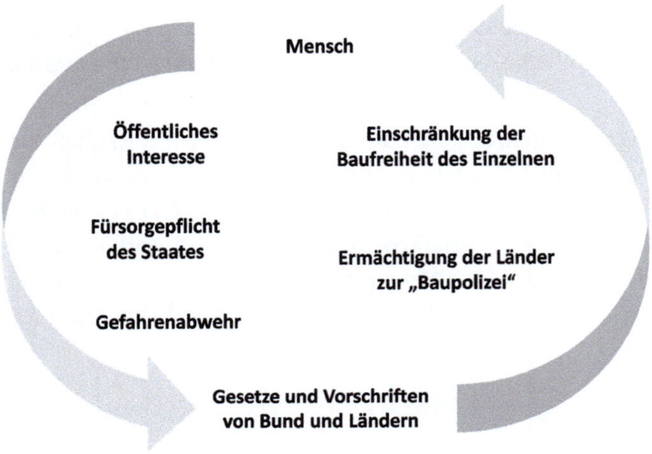

Bild 9.2
Einschränkung der Baufreiheit

9.3 Gesetze auf Bundesebene

Das *Baugesetzbuch* (BauGB) bildet die zentrale gesetzliche Grundlage für das Städtebaurecht in Deutschland. Es vereint die Regelungen des ehemaligen Bundesbaugesetzes und des Städtebauförderungsgesetzes und gliedert sich in mehrere Kapitel mit unterschiedlichen Schwerpunkten.

Im *Allgemeinen Städtebaurecht* (1. Kapitel) wird die *Bauleitplanung* geregelt – das zentrale Instrument zur Steuerung der städtebaulichen Entwicklung in den Gemeinden. Diese umfasst:

- den **Flächennutzungsplan** als vorbereitenden Bauleitplan und
- den **Bebauungsplan** als verbindlichen Bauleitplan.

Beide Planarten werden von den Gemeinden erstellt und bedürfen der Genehmigung durch die zuständige höhere Verwaltungsbehörde. Die Bauleitplanung muss sich in die übergeordneten Ziele der Raumordnung einfügen, auf Bundes-, Landes- und Kreisebene. Maßgeblich hierfür sind das *Raumordnungsgesetz* (ROG) des Bundes sowie die jeweiligen Landesraumordnungsgesetze, wie etwa das *Niedersächsische Raumordnungsgesetz* (NROG).

Die Vorschriften zur *Bodenordnung* regeln den Grundstücksverkehr, insbesondere Umlegungen, Grenzregelungen, Teilungen sowie Maßnahmen zur Erschließung und, im Ausnahmefall, zur Enteignung.

Das *Besondere Städtebaurecht* (2. Kapitel) widmet sich städtebaulichen Sanierungs- und Entwicklungsmaßnahmen. Es ermöglicht Gemeinden, Erhaltungssatzungen zu erlassen und städtebauliche Gebote zu formulieren, um bestimmte städtebauliche Ziele durchzusetzen.

Im Kapitel der *Sonstigen Vorschriften* (3. Kapitel) finden sich vor allem Verfahrensregelungen zur Wertermittlung von Grundstücken sowie zur Einrichtung und Arbeit von Gutachterausschüssen.

Ergänzt wird das *BauGB* durch eine Reihe von Verordnungen, die die praktische Umsetzung der gesetzlichen Vorgaben konkretisieren. Dazu zählen insbesondere:

- die *Baunutzungsverordnung* (BauNVO), die die zulässige bauliche Nutzung von Grundstücken regelt. Sie definiert die Art und das Maß der baulichen Nutzung sowohl im Flächennutzungsplan (Tabelle 9.1 und Bild 9.3) als auch detailliert im Bebauungsplan (Tabelle 9.2 und Bild 9.4).
- die *Planzeichenverordnung* (PlanZV), die die grafische Darstellung der Bauleitpläne normiert. Sie legt fest, wie Planzeichen – etwa Farbtöne, Linienarten und Strichstärken – verwendet werden, um Inhalte eindeutig und einheitlich darzustellen.

Tabelle 9.1 Bauliche Nutzung, Flächennutzungsplan

Wohnbauflächen (W)	Gewerbliche Bauflächen (G)
Gemischte Flächen (M)	Sonderbauflächen (S), z. B. Wochenendhausgebiet, Kurgebiet, Ladengebiet, Hochschulgebiet, Hafengebiet etc.
Gemäß *Baunutzungsverordnung* (BauNVO)	

Bild 9.3 Ausschnitt eines Flächennutzungsplans (Änderung) und Planzeichen, Bildquelle: Stadt Oldenburg (Oldb)

Tabelle 9.2 Bauliche Nutzung, Bebauungsplan

Kleinsiedlungsgebiete (WS)	Mischgebiete (MI)
Reine Wohngebiete (WR)	Kerngebiete (MK)
Allgemeine Wohngebiete (WA)	Gewerbegebiete (GE)
Besondere Wohngebiete (WB)	Industriegebiete (GI)
Dorfgebiete (MD)	Sondergebiete (SO)
Gemäß *Baunutzungsverordnung* (BauNVO)	

Bild 9.4 Ausschnitt aus Bebauungsplan und Planzeichen, Bildquelle: Stadt Oldenburg (Oldb)

9.4 Grundflächen nach Baunutzungsverordnung (BauNVO)

Das *Maß der baulichen Nutzung* beschreibt, wie intensiv ein Grundstück bebaut werden darf. Es ist ein wesentliches Steuerungselement im Städtebau und wird im Bebauungsplan festgelegt. Gemeinsam mit der Art der baulichen Nutzung, also der vorgesehenen Funktion eines Baugebiets, bildet es die Grundlage für die Beurteilung der Zulässigkeit eines Bauvorhabens.

Zur Festlegung des Maßes der baulichen Nutzung werden verschiedene Kennzahlen verwendet, die im Bebauungsplan ausgewiesen sind:

- **Grundflächenzahl (GRZ):** Gibt an, welcher Anteil der Grundstücksfläche überbaut werden darf.
- **Geschossflächenzahl (GFZ):** bestimmt das Verhältnis der gesamten Geschossfläche aller Vollgeschosse zur Grundstücksfläche.
- **Anzahl der Vollgeschosse:** begrenzt die Höhe der Bebauung.
- **Baumassenzahl (BMZ):** beschreibt das Verhältnis der Baumasse (Kubatur) zum Grundstück.

Diese Kennzahlen werden in den folgenden Abschnitten näher erläutert. Sie ermöglichen eine differenzierte Planung und sorgen dafür, dass die bauliche Entwicklung mit den städtebaulichen Zielsetzungen und den Anforderungen an Umwelt, Infrastruktur und Nachbarschaft in Einklang steht.

9.4.1 Grundflächenzahl (GRZ)

Die Grundflächenzahl (GRZ) beschreibt den Anteil eines Baugrundstücks, der durch bauliche Anlagen überdeckt werden darf. Sie wird gemäß § 19 der *Baunutzungsverordnung* (BauNVO) als Verhältniszahl angegeben und dient als zentrales Instrument zur Steuerung der baulichen Dichte in einem Gebiet. Die Grundflächenzahl (GRZ) errechnet sich mit Formel 9.1.

$$\text{GRZ} = \frac{\text{Grundfläche der baulichen Anlagen } [\text{m}^2]}{\text{Grundstücksfläche } [\text{m}^2]} \tag{9.1}$$

Je nach Art des Baugebiets und der zulässigen Anzahl der Vollgeschosse variiert die GRZ typischerweise zwischen 0,2 in Kleinsiedlungs- und Wochenendhausgebieten und bis zu 1,0 in Kerngebieten. Eine GRZ von 0,4 bedeutet beispielsweise, dass auf einem Grundstück mit 1000 m^2 Fläche maximal 400 m^2 durch bauliche Anlagen überdeckt werden dürfen.

In Tabelle 9.3 sind Orientierungswerte für das Maß der baulichen Nutzung aufgeführt.

Tabelle 9.3 Orientierungswerte für das Maß der baulichen Nutzung nach *BauNVO*

Baugebiet	Grundflächenzahl GRZ	Geschossflächenzahl GFZ	Baumassenzahl BMZ
Kleinsiedlungsgebiete WS	0,2	0,4	
Reine Wohngebiete WR Allgemeine Wohngebiete WA Ferienhausgebiete	0,4	1,2	
Besondere Wohngebiete WB	0,6	1,6	
Dorfgebiete MD Mischgebiete MI Dörfliche Wohngebiete MDW	0,6	1,2	
Urbane Gebiete MU	0,8	3,0	
Kerngebiete MK	1,0	3,0	
Gewerbegebiete GE Industriegebiete GI Sonstige Sondergebiete	0,8	2,4	10,0
Wochenendhausgebiete	0,2	0,2	
Quelle: § 17 *Baunutzungsverordnung* (BauNVO)			

Maßgeblich für die Berechnung ist die Grundstücksfläche, die im Geltungsbereich des Bebauungsplans liegt und sich hinter der festgesetzten Straßenbegrenzungslinie befindet. Ist eine solche Linie nicht definiert, wird die tatsächliche Straßengrenze oder eine im Bebauungsplan festgelegte Bezugslinie herangezogen.

Als *bauliche Anlagen* gelten alle mit dem Erdboden verbundenen Konstruktionen, die aus Bauprodukten hergestellt sind. Eine Verbindung zum Boden liegt auch dann vor, wenn die Anlage durch ihr Eigengewicht ruht, auf ortsfesten Bahnen begrenzt beweglich ist oder ihrem Zweck nach überwiegend ortsfest genutzt wird. Dazu zählen auch Aufschüttungen, Abgrabungen und Lagerflächen.

Zur *Hauptanlage* gehören auch Eingangsbereiche, Wintergärten und Terrassen, die bei der GRZ-Berechnung berücksichtigt werden. *Nebenanlagen* wie Garagen, Stellplätze und deren Zufahrten werden ebenfalls angerechnet, können jedoch unter bestimmten Voraussetzungen zu einer Überschreitung der zulässigen Grundfläche führen. Diese Überschreitung ist in der Regel bis zu 50 % zulässig, darf jedoch eine GRZ von 0,8 nicht überschreiten.

Auch bauliche Anlagen unterhalb der Geländeoberkante, die das Grundstück lediglich unterbauen, etwa Kellerräume oder Tiefgaragen, sind in die Berechnung einzubeziehen.

Die GRZ wird üblicherweise mit einer oder zwei Dezimalstellen angegeben und stellt ein wesentliches Kriterium für die planungsrechtliche Beurteilung eines Bauvorhabens dar.

Übungsbeispiel 9.1
Grundflächenzahl

Die Grundflächenzahl GRZ 0,3 bedeutet, dass maximal 30 % der Grundstücksfläche überbaut werden dürfen. Die Prüfung der geplanten Bebauung eines Grundstücks ergibt folgende Werte:

- Grundfläche der baulichen Anlagen: 140 m^2,
- Fläche des Grundstückes 500 m^2.

Die Grundflächenzahl errechnet sich mit Formel 9.1 wie folgt

$$\frac{140\ \mathrm{m}^2}{500\ \mathrm{m}^2} = 0{,}28 < 0{,}3$$

Damit wird die zulässige Grundflächenzahl GRZ 0,30 eingehalten.

9.4.2 Geschossflächenzahl (GFZ)

Die Geschossflächenzahl (GFZ) ist eine städtebauliche Kennziffer, die das Maß der baulichen Nutzung eines Grundstücks bestimmt. Sie gibt an, wie viele Quadratmeter Geschossfläche je Quadratmeter Grundstücksfläche zulässig sind. Die Berechnung erfolgt nach Formel 9.2.

Je nach Baugebiet variiert die GFZ typischerweise zwischen 0,2 in Wochenendhausgebieten und bis zu 3,0 in urbanen oder Kerngebieten. Diese Werte dienen als Orientierungsgrößen und können im Bebauungsplan individuell festgesetzt werden (Tabelle 9.3).

$$\mathrm{GFZ} = \frac{\text{Geschossfläche der baulichen Anlagen } [\mathrm{m}^2]}{\text{Grundstücksfläche } [\mathrm{m}^2]} \tag{9.2}$$

Übungsbeispiel 9.2

Geschossflächenzahl

Auf einem 1000 m^2 großen Baugrundstück mit einer Geschossflächenzahl von 1,2 dürfen 1200 m^2 Geschossfläche realisiert werden.

$$1000\ \mathrm{m}^2 \cdot \mathrm{GFZ}\ 1{,}2 = 1200\ \mathrm{m}^2\ \text{Geschossfläche}$$

Gemäß § 20 *BauNVO* kann die GFZ im Bebauungsplan als Maß der baulichen Nutzung festgelegt werden. Die *Geschossfläche* ist dabei nach den Außenmaßen der Gebäude in allen Vollgeschossen zu ermitteln. Als Vollgeschosse gelten jene Geschosse, die nach den jeweiligen landesrechtlichen Vorschriften als solche definiert sind oder auf die Geschossanzahl angerechnet werden.

Der Bebauungsplan kann darüber hinaus bestimmen, ob auch Flächen von Aufenthaltsräumen in anderen Geschossen – einschließlich zugehöriger Treppenräume und Umfassungswände – ganz oder teilweise in die Berechnung einbezogen oder ausnahmsweise ausgenommen werden.

Bei der Ermittlung der Geschossfläche bleiben bestimmte bauliche Anlagen unberücksichtigt. Dazu zählen insbesondere:

- Balkone, Loggien und Terrassen,
- Technikräume und Funktionsflächen, sofern sie nicht zu Aufenthaltszwecken dienen,
- Dachgeschosse, die ausschließlich der Haustechnik oder Lagerung dienen,
- Kellergeschosse, sofern sie nicht als Aufenthaltsräume genutzt werden.

Diese Regelungen können je nach Landesbauordnung und kommunaler Satzung variieren und sind bei der konkreten Planung zu beachten.

Vollgeschoss

Der Begriff Vollgeschoss wird in den jeweiligen Landesbauordnungen individuell definiert. In Niedersachsen beispielsweise, regelt § 2 der *Niedersächsischen Bauordnung* (NBauO) die Kriterien für ein Vollgeschoss wie folgt: „Vollgeschoss ist ein oberirdisches Geschoss, das über mindestens der Hälfte seiner Grundfläche eine lichte Höhe von 2,20 m oder mehr hat. Ein oberstes Geschoss ist nur dann ein Vollgeschoss, wenn es die in Satz 1 genannte lichte Höhe über mehr als zwei Dritteln der Grundfläche des darunter liegenden Geschosses hat."

9.4.3 Baumassenzahl (BMZ)

Die Baumassenzahl (BMZ) ist eine Kennziffer zur Bestimmung des zulässigen umbauten Raums auf einem Baugrundstück. Sie gibt an, wie viele Kubikmeter umbauter Raum je Quadratmeter Grundstücksfläche zulässig oder vorhanden sind. Die Berechnung erfolgt nach Formel 9.3.

$$\text{BMZ} = \frac{\text{m}^3 \text{ umbauter Raum [Baumasse]}}{\text{m}^2 \text{ Grundstücksfläche}} \tag{9.3}$$

Der *umbaute Raum* eines Gebäudes umfasst das Volumen zwischen der Unterkante des Fußbodens des untersten Vollgeschosses und der Oberkante der Decke des obersten Vollgeschosses. Diese Definition schließt alle Vollgeschosse ein, die nach landesrechtlichen Vorschriften als solche gelten.

Die BMZ findet vor allem in Gewerbe- und Industriegebieten Anwendung, insbesondere bei der Bewertung großvolumiger Bauwerke wie Lager- und Produktionshallen. In Wohngebieten spielt sie hingegen eine untergeordnete Rolle.

Die maximal zulässige Baumassenzahl liegt in der Regel bei BMZ 10 (Tabelle 9.3), was einem umbauten Raum von 10 000 m^3 auf einem Grundstück mit 1000 m^2 Fläche entspricht. Die konkrete Festsetzung erfolgt über den Bebauungsplan und kann je nach Gebietstyp und städtebaulicher Zielsetzung variieren.

Übungsbeispiel 9.3

Grundflächenzahl und Geschossflächenzahl – Beispielprojekt Stadtvilla

Überprüfen Sie, ob das *Beispielprojekt Stadtvilla* gemäß den folgenden Festsetzungen im Bebauungsplan (§ 9 *BauGB*) zulässig ist:

- Grundflächenzahl (GRZ): 0,5,
- Geschossflächenzahl (GFZ): 0,7.

Das Gebäude hat ein KG mit 2,25 m lichte Höhe sowie, ein EG und ein OG mit je 2,66 m lichte Höhe. EG und OG haben eine Grundfläche von jeweils 12,49 m · 9,99 m und sind beides Vollgeschosse nach Landesbauordnung.

Die Berechnung der Grundstücksfläche (GF) ist in Tabelle 9.4 ausgeführt.

Tabelle 9.4 Fläche des Grundstücks (GF)

Faktor	1. Dim.	2. Dim.	Fläche
	m	m	m^2
	16,59	21,80	361,66
0,5	1,90	21,80	20,71
Summe Grundstücksfläche (GF)			**382,37**

Zur Fläche der Baulichen Anlagen nach *BauNVO* § 19 (2) (Hauptanlage) zählen die Grundflächen des Gebäudes und zusätzlich der Terrasse und des Schuppens (Tabelle 9.5).

Tabelle 9.5 Fläche der Baulichen Anlagen nach *BauNVO* § 19 (2) (Hauptanlagen)

Faktor	1. Dim.	2. Dim.	Fläche
	m	m	m^2
Haus	9,99	12,49	124,78
Terrasse	5,01	3,00	15,03
Schuppen	3,50	5,00	17,50
Summe Bebaute Fläche (BF)			**157,31**

Nachweis der Grundflächenzahl:

$$\frac{\text{Bebaute Fläche (BF)}}{\text{Grundstücksfläche (GF)}} = \frac{157{,}31}{382{,}37} = 0{,}41 < 0{,}5 \tag{9.4}$$

Die Geschossfläche ergibt sich aus den Grundflächen von EG und 1. OG des Gebäudes (Tabelle 9.6).

Tabelle 9.6 Geschossfläche

Faktor	1. Dim.	2. Dim.	Geschossfläche
	m	m	m^2 GRZ
EG	9,99	12,49	124,78
1.OG	9,99	12,49	124,78
Geschossfläche gesamt			**249,56**

Nachweis der Geschossflächenzahl:

$$\frac{\text{Geschossfläche}}{\text{Grundstücksfläche (GF)}} = \frac{249{,}56\ \text{m}^2}{382{,}37\ \text{m}^2} = 0{,}65 < 0{,}7 \tag{9.5}$$

Damit werden die im Bebauungsplan vorgegebenen Werte für die Grundflächenzahl und die Geschossflächenzahl eingehalten.

9.5 Vorschriften auf Länderebene

Obwohl die *Musterbauordnung* (MBO) als bundesweiter Orientierungsrahmen dient, unterscheiden sich die *Landesbauordnungen* (LBO) der einzelnen Bundesländer in zahlreichen Details. Diese Unterschiede ergeben sich aus der Gesetzgebungskompetenz der Länder im Bereich des Bauordnungsrechts. Für Niedersachsen gilt beispielsweise die *Niedersächsische Bauordnung* (NBauO), ergänzt durch verschiedene Verordnungen wie die *Niedersächsische Bauvorlagenverordnung* (NBauVorlVO).

Musterbauordnung (MBO)

Niedersächsische Bauordnung (NBauO)

Allgemeine Durchführungsverordnung zur Niedersächsischen Bauordnung (DVO-NBauO)

Niedersächsische Bauvorlagenverordnung (NBauVorlVO), Niedersächsische Verordnung über Bauvorlagen sowie baurechtliche Anträge, Anzeigen und Mitteilungen

Die Landesbauordnungen regeln umfassend die Anforderungen an Grundstücke, bauliche Anlagen und das Baugenehmigungsverfahren. Zu den zentralen Themen gehören:

- **Grundstück und Bebauung:** Vorgaben zur Anordnung von Gebäuden, Zugängen und Zufahrten, Einhaltung von Grenzabständen und Gestaltung nicht überbauter Flächen.
- **Baumaßnahmen und bauliche Anlagen:** Anforderungen an die Bauausführung, Standsicherheit, Wärmeschutz, Schallschutz, Brandschutz (von feuerhemmend bis feuerbeständig), technische Gebäudeausrüstung sowie Verkehrssicherheit und Rettungswege.
- **Verantwortlichkeiten:** Regelungen zu den Aufgaben von Bauherrn, Entwurfsverfassern, Unternehmern und Bauleitern sowie zur Bauvorlageberechtigung für Architekten und Ingenieure.
- **Bauaufsichtsbehörden und Genehmigungsverfahren:** Zuständigkeiten, Genehmigungspflichten, Verfahren zur Bauvoranfrage und zum Bauvorbescheid, Anzeige des Baubeginns, bauaufsichtliche Maßnahmen, Rohbau- und Schlussabnahmen.

Der Bauantrag wird gemäß der *Bauvorlagenverordnung* des jeweiligen Bundeslandes (Niedersachsen: *NBauvorlVO*) gestellt. Er umfasst die technischen und rechtlichen Unterlagen, die für die Durchführung eines Baugenehmigungsverfahrens erforderlich sind (Abschnitt 9.5.2).

Insbesondere bei elektronischer Einreichung müssen die Unterlagen bestimmten formalen Anforderungen genügen.

Um Planungsrisiken und unnötige Kosten zu vermeiden, kann vor Einreichung eines vollständigen Bauantrags eine Bauvoranfrage gestellt werden. Sie dient der grundsätzlichen Klärung der Genehmigungsfähigkeit eines Vorhabens. Einzelne Aspekte des Bauvorhabens können durch einen Bauvorbescheid vorab verbindlich entschieden werden.

9.5.1 Verantwortliche Personen

Die *Landesbauordnungen* beschreiben die Verantwortung der am Bau Beteiligten. Demnach hat der Bauherr die Auflage, qualifizierte Personen zu bestellen. Hierzu zählen insbesondere:

- **Entwurfsverfasser:** Erstellt die Bauvorlagen und ist verantwortlich dafür, dass Entwurf und Planung den Anforderungen des öffentlichen Baurechts entsprechen. Die *Bauvorlageberechtigung* ist in den Landesbauordnungen geregelt und setzt in der Regel eine Eintragung bei der Architekten- oder Ingenieurkammer sowie eine mehrjährige Berufserfahrung voraus. Auch Handwerksmeister, Techniker und Sachverständige können unter bestimmten Voraussetzungen als Entwurfsverfasser tätig werden. Sie tragen die Verantwortung für die Vollständigkeit und Brauchbarkeit ihrer Unterlagen.
- **Unternehmer:** Ist für die fachgerechte Umsetzung der Bauarbeiten verantwortlich. Er muss über die erforderliche Sachkunde, qualifiziertes Personal und geeignete technische Ausstattung verfügen. Die Ausführung hat auf Grundlage der genehmigten Bauvorlagen und unter Beachtung der anerkannten Regeln der Technik zu erfolgen. Der Unternehmer ist zudem verpflichtet, die Betriebssicherheit der eingesetzten Geräte und Gerüste zu gewährleisten und die Arbeitsschutzbestimmungen einzuhalten. Er muss die Brauchbarkeit der verwendeten Baustoffe und Bauteile nachweisen.
- **Bauleiter:** Übernimmt die Überwachung der Bauausführung im Auftrag des Bauherrn und stellt sicher, dass die Arbeiten gemäß den genehmigten Unterlagen und den technischen Standards erfolgen. Er kontrolliert die Einhaltung der Arbeitssicherheitsvorschriften und dokumentiert den Baufortschritt. Die Rolle des Bauleiters ist besonders bei komplexen Bauvorhaben von zentraler Bedeutung. Bei geringfügigen, technisch einfachen Maßnahmen kann auf die Bestellung eines Bauleiters verzichtet werden.

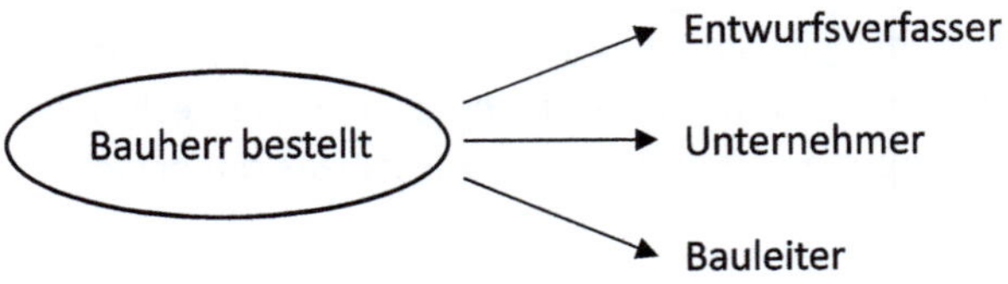

Bild 9.5 Verantwortliche Personen

Darüber hinaus muss der Bauherr gemäß *Baustellenverordnung* (BaustellV) einen *Sicherheits- und Gesundheitsschutz-Koordinator* (SiGeKo) benennen, sofern mehrere Unternehmen auf der Baustelle tätig sind (Kapitel 12).

Bei selbstloser Nachbarschaftshilfe kann auf die Bestellung eines Unternehmers verzichtet werden, Schwarzarbeit ist jedoch ausdrücklich verboten. Die genauen Anforderungen und Ausnahmen sind in den jeweiligen Landesbauordnungen geregelt.

9.5.2 Bauvorlagen

Bauvorlagen sind die technischen und rechtlichen Unterlagen, die für die Durchführung eines Baugenehmigungsverfahrens erforderlich sind. Sie werden im Auftrag des Bauherrn durch einen qualifizierten Entwurfsverfasser – in der Regel ein Architekt oder Bauingenieur – erstellt. Die vertragliche Grundlage bildet ein Architekten- bzw. Ingenieurvertrag, der als Werkvertrag nach den Vorschriften des *Bürgerlichen Gesetzbuchs* (BGB) ausgestaltet ist.

Die konkreten Anforderungen an Bauvorlagen sind in der *Bauvorlagenverordnung* (z. B. *NBauVorlVO*) geregelt. Typische Bestandteile der Bauvorlagen sind:

- **Lageplan:** Darstellung des Baugrundstücks im örtlichen Kontext, ggf. als qualifizierter Lageplan bei Grenzbebauung (Bild 9.6),
- **Bauzeichnungen:** Grundrisse (Bild 9.7) und (Bild 9.8), Schnitte (Bild 9.9) und Ansichten des geplanten Bauwerks (Bild 9.10 und Bild 9.11),
- **Baubeschreibung:** Angaben zur Bauweise, verwendeten Baustoffen, Fassadengestaltung, Dachform, Bodenbelägen etc.,
- **Bautechnische Nachweise:**
  - Standsicherheitsnachweis (Statik),
  - Nachweise zum Wärme-, Feuchte-, Schall- und Brandschutz.
- **Versorgungsnachweise:** Angaben zur gesicherten Erschließung hinsichtlich Wasser, Energie und Abwasser.

Nachfolgend sind für das Bauvorhaben eines Einfamilienhauses Ausschnitte einiger Bauvorlagen dargestellt.

Bild 9.6 Lageplan (Ausschnitt)

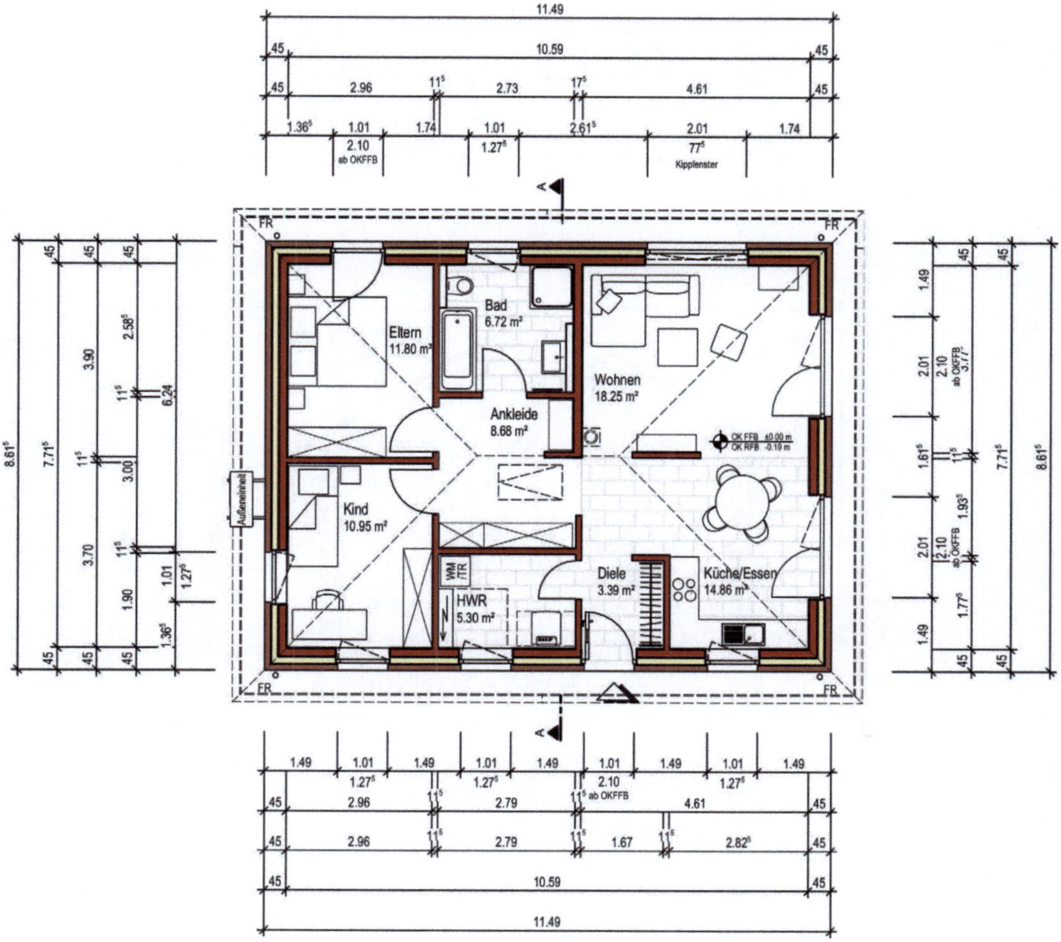

Bild 9.7 Grundriss Erdgeschoss, Bildquelle: Tönjes & Meichsner Baugesellschaft mbH

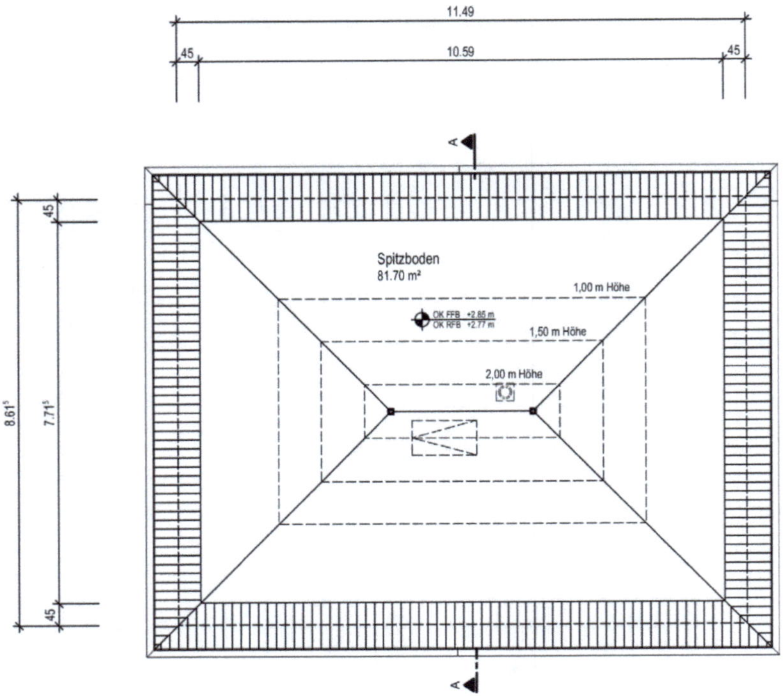

Bild 9.8 Grundriss Dachgeschoss (Spitzboden), Bildquelle: Tönjes & Meichsner Baugesellschaft mbH

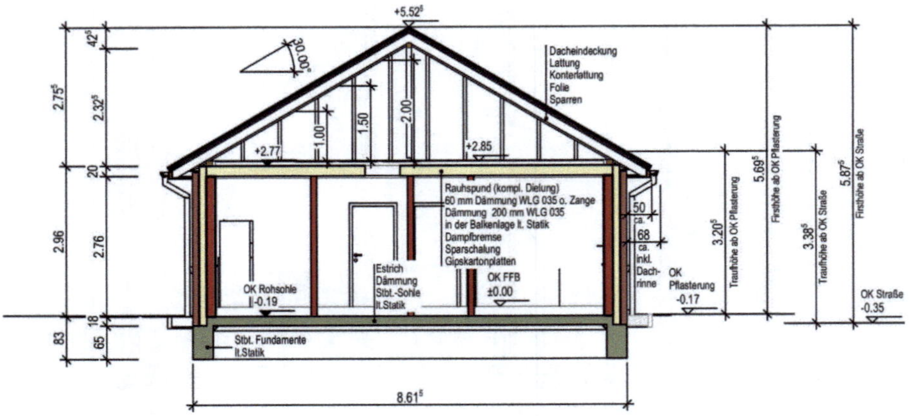

Bild 9.9 Schnitt A-A, Bildquelle: Tönjes & Meichsner Baugesellschaft mbH

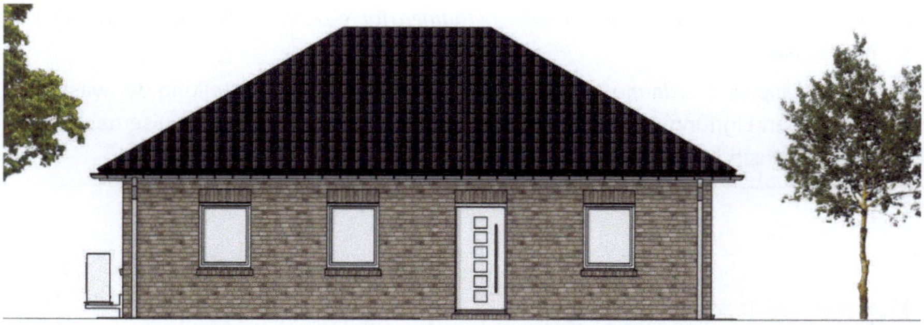

Bild 9.10 Ansicht Eingang (Nord), Bildquelle: Tönjes & Meichsner Baugesellschaft mbH

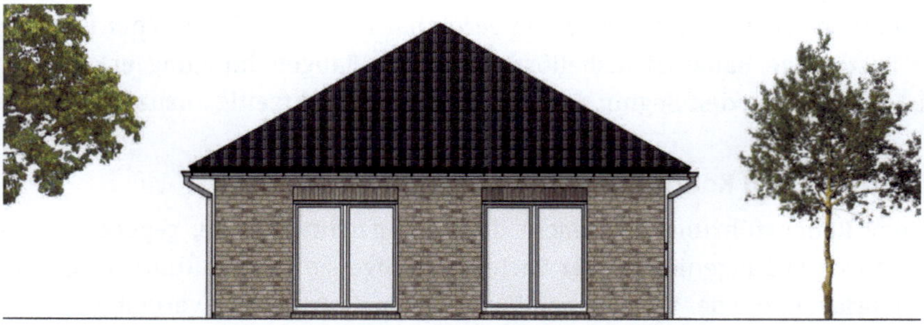

Bild 9.11 Ansicht rechts (West), Bildquelle: Tönjes & Meichsner Baugesellschaft mbH

In der Praxis werden bestimmte bautechnische Nachweise – insbesondere die Statik – häufig erst nach Erteilung der Baugenehmigung eingereicht. Dies liegt daran, dass die genehmigten Bauzeichnungen oft nicht ausreichen, um eine vollständige statische Berechnung zu erstellen. Die Bauaufsichtsbehörde kann die Genehmigung mit der Auflage erteilen, diese Nachweise nachzureichen.

Weitere ergänzende Verordnungen zur Niedersächsischen Bauordnung (NBauO)

Bauordnungsrechtliche Sachverständigenverordnung (BauSVO), Verordnung über anerkannte Sachverständige für die Prüfung technischer Anlagen nach Bauordnungsrecht, Niedersachsen

Feuerungsverordnung (FeuVO), Niedersachsen

Garagenverordnung (GaVO), Verordnung über den Bau und Betrieb von Garagen, Niedersachsen

Niedersächsische Krankenhausverordnung (NKHVO)

Niedersächsische Versammlungsstättenverordnung (NVStättVO)

Richtlinie über den Bau und Betrieb fliegender Bauten (FlBauR), Niedersachsen

Verkaufsstättenverordnung (VKVO), Verordnung über den Bau und Betrieb von Verkaufsstätten, Niedersachsen

Verordnung über den Bau von Betriebsräumen für elektrische Anlagen (EltBauVO), Niedersachsen

Wasserbauprüfverordnung (WasBauPVO), Verordnung zur Feststellung der wasserrechtlichen Eignung von Bauprodukten und Bauarten durch Nachweise nach der Niedersächsischen Bauordnung, Niedersachsen

9.6 Baugenehmigungsverfahren

Das Baugenehmigungsverfahren dient der Prüfung, ob ein geplantes Bauvorhaben mit den öffentlich-rechtlichen Vorschriften vereinbar ist. Nach erfolgreicher Prüfung durch die zuständige Bauaufsichtsbehörde wird die Baugenehmigung erteilt. Der Bauherr ist verpflichtet, den Beginn der Bauausführung rechtzeitig anzuzeigen.

Bauüberwachung und Kontrolle

Während der Bauausführung überwacht die Bauaufsichtsbehörde, gegebenenfalls unterstützt durch Prüfingenieure oder Sachverständige – die Einhaltung der genehmigten Bauvorlagen und der technischen Vorschriften. Kontrolliert werden unter anderem:

- die Verwendung geeigneter Baustoffe und Bauteile,
- die Tauglichkeit und Sicherheit von Gerüsten, Schalungen und Aussteifungen,
- die Einhaltung der Arbeitsschutzbestimmungen,
- die korrekte Ausführung der Bewehrung vor dem Betonieren.

Zur Prüfung der Betonqualität werden Probewürfel entnommen und auf ihre Festigkeit getestet.

Rohbauabnahme

Die Rohbauabnahme erfolgt nach Fertigstellung der tragenden Bauteile, der Schornsteine, Brandwände und der Dachkonstruktion. Sie dient der Beurteilung der Standsicherheit, des Brandschutzes und der Abwasserbeseitigung. Alle relevanten Bauteile müssen für die Prüfung zugänglich sein und, soweit möglich, offengehalten werden, um Maße und Ausführungsart kontrollieren zu können.

Schlussabnahme

Vor der Inbetriebnahme des Gebäudes erfolgt die Schlussabnahme. Sie stellt sicher, dass das Bauwerk den Anforderungen der öffentlichen Sicherheit und Ordnung sowie der Verkehrssicherheit entspricht. Geprüft werden unter anderem:

- Wärme- und Schallschutz,
- Funktionstüchtigkeit der Wasserversorgung und Abwasserbeseitigung,
- Benutzbarkeit der Schornsteine und Feuerungsanlagen.

9.6.1 Bauvorhaben der Gebietskörperschaften

Für Bauvorhaben von Gebietskörperschaften wie dem Bund, den Ländern oder den Landschaftsverbänden gelten besondere rechtliche Rahmenbedingungen. In diesen Fällen ist keine klassische Baugenehmigung durch die untere Bauaufsichtsbehörde erforderlich. Stattdessen kommt das sogenannte Ressortprinzip zur Anwendung.

Demnach ist jedes Ministerium oder jede zuständige Behörde für die eigenen baulichen Maßnahmen selbst verantwortlich. Diese Eigenverantwortung ergibt sich aus dem verfassungsrechtlich verankerten Hoheitsrecht der jeweiligen Körperschaft. Eine fachliche oder rechtliche Überprüfung durch andere Ressorts ist ausgeschlossen.

Dennoch bedeutet dies keine völlige Genehmigungsfreiheit. Die Zustimmung der oberen Bauaufsichtsbehörde, in der Regel das zuständige Ministerium oder die oberste Landesbehörde, ist erforderlich. Diese prüft, ob das Bauvorhaben mit den allgemeinen Anforderungen des öffentlichen Baurechts vereinbar ist.

9.6.2 Bauaufsichtsbehörden

Die Bauaufsichtsbehörden sind für die Überwachung und Genehmigung von Bauvorhaben zuständig. Ihre Zuständigkeiten sind gestaffelt und richten sich nach der Verwaltungsstruktur des jeweiligen Bundeslandes. Sie unterliegen der nachfolgenden Hierarchie:

- **Oberste Bauaufsichtsbehörde:** Das zuständige Fachministerium auf Landesebene. Es ist für die landesweite Auslegung und Weiterentwicklung des Baurechts verantwortlich.
- **Obere Bauaufsichtsbehörde:** In der Regel das Regierungspräsidium oder die Bezirksregierung. Sie übernimmt koordinierende Aufgaben und ist für überregionale oder besonders komplexe Bauvorhaben zuständig.
- **Untere Bauaufsichtsbehörde:** Die Landkreise, kreisfreien Städte sowie große selbständige Städte. Sie sind für die konkrete Durchführung des Baugenehmigungsverfahrens und die Überwachung der Bauausführung vor Ort zuständig.

Die Prüfung technischer Nachweise erfolgt entweder durch die Prüfämter der unteren Bauaufsichtsbehörde oder durch anerkannte Prüfingenieure, die im Auftrag der Bauaufsichtsbehörde handeln. Dies betrifft insbesondere:

- Standsicherheitsnachweise, insbesondere bei komplexen Tragwerken,
- Schall-, Wärme- und Brandschutz,
- Typenberechnungen für wiederkehrende Baukonstruktionen, z. B. Fertigteilhallen,
- temporäre Bauwerke (Fliegende Bauten) wie Zelte, Tribünen oder Bühnen, die besonderen Sicherheitsanforderungen unterliegen.

9.6.3 Genehmigungspflichtige Bauvorhaben (BV)

Grundsätzlich unterliegen alle wesentlichen baulichen Maßnahmen der Genehmigungspflicht. Dazu zählen:

- Errichtung neuer baulicher Anlagen,
- Änderung bestehender Gebäude oder baulicher Einrichtungen,
- Nutzungsänderung, z. B. die Umwandlung eines Wohngebäudes in eine gewerbliche Nutzung,
- Abbruch von baulichen Anlagen.

Die Genehmigungspflicht ergibt sich aus den Landesbauordnungen und dient der Sicherstellung, dass Bauvorhaben mit den öffentlich-rechtlichen Vorschriften, insbesondere hinsichtlich Sicherheit, Umweltverträglichkeit und städtebaulicher Ordnung, vereinbar sind.

Nicht genehmigungspflichtig sind lediglich solche Vorhaben, die ausdrücklich als verfahrensfrei eingestuft sind, etwa kleinere Nebenanlagen, bestimmte Instandhaltungsmaßnahmen oder bauliche Veränderungen ohne Einfluss auf die Nutzung oder Sicherheit. Die genauen Regelungen hierzu sind landesspezifisch und in den jeweiligen Bauordnungen festgelegt.

9.6.4 Fristen

Im Rahmen des Baugenehmigungsverfahrens gelten verschiedene Fristen, die sowohl für Bauvoranfragen als auch für Baugenehmigungen relevant sind. Sie dienen der Rechtssicherheit und sollen sicherstellen, dass genehmigte Bauvorhaben zeitnah umgesetzt werden.

Bauvoranfrage und Bauvorbescheid

Bei einer Bauvoranfrage prüft die Bauaufsichtsbehörde einzelne Aspekte eines geplanten Bauvorhabens vor Einreichung des vollständigen Bauantrags. Das Ergebnis wird in einem Bauvorbescheid festgehalten, der in der Regel eine befristete Gültigkeit besitzt, abhängig von den landesrechtlichen Vorgaben. Innerhalb dieser Frist kann der Bauherr auf Basis des Bauvorbescheids einen Bauantrag stellen.

Baugenehmigung

Die Baugenehmigung ist ebenfalls fristgebunden. Sie verliert ihre Gültigkeit, wenn nicht innerhalb einer bestimmten Zeit mit der Bauausführung begonnen wird. Eine Fristverlängerung kann beantragt werden, sofern triftige Gründe vorliegen. Der Wunsch nach Fristverlängerung muss rechtzeitig vor Ablauf der ursprünglichen Frist bei der zuständigen Bauaufsichtsbehörde eingereicht werden.

9.7 Übungsaufgaben

Übungsaufgaben 9.1
Flächennutzungsplan

Welche Sachverhalte werden in einem Flächennutzungsplan geregelt? Wer stellt den Flächennutzungsplan auf? Von wem wird der Flächennutzungsplan genehmigt? Welche gesetzlichen Grundlagen regeln die Aufstellung des Flächennutzungsplans?

Übungsaufgaben 9.2
Bebauungsplan

Wer ist Aufsteller des Bebauungsplans? Wer genehmigt den Bebauungsplan?

Übungsaufgaben 9.3
Landesbauordnungen

Erklären Sie mit jeweils einem Beispiel, welche Bereiche durch die Landesbauordnungen der Länder geregelt werden.

Übungsaufgaben 9.4
Landesbauordnungen

Die Landesbauordnungen der Länder verlangen vom Bauherrn, einen Unternehmer zu bestellen. Nennen Sie die Verantwortlichkeiten, die dem Unternehmer in der LBO vorgeschrieben werden.

Übungsaufgaben 9.5
Landesbauordnungen

a) Aus welchen Teilen besteht ein Bauantrag?

b) Wer sind die Aufsteller der Baugenehmigungsvorlagen?

c) Nach welchen Kriterien wird der Bauantrag geprüft?

d) Welche Teile der Baugenehmigungsvorlagen werden vom Prüfstatiker geprüft?

e) In wessen Auftrag und auf wessen Rechnung arbeitet der Prüfingenieur?

f) Wer erteilt die Baugenehmigung?

Übungsaufgabe 9.6
Grundflächenzahl GFZ

Welche Grundflächenzahl GRZ ergibt sich für ein Grundstück mit 500 m^2 Grundstücksfläche (GF), wenn die Grundfläche der baulichen Anlagen (BF) auf dem Grundstück 400 m^2 beträgt?

Übungsaufgabe 9.7
Geschossflächenzahl GFZ

Für ein Grundstück mit einer Fläche von 500 m^2 gilt die Geschossflächenzahl GFZ 1,0.

a) Wie groß darf die Geschoßfläche je Geschoß sein bei einem Bürogebäude mit vier gleich großen Geschossen?

b) Wie viele Geschosse dieser Größe wären möglich bei einer Geschossflächenzahl GFZ 0,5?

c) Wie groß darf die Geschoßfläche je Geschoss sein bei einem Bürogebäude mit vier gleich großen Geschossen und einer Geschossflächenzahl GFZ 1,2?

10 Bauvertrag

Studienziele

Das Kapitel soll dem Leser grundlegende Kenntnisse ermöglichen über

- die Grundzüge des Bauvertragswesens.

Das Kapitel soll dem Leser Fähigkeiten vermitteln,

- Werkverträge nach *BGB* und Bauverträge gemäß *VOB/B* zu analysieren und zu verstehen,
- Vertragsbedingungen zu analysieren und zu formulieren.

10.1 Grundlagen des Werkvertragsrechts

Das Werkvertragsrecht ist im *Bürgerlichen Gesetzbuch* (BGB), Zweites Buch, geregelt. Es gehört zum Recht der Schuldverhältnisse und findet sich im Siebten Abschnitt (§§ 433 – 853), genauer im Siebten Titel (§§ 631 – 651k), der sich mit dem Werkvertrag und ähnlichen Vertragsformen befasst.

Ein *Werkvertrag* zeichnet sich dadurch aus, dass nicht eine bloße Tätigkeit, sondern ein konkreter Erfolg geschuldet wird, also das fertige Werk. Der Unternehmer verpflichtet sich zur Herstellung eines bestimmten Ergebnisses, während der Besteller zur Zahlung einer vereinbarten Vergütung verpflichtet ist. Es handelt sich somit um einen erfolgsbezogenen Vertrag.

Im Gegensatz dazu steht der *Kaufvertrag*, bei dem ein bereits fertiger Gegenstand übereignet wird. Hier liegt der Schwerpunkt auf dem Eigentumsübergang und nicht auf der Herstellung.

Die rechtliche Ausgestaltung des Werkvertrags wird durch die höchstrichterliche Rechtsprechung des Bundesgerichtshofs (BGH) fortlaufend weiterentwickelt. Diese Entscheidungen tragen dazu bei, das Gesetz an die sich wandelnden gesellschaftlichen und wirtschaftlichen Rahmenbedingungen anzupassen. Die Urteile werden in der amtlichen Sammlung des BGH in Zivilsachen (BGHZ) veröffentlicht und dienen als wichtige Orientierung für die Praxis.

Schuldverhältnisse im Sinne des BGB umfassen sämtliche vertraglichen Bindungen wie Vereinbarungen, Zusagen und Versprechen. Der Werkvertrag ist dabei eine zentrale Vertragsform im Bauwesen und anderen projektbezogenen Branchen, da er die Grundlage für die Herstellung individueller Leistungen bildet.

10.2 Grundsätze des Vertragswesens

Die *Vertragsfreiheit* ist ein zentrales Prinzip des Privatrechts und erlaubt es den Parteien, den Inhalt ihrer Vereinbarungen weitgehend selbst zu gestalten, auch abweichend von den gesetzlichen Regelungen des *BGB*. Voraussetzung ist, dass die Vertragspartner geschäftsfähig sind und die Vereinbarungen einvernehmlich getroffen werden.

Die Vertragsparteien bestimmen somit eigenverantwortlich, welche Rechte und Pflichten sie einander einräumen. Diese Gestaltungsfreiheit ist Ausdruck der Privatautonomie und bildet die Grundlage für individuelle und bedarfsgerechte Vertragslösungen.

Das *BGB* sieht verschiedene Einschränkungen vor, um vor Missbrauch zu schützen:

- **Sittenwidrigkeit** (§§ 138, 826 *BGB*)**:** Ein Vertrag ist sittenwidrig, wenn er gegen das Anstandsgefühl aller billig und gerecht Denkenden verstößt. Dies ist insbesondere dann der Fall, wenn eine Partei unter Ausnutzung einer Notlage, Unerfahrenheit oder Leichtsinn zu einer Leistung verpflichtet wird, die in einem auffälligen Missverhältnis zur Gegenleistung steht.
- **Verstoß gegen Treu und Glauben** (§§ 157, 242 *BGB*)**:** Verträge müssen unter Berücksichtigung von Fairness und gegenseitiger Rücksichtnahme ausgelegt und erfüllt werden. Eine unangemessene Benachteiligung oder das Ausnutzen von Wissens- oder Machtgefällen widerspricht diesem Grundsatz.
- **Verstoß gegen strafrechtliche Vorschriften:** Vereinbarungen, die gegen geltendes Strafrecht verstoßen, sind nichtig und entfalten keine rechtliche Wirkung.

Eine besondere Einschränkung der Vertragsfreiheit ergibt sich aus den *Regelungen zu den Allgemeinen Geschäftsbedingungen* (AGB) (§§ 305 – 310 BGB). Diese Vorschriften dienen dem Schutz vor einseitiger Benachteiligung durch vorformulierte Vertragsklauseln. AGB dürfen keine Bedingungen enthalten, die den Vertragspartner schlechter stellen, als es die gesetzlichen Regelungen vorsehen. Maßgeblich ist hier der

Grundsatz der *Vertragsausgewogenheit*, der sicherstellen soll, dass die Interessen beider Seiten angemessen berücksichtigt werden.

Übungsbeispiel 10.1
Grundsätze des Vertragswesens

a) Zu unterscheiden ist, wann „Besondere Vertragsbedingungen“, die speziell auf ein Bauvorhaben zugeschnitten sind, als Allgemeine Geschäftsbedingungen nach den Regelungen zu den Allgemeinen Geschäftsbedingungen anzusehen sind oder unter welchen Voraussetzungen dies nicht der Fall ist.
   - Es handelt sich um Allgemeine Geschäftsbedingungen, wenn diese vorformuliert in der Ausschreibung enthalten sind.
   - Wenn sie während individueller Vertragsverhandlungen nach der Ausschreibung und vor Vertragsabschluss speziell ausgehandelt worden sind, handelt es sich nicht um Allgemeine Geschäftsbedingungen.

b) Welche Bedeutung hat in diesem Zusammenhang der Begriff der „Ausgewogenheit“?
   - Kein Vertragspartner soll einseitig Vor- oder Nachteile aus dem Vertrag erfahren, vorformulierte Allgemeine Geschäftsbedingungen müssen ausgewogen sein.

10.3 Vergabe- und Vertragsordnung für Bauleistungen (VOB)

Die Vergabe- und Vertragsordnung (VOB)

VOB/A Vergabe- und Vertragsordnung für Bauleistungen – Teil A: Allgemeine Bestimmungen für die Vergabe von Bauleistungen (*DIN 1960*).

VOB/B Vergabe- und Vertragsordnung für Bauleistungen – Teil B: Allgemeine Vertragsbedingungen für die Ausführung von Bauleistungen (*DIN 1961*).

VOB/C Vergabe- und Vertragsordnung für Bauleistungen – Teil C: Allgemeine Technische Vertragsbedingungen für Bauleistungen (ATV) – Allgemeine Regelungen für Bauarbeiten jeder Art (*DIN 18299* bis *DIN 18459*).

Die *VOB* gliedert sich in drei Teile, die unterschiedliche Aspekte des Bauvertragswesens regeln.

VOB/A – Vergabe von Bauleistungen (DIN 1960)

Die *VOB/A* enthält allgemeine Bestimmungen für die Ausschreibung und Vergabe von Bauleistungen. Sie kommt ausschließlich im Vorfeld eines Vertragsabschlusses zur Anwendung und wird daher nicht Bestandteil des Bauvertrags. Für öffentliche Auftraggeber ist die Anwendung der *VOB/A* verpflichtend und erfolgt gemäß den Vorgaben des *Vergabe- und Vertragshandbuchs für Baumaßnahmen des Bundes* (VHB), insbesondere Kapitel 11.

VOB/B – Vertragsbedingungen für die Ausführung von Bauleistungen (DIN 1961)

Die *VOB/B* regelt die rechtlichen Rahmenbedingungen für die Durchführung von Bauleistungen. Sie wird durch ausdrückliche vertragliche Vereinbarung Bestandteil des Bauvertrags. Als DIN-Norm gehört sie zu den allgemein anerkannten Regeln der Technik, ist jedoch weder Gesetz noch Rechtsverordnung und stellt auch kein Gewohnheitsrecht dar. Ihre Anwendung ist weit verbreitet. Sie gilt als ausgewogenes Vertragswerk.

Die *VOB/B* kann als Allgemeine Geschäftsbedingungen verwendet werden, sofern sie vollständig und unverändert vereinbart wird. Dies ist nach den Vorschriften des *BGB* (§§ 305 – 310) zulässig, da die *VOB/B* als *ausgewogenes Regelwerk* anerkannt ist.

VOB/C – Technische Vertragsbedingungen für Bauleistungen (DIN 18299 bis DIN 18459)

Die *VOB/C* wird automatisch Vertragsbestandteil, wenn die *VOB/B* vereinbart wurde (§ 1 Nr. 1 *VOB/B*). Sie enthält technische Anforderungen und Ausführungsstandards für Bauleistungen. Die *VOB/C* gliedert sich in:

- Allgemeine technische Regelungen (*DIN 18299*),
- Fachspezifische Regelungen nach Gewerken, z. B. *DIN 18300* für Erdarbeiten bis *DIN 18459* für Abbruch- und Rückbauarbeiten.

Besondere und Zusätzliche Vertragsbedingungen

Nicht alle Regelungen der *VOB/B* sind abschließend formuliert. Daher sind ergänzende Vertragsbedingungen erforderlich, die individuell auf das jeweilige Bauvorhaben abgestimmt werden. Diese lassen sich unterteilen in:

- **Zusätzliche Vertragsbedingungen** (ZVB): Vorformulierte Ergänzungen zur *VOB/B*, die ebenfalls den Regelungen zu Allgemeinen Geschäftsbedingungen (AGB) unterliegen.
- **Besondere Vertragsbedingungen** (BVB): Spezifische Regelungen für ein konkretes Bauvorhaben. Abweichungen von der *VOB/B* sind nur zulässig, wenn diese ausdrücklich vorgesehen sind. Auch vorformulierte BVB unterliegen den AGB-Vorschriften.

- **Individuell ausgehandelte Regelungen:** Abweichungen von der *VOB/B*, die nicht vorformuliert sind, gelten nicht als Allgemeine Geschäftsbedingungen und unterliegen daher nicht den AGB-Vorschriften.

Grundsätzlich besteht *Vertragsfreiheit*. Abweichungen von der *VOB* sind möglich, sofern sie im Rahmen der gesetzlichen Vorgaben erfolgen. Bei Ausschreibungen nach *VOB* ist jedoch der Grundsatz der *Vertragsausgewogenheit* zu beachten.

10.4 Vertragsstrafe

Die Vertragsstrafe ist ein Instrument zur Absicherung von Fristen und Termintreue im Bauvertrag. Sie kann gemäß § 11 *VOB/B* vereinbart werden und wird fällig, wenn der Auftragnehmer mit der vertraglich geschuldeten Leistung in Verzug gerät.

Die Bemessung erfolgt in der Regel nach Werktagen oder Wochen, wobei eine Woche mit sechs Werktagen angesetzt wird. Die Höhe der Vertragsstrafe liegt üblicherweise zwischen 0,2 % und 0,3 % der Auftragssumme pro Werktag des Verzugs. Voraussetzung für die Vereinbarung einer Vertragsstrafe ist, dass eine Fristüberschreitung dem Auftraggeber erhebliche Nachteile verursacht (§ 9a *VOB/A*).

Damit die Vertragsstrafe wirksam geltend gemacht werden kann, muss bei der Abnahme der Leistung ein entsprechender *Vorbehalt* erklärt werden. Ohne diesen Vorbehalt entfällt das Recht auf Einforderung der Vertragsstrafe.

Die Vertragsstrafe dient nicht nur der Disziplinierung des Auftragnehmers, sondern auch dem Schutz des Auftraggebers vor wirtschaftlichen Schäden durch Terminüberschreitungen. Sie sollte jedoch stets angemessen und im Verhältnis zur Auftragssumme sowie zur Bedeutung der Frist stehen.

10.5 Abnahme

Die Abnahme stellt einen zentralen Meilenstein im Bauvertrag dar. Sie bedeutet die körperliche Entgegennahme des Werkes durch den Auftraggeber sowie die Anerkennung der vertragsgemäßen Leistung (§ 12 *VOB/B*). Mit der Abnahme wird die Vergütung fällig, und der Auftraggeber ist zur Abnahme verpflichtet, sofern das Werk vertragsgerecht hergestellt wurde.

Formen der Abnahme sind:

- **Förmliche Abnahme (nach VOB/B):** Erfolgt auf Verlangen eines Vertragspartners nach Fertigstellung der Leistung. Sie wird in einem schriftlichen Abnahmeprotokoll dokumentiert, in dem auch Vorbehalte und Einwendungen festgehalten werden. Die Teilnahme von Sachverständigen ist möglich und kann zur Klärung technischer Fragen beitragen.

- **Tatsächliche Abnahme (nach BGB):** Erfolgt durch schlüssiges Verhalten, etwa durch die Inbenutzungnahme des Werkes. Auch hier gilt: Mit der Abnahme erkennt der Auftraggeber die Leistung grundsätzlich als vertragsgemäß an.
- **Fiktive Abnahme (nach VOB/B):** Wird wirksam, wenn der Auftraggeber nicht innerhalb bestimmter Fristen reagiert:
  - zwölf Werktage nach schriftlicher Mitteilung über die Fertigstellung durch den Auftragnehmer,
  - sechs Werktage nach Beginn der Nutzung durch den Auftraggeber.
  - Vorbehalte hinsichtlich Mängeln oder Vertragsstrafen müssen innerhalb dieser Fristen geltend gemacht werden.
- **Stillschweigende Abnahme (nach BGB)**: Tritt ein, wenn der Auftraggeber das Werk nutzt, ohne ausdrücklich abzunehmen, und keine Mängel rügt.

Die vertragsrechtliche Abnahme ist von der bauaufsichtlichen Abnahme zu unterscheiden. Letztere umfasst beispielsweise die *Rohbauabnahme* oder die *Schlussabnahme* durch die zuständige Behörde. Sie bestätigt die Übereinstimmung der Bauausführung mit den geltenden Bauvorschriften und der erteilten Baugenehmigung, hat jedoch keine unmittelbare Wirkung auf die vertraglichen Ansprüche zwischen den Parteien.

Abnahme nach VOB/B – Vorbehalte, Fristen, Wirkungen

- Nach *VOB/B* sind Vorbehalte bei der Abnahme geltend zu machen. Dabei handelt es sich um Vorbehalte
  - bezüglich bekannter Mängel,
  - bezüglich einer Vertragsstrafe.
- Für die unterschiedlichen Abnahmeformen gelten Fristen, innerhalb derer die Vorbehalte geltend zu machen sind.
  - Fristen:
    - förmliche Abnahme: zwölf Werktage nach Verlangen eines Vertragspartners,
    - fiktive Abnahme: zwölf Werktage nach Mitteilung über die Fertigstellung, sechs Werktage nach Beginn der Nutzung.
- Wirkungen der Abnahme:
  - Die Abnahme ist die körperliche Entgegennahme des Werkes,
  - sie dokumentiert die Anerkennung der vertragsgemäßen Leistung,
  - aus der Abnahme folgt die Fälligkeit der Vergütung,

Abnahmen gemäß Baurecht der Landesbauordnungen

Abnahmen gemäß Baurecht der Landesbauordnungen sind öffentlich-rechtliche Abnahmen durch die Bauaufsichtsbehörde. Diese Abnahmen dienen der öffentlichen Sicherheit durch den Nachweis, dass die Bauausführung entsprechend der Baugenehmigung erfolgt ist.

- Rohbauabnahme vor Ausbau mit Abnahme-Bescheinigung,
- Schlussabnahme vor Inbetriebnahme mit Abnahme-Bescheinigung.

Abnahmen gemäß Werkvertragsrecht (BGB)

Abnahmen gemäß Werkvertragsrecht (*BGB*) sind privatrechtliche Abnahmen:

- tatsächliche Abnahme,
- stillschweigende Abnahme.

Voraussetzungen, Formalien und Fristen:

- der Besteller ist verpflichtet, eine Abnahme durchzuführen,
- Vorbehalte sind bei der Abnahme zu erklären,
- mit der Abnahme beginnt nach *BGB* die Gewährleistungsfrist von fünf Jahren,
- Umkehr der Beweislast.

Abnahmen gemäß VOB/B

Abnahmen gemäß *VOB/B* sind privatrechtliche Abnahmen:

- Förmliche Abnahme:
  - auf Verlangen eines Vertragspartners,
  - spätestens zwölf Werktage nach Mitteilung über die Fertigstellung.
- Fiktive Abnahme:
  - zwölf Werktage nach Mitteilung über die Fertigstellung,
  - sechs Werktage nach Inbenutzungnahme (Einzug).
- Wirkungen der Abnahme nach *VOB/B*:
  - Beginn der Gewährleistungsfrist von vier Jahren,
  - Verwirkung nicht vorbehaltener Ansprüche,
  - Gefahrübertragung auf den Besteller,
  - Fälligkeit der Vergütung.

10.6 Gewährleistung

Die Gewährleistung gemäß § 13 *VOB/B* verpflichtet den Auftragnehmer, nach erfolgter Abnahme für eine mängelfreie, vertragsgemäße und ordnungsgemäße Leistung einzustehen. Der Auftraggeber hat im Rahmen der Gewährleistung grundsätzlich Anspruch auf:

- Mängelbeseitigung,
- Minderung,
- Schadenersatz.

Diese Ansprüche setzen voraus, dass der Mangel nicht aus dem Verantwortungsbereich des Auftraggebers stammt. Der Auftragnehmer kann sich von der Gewährleistungspflicht befreien, wenn die Ursache des Mangels eindeutig außerhalb seines Einflussbereichs liegt. Dies ist insbesondere dann der Fall, wenn die Mängel

- auf eine Leistungsbeschreibung zurückzuführen sind, die nicht vom Auftragnehmer erstellt wurde,
- durch Anordnungen des Auftraggebers verursacht wurden,
- auf vom Auftraggeber gelieferte oder vorgeschriebene Materialien zurückzuführen sind,
- durch Vorleistungen anderer Unternehmer entstanden sind.

In solchen Fällen ist der Auftragnehmer verpflichtet, seine *Bedenken* schriftlich mitzuteilen und die Gewährleistung ausdrücklich abzulehnen.

Vor der Abnahme hat der Auftraggeber einen *Erfüllungsanspruch*: Der Auftragnehmer muss ein mängelfreies Werk herstellen. Mit der Abnahme gilt dieser Anspruch als erfüllt. Ab diesem Zeitpunkt bestehen Gewährleistungsansprüche, die sich, je nach Art und Umfang des Mangels, auf Nachbesserung, Minderung oder Schadenersatz richten.

Die Gewährleistung ist ein wesentliches Element zur Sicherstellung der Qualität und Funktionalität des Werkes über die Abnahme hinaus. Sie schützt den Auftraggeber vor versteckten oder später auftretenden Mängeln und sichert die Vertragstreue des Auftragnehmers.

10.6.1 Mängelbeseitigung

Die Mängelbeseitigung ist ein zentraler Bestandteil der *Gewährleistungspflicht* des Auftragnehmers. Gemäß § 13 *VOB/B* muss der Auftraggeber den Mangel durch eine schriftliche *Mängelrüge* mit angemessener Fristsetzung anzeigen. Erst nach Ablauf dieser Frist und bei Untätigkeit des Auftragnehmers darf der Auftraggeber den Mangel selbst beseitigen. Die Kosten hierfür trägt dann der Auftragnehmer.

Eine eigenmächtige Mängelbeseitigung des Auftraggebers ohne vorherige Fristsetzung ist unzulässig und kann zum Verlust von Gewährleistungsansprüchen führen.

Die Mängelrüge bewirkt eine Verlängerung der *Verjährungsfrist* für den gerügten Mangel. Wird die Mängelbeseitigung durchgeführt und anschließend abgenommen, beginnt für diese Leistung eine neue Verjährungsfrist von zwei Jahren, jedoch nicht vor Ablauf der regulären Frist von vier Jahren für das ursprüngliche Werk.

Der Anspruch des Bauherrn auf Beseitigung eines gerügten Mangels besteht zwei Jahre, jedoch nicht vor Ablauf der Regelfrist von vier Jahren.

Ebenso gilt der Gewährleistungsanspruch des Bauherrn auf die Mängelbeseitigungsleistung zwei Jahre, gerechnet ab Abnahme der Mängelbeseitigungsleistung, jedoch nicht vor Ablauf der Regelfrist von vier Jahren.

10.6.2 Minderung

Die Minderung ist ein gesetzlich anerkannter Gewährleistungsanspruch, bei dem die Vergütung des Auftragnehmers anteilig reduziert wird. Maßgeblich ist das Verhältnis zwischen dem Wert der mangelhaften Leistung und dem Wert der ursprünglich geschuldeten, mangelfreien Leistung.

$$\text{Minderung} = \frac{\text{Wert der mangelhaften Leistung}}{\text{Wert der mangelfreien Leistung}}$$

Ein Anspruch auf Minderung besteht für den Auftraggeber unter folgenden Voraussetzungen:

- Die Mängelbeseitigung ist objektiv unmöglich, etwa, weil der Mangel nicht mehr behoben werden kann.
- Die Mängelbeseitigung wäre mit einem unverhältnismäßig hohen Aufwand verbunden, der in keinem angemessenen Verhältnis zum angestrebten Erfolg steht.
- Der Auftragnehmer verweigert die Mängelbeseitigung, obwohl er dazu verpflichtet wäre.
- Die Mängelbeseitigung ist für den Auftraggeber unzumutbar, etwa aus wirtschaftlichen oder technischen Gründen.

Die Minderung stellt eine Alternative zur Nachbesserung dar und kommt insbesondere dann zum Tragen, wenn eine vertragsgerechte Leistung nicht mehr vollständig hergestellt werden kann oder der Aufwand dafür nicht gerechtfertigt ist. Sie ermöglicht dem Auftraggeber, den wirtschaftlichen Schaden durch eine angemessene Reduzierung der Vergütung auszugleichen.

Mängelrüge, Minderung – Begriffe

- Die **Mängelrüge** ist das schriftliche Verlangen des Auftraggebers nach Mängelbeseitigung innerhalb der Gewährleistungsfrist.
- **Minderung** bedeutet Herabsetzen der Vergütung im Verhältnis: Wert der mangelhaften Leistung zum Wert der mangelfreien Leistung.

Übungsbeispiel 10.2

Mängelbeseitigung durch Dritte

Ein Auftraggeber (AG) hat an einem Bauwerk Mängel festgestellt und möchte diese selbst beseitigen oder von einem dritten Unternehmer beseitigen lassen. Da für den Auftragnehmer (AN) sowohl das Recht als auch die Pflicht auf Mängelbeseitigung besteht, müssen hierzu gemäß *VOB/B* jedoch folgende Voraussetzungen erfüllt sein:

- Es ist eine Mängelrüge des AG mit Fristsetzung an den AN erfolgt.
- Der AN kann eine angemessene Verlängerung der Frist verlangen.
- Der AN lässt die Frist verstreichen, ohne den Mangel zu beseitigen.
- Die Kosten für die Mängelbeseitigung sind in diesem Fall vom Auftraggeber zu tragen.

10.6.3 Schadenersatz

Gemäß § 13 Nr. 7 Abs. 3 *VOB/B* hat der Auftraggeber Anspruch auf Schadenersatz, wenn durch einen wesentlichen Mangel ein Schaden an der baulichen Anlage entsteht. Voraussetzung ist, dass der Mangel die Gebrauchsfähigkeit erheblich beeinträchtigt und auf ein Verschulden des Auftragnehmers zurückzuführen ist.

In diesem Fall spricht man vom sogenannten *„kleinen Schadenersatzanspruch“*, dieser bezieht sich auf:

- **Mangelschäden** (direkte Schäden am Werk) sowie
- **Mangelfolgeschäden** (Folgewirkungen des Mangels).

Ein darüber hinausgehender Schadenersatzanspruch, der *„große Schadenersatzanspruch“*, besteht, wenn

- der Mangel auf einem Verstoß gegen die allgemein anerkannten Regeln der Technik beruht,
- eine vertraglich vereinbarte Beschaffenheit fehlt, oder

- der Mangel vorsätzlich oder grob fahrlässig verursacht wurde (§ 13 Nr. 7 Abs. 2 *VOB/B*).

  In diesen Fällen haftet der Auftragnehmer auch für **entferntere Mangelfolgeschäden**, die über den unmittelbaren Mangel hinausgehen.

Die Unterscheidung zwischen kleinem und großem Schadenersatzanspruch ist praxisrelevant, da sie den Umfang der Haftung und die Höhe des ersatzfähigen Schadens bestimmt. Während der kleine Anspruch auf die unmittelbaren Folgen begrenzt ist, umfasst der große Anspruch auch weiterreichende wirtschaftliche Schäden, etwa Nutzungsausfälle oder zusätzliche Kosten durch Ersatzmaßnahmen.

Übungsbeispiel 10.3
Schadenersatzansprüche

In einem Produktionsgebäude mit Flachdach entstand während der Gewährleistungsfrist ein Wasserschaden durch Undichtigkeiten in der Dachhaut. Dabei wurden Teile des Innenausbaus sowie Produktionsmaschinen in Mitleidenschaft gezogen, wodurch es zu einem Produktionsausfall kam. Mit welchen Schadenersatzansprüchen des Bauherrn muss der Unternehmer rechnen, wenn im Bauvertrag nach *VOB/B* eine wasserdichte Abdichtung des Flachdaches vereinbart war.

Für Schadenersatzansprüche gemäß *VOB/B* § 13 Nr. 7 Abs. 3 müssen folgende Voraussetzungen gegeben sein:

- begrenzter Umfang, „kleiner“ Schadenersatzanspruch:
  - Voraussetzungen: Es muss sich um einen wesentlichen Mangel handeln, die Gebrauchsfähigkeit muss erheblich beeinträchtigt sein, es muss ein Verschulden des AN vorliegen:
    - Mangelschaden: die Undichtigkeiten in der Dachhaut.
    - Mangelfolgeschaden: die Schäden am Innenausbau und den Produktionsmaschinen.
- voller Umfang, „großer“ Schadenersatzanspruch:
  - Voraussetzungen: Mangel beruht auf Verstoß gegen die anerkannten Regeln der Technik, Fehlen vertraglich zugesicherter Eigenschaften, bei vorsätzlich oder grob fahrlässig verursachten Mängeln:
    - Entfernterer Mangelfolgeschaden: entgangener Gewinn durch Produktionsausfall.

10.6.4 Verjährungsfristen

Die Gewährleistung (Tabelle 10.1) beginnt jeweils mit der Abnahme.

Tabelle 10.1 Gewährleistungsfristen nach *VOB/B* und *BGB*

Rechtliche Grundlage	VOB/B	BGB
Allgemein		6 Monate
Bauwerke	4 Jahre	5 Jahre
Grundstücke	2 Jahre	1 Jahr
Feuerungsanlagen	2 Jahre	

Die vertragliche Vereinbarung anderer *Verjährungsfristen* wird von der *VOB/B* ausdrücklich zugelassen. Gemäß *BGB* können die Verjährungsfristen vertraglich verlängert werden.

Übungsbeispiel 10.4
Verjährungsfristen

Im Bauvertrag nach *VOB/B* eines privaten Bauherrn über die Erstellung eines Bauwerkes ist in den Besonderen Vertragsbedingungen die Verjährungsfrist für die Gewährleistung mit fünf Jahren festgelegt. Es stellt sich die Frage, ob diese Vereinbarung nach *VOB/B* und gemäß den Regelungen zu den Allgemeinen Geschäftsbedingungen (AGB) im *BGB* zulässig ist.

- Die Gewährleistungsfrist nach *BGB* beträgt fünf Jahre, nach *VOB/B* vier Jahre, sofern keine andere Frist vereinbart ist. Somit lässt die *VOB/B* die Vereinbarung einer anderen Verjährungsfrist zu.
- Die VOB/B wird als ausgewogenes Vertragswerk angesehen, von der *VOB/B* zugelassene Besondere Vertragsbedingungen berühren die Ausgewogenheit nicht, daher ist die Vereinbarung einer Verjährungsfrist von fünf Jahren zulässig.

10.7 Abrechnung und Zahlung

Die Abrechnung und Zahlung im Bauvertrag richten sich nach den §§ 14 bis 16 *VOB/B*.

Abschlagszahlungen dienen der Finanzierung laufender Leistungen und erfolgen auf Nachweis vertragsgemäßer Leistungen, einschließlich gelieferter Materialien. Sie sind innerhalb von 21 Kalendertagen nach Zugang der Abschlagsrechnung zu leisten. Abschlagszahlungen haben keine rechtliche Bedeutung für die Abnahme oder Gewährleistung, sondern dienen ausschließlich der Zwischenfinanzierung.

Die *Schlusszahlung* wird auf Grundlage der geprüften Schlussrechnung geleistet und ist innerhalb von 30 Kalendertagen nach Zugang der Schlussrechnung fällig. In begründeten Fällen kann eine Verlängerung um weitere 30 Tage vertraglich vereinbart werden.

Nach vorbehaltloser Annahme der Schlusszahlung sind keine Nachforderungen mehr möglich. *Vorbehalte* müssen innerhalb von 28 Kalendertagen nach Zugang der Mitteilung über die Schlusszahlung geltend gemacht werden. Innerhalb weiterer 28 Tage ist entweder eine ergänzende Rechnung zu stellen oder der Vorbehalt schriftlich zu begründen.

10.8 Bauzeit und Behinderungen

Die Bauzeit ist ein wesentlicher Bestandteil des Bauvertrags und beeinflusst maßgeblich die Wirtschaftlichkeit des Bauvorhabens. Sie definiert den Zeitraum, in dem die vertraglich vereinbarte Leistung zu erbringen ist.

Ein fristgerechter Bauablauf ist entscheidend für die Nutzbarkeit des Bauwerks und die Kostenkontrolle. Verzögerungen durch Bauablaufstörungen führen zu erhöhten Kosten sowohl beim Auftragnehmer als auch beim Auftraggeber.

10.8.1 Fristenlauf

Der Beginn der Bauausführung kann kalendermäßig vertraglich festgelegt werden. Ist kein konkreter Ausführungsbeginn vereinbart, hat der Auftraggeber eine Informationspflicht über den voraussichtlichen Starttermin.

Nach Aufforderung durch den Auftraggeber muss der Auftragnehmer innerhalb von zwölf Werktagen mit der Ausführung beginnen. Der Beginn ist dem Auftraggeber anzuzeigen, ab diesem Zeitpunkt beginnt die vertraglich vereinbarte Ausführungsfrist (§ 5 *VOB/B*).

Übungsbeispiel 10.5
Fristenlauf

Ein Auftragnehmer (AN) kann nach *VOB/B* die Verlängerung der Ausführungsfristen verlangen, wenn die Behinderung

- vom Auftraggeber (AG) verursacht und verschuldet wurde,
- vom AG nicht zu vertreten ist, weil unvorhersehbare Ereignisse wie Streik, Aussperrung oder Ähnliches eingetreten sind,
- aus dem Verantwortungsbereich des AG herrührt, auch ohne dessen Verschulden oder
- durch höhere Gewalt geschieht.

10.8.2 Verpflichtung des Auftragnehmers zur rechtzeitigen Leistung

Der Auftragnehmer ist verpflichtet, die Bauleistung fristgerecht zu beginnen und zügig auszuführen. Als Beginn der Ausführung gilt die Einrichtung der Baustelle. Für eine *angemessene Förderung* des Baufortschritts muss der Auftragnehmer ausreichend Personal, Geräte und Material bereitstellen und die vertraglich vereinbarten Einzelfristen einhalten.

Zwischentermine, die lediglich im Bauzeitenplan aufgeführt sind, gelten nicht automatisch als Vertragsfristen, sofern sie nicht ausdrücklich vertraglich vereinbart wurden.

Auch die *Fertigstellung der Leistung* muss rechtzeitig erfolgen. Der vertraglich festgelegte Fertigstellungstermin ist unabhängig von der Abnahme und der Räumung der Baustelle einzuhalten – auch bei Vorliegen von Mängeln (§ 5 *VOB/B*).

Die *VOB/B* § 5 legt Voraussetzungen fest für Ansprüche des Auftraggebers (AG) gegenüber dem Auftragnehmer (AN) für den Fall, dass dieser nicht rechtzeitig seiner vertraglichen Leistung nachkommt. Unter den folgenden Voraussetzungen ergeben sich die aufgeführten Ansprüche des Auftraggebers.

- Der AG hat Anspruch auf rechtzeitigen Beginn, angemessene Förderung und rechtzeitige Vollendung der Leistung.
- Gerät der AN mit seiner Leistung in Verzug und erbringt er seine Leistung trotz Abhilfeverlangen (Mahnung) des AG nicht (Nichterfüllung), liegt beim AN ein Verschulden vor. Daraus ergeben sich Ansprüche des AG auf
  - Schadenersatz oder
  - nach Fristsetzung mit Kündigungsandrohung und Ablauf dieser Frist ergibt sich für den AG das Recht auf Kündigung des Vertrags.

10.8.3 Mitwirkungspflicht des Auftraggebers

Der Auftraggeber hat die Pflicht, die rechtzeitige Leistung des Auftragnehmers durch geeignete Mitwirkung zu ermöglichen. Dazu gehören insbesondere:

- Bereitstellung des Grundstücks in baureifem Zustand,
- Übergabe der Statik und Ausführungszeichnungen in angemessener Zeit,
- Vorlage der Baugenehmigung sowie weiterer behördlicher Genehmigungen und Erlaubnisse,
- Absteckung der Hauptachsen und Einrichtung von Höhenfestpunkten,
- Koordination der verschiedenen Gewerke, insbesondere bei mehreren beteiligten Unternehmern (§§ 3 und 4 *VOB/B*).

10.8.4 Erfüllung der Mitwirkungsverpflichtung durch Erfüllungsgehilfen

Architekten, Ingenieure und Sonderfachleute, die vom Auftraggeber mit Planungs- oder Koordinierungsaufgaben betraut werden, gelten als *Erfüllungsgehilfen*. Verzögerungen durch verspätete Planlieferungen zählen zu den häufigsten Ursachen für Bauzeitverschiebungen. Daher ist die vertragliche Festlegung von *Planlieferungsfristen* empfehlenswert.

Auch *Vorunternehmer* sind Erfüllungsgehilfen des Auftraggebers. Kommt es durch deren Verzögerung zu einer verspäteten Werkfertigstellung, muss der Auftraggeber gegenüber dem Auftragnehmer für die daraus entstehenden Folgen einstehen (§ 10 *VOB/B*). Er ist verpflichtet, alle zumutbaren Maßnahmen zu ergreifen, um die fristgerechte Leistung der Vorunternehmer sicherzustellen.

10.8.5 Behinderungen

Kommt es zu einer Behinderung der Bauausführung, muss der Auftragnehmer diese unverzüglich *schriftlich anzeigen* (§ 6 *VOB/B*). Nur dann kann eine Verlängerung der Ausführungsfristen geltend gemacht werden.

Arten von Behinderungen:

- **Behinderungen aus dem Verantwortungsbereich des Auftraggebers** führen zu einer Verlängerung der Ausführungsfristen, sofern sie durch den Auftraggeber verursacht wurden und ordnungsgemäß angezeigt sind.
- **Behinderungen aus dem Verantwortungsbereich des Auftragnehmers** haben keinen Einfluss auf die vertraglich vereinbarte Bauzeit.

- **Verschuldensunabhängige Behinderungen:** Dazu zählen unvorhersehbare Ereignisse wie höhere Gewalt, Streik, Aussperrung oder andere außergewöhnliche Umstände. Witterungseinflüsse, mit denen üblicherweise gerechnet werden muss, gelten nicht als solche. In Fällen echter höherer Gewalt verlängern sich die Ausführungsfristen entsprechend.

Übungsbeispiel 10.6

Behinderungen – Ansprüche des Auftragnehmers und Voraussetzungen

Durch verspätete Planlieferung des Statikers wegen Planungsänderungen während der Bauausführung sieht sich der Unternehmer gezwungen, einen Teil des Personals von der Baustelle abzuziehen und die Bauausführung zu reduzieren. Darüber hinaus muss er befürchten, dass er deshalb den vertraglich vereinbarten Fertigstellungstermin nicht mehr einhalten kann.

Der Unternehmer hat Ansprüche, die er gegenüber dem Bauherrn nach *VOB/B* geltend machen kann. Der Auftragnehmer (AN) hat Anspruch auf

- Verlängerung der Ausführungsfristen gemäß *VOB/B* § 6 Nr. 2,
- weitergehende Vergütung der Mehrkosten nach *VOB/B* § 2 Nr. 3, 5 u. 6, unter der Voraussetzung, dass die Behinderung ursächlich für eine Bauzeitverlängerung ist.
- auf Schadensersatz gemäß *VOB/B* § 6 Nr. 6.
- Recht auf Kündigung des Vertrages aufgrund von *VOB/B* § 9 Nr. 1 Abs. 1.

Folgende Voraussetzungen müssen erfüllt sein:

- Formelle Behinderungsanzeige gemäß *VOB/B* § 6 Nr. 1 durch den AN.
- Behinderung muss vom AG verschuldet sein, Planende sind Erfüllungsgehilfen des AG, AG haftet aufgrund seiner Mitwirkungsverpflichtung aus § 642 *BGB*, *VOB/B* § 10 Nr. 1, Behinderungen liegen im Verantwortungsbereich des AG, auch ohne Verschulden des AG.

10.9 Übungsaufgaben

Übungsaufgabe 10.1
Werkvertragsrecht BGB

Beschreiben Sie das Wesen eines Werkvertrages im Vergleich zum Kaufvertrag. Was wird im Werkvertrag versprochen? Benennen Sie die gesetzliche Grundlage des Werkvertrages.

Übungsaufgabe 10.2
Grundsätze des Vertragswesens, AGB

a) Verträge dürfen nicht sittenwidrig sein. Erläutern Sie, was gemäß Werkvertragsrecht unter einem sittenwidrigen Rechtsgeschäft zu verstehen ist.

b) Das ehemalige „Gesetz zur Regelung des Rechts der Allgemeinen Geschäftsbedingungen" (AGB-Gesetz) ist jetzt Bestandteil des *Bürgerlichen Gesetzbuches* (BGB). Erläutern Sie die spezielle Einschränkung der Vertragsfreiheit durch den Grundsatz der Ausgewogenheit bei der Ausschreibung eines Bauvertrages nach *VOB*.

Übungsaufgabe 10.3
Bauvertrag nach VOB/B – Vergabe- und Vertragsordnung für Bauleistungen

Beschreiben Sie, welche Gliederung der Vertragsbedingungen gemäß *VOB/A* in den Verdingungsunterlagen für einen Bauvertrag nach *VOB* erwartet wird. Geben Sie jeweils ein Beispiel für Allgemeine, Zusätzliche und Besondere Vertragsbedingungen und begründen Sie Ihre Zuordnung. Welche Art von Vertragsbedingungen darf nicht in den Verdingungsunterlagen enthalten sein?

Übungsaufgabe 10.4
Vertragsstrafe

a) Unter welchen Voraussetzungen kann ein Bauherr gemäß *VOB/B* eine Vertragsstrafe vom Unternehmer verlangen? Wann wird die Vertragsstrafe fällig? Wie und in welcher Höhe soll eine Vertragsstrafe bemessen werden?

b) Unter welchen Voraussetzungen hat der Auftraggeber Anspruch auf Einbehalt einer Vertragsstrafe?

Übungsaufgabe 10.5

Abnahme und Vorbehalte

a) Welche Arten der Abnahme kennen Sie? Erklären Sie deren jeweilige Bedeutung.

b) Erläutern Sie die Bedeutung der Abnahme nach *BGB* bzw. *VOB/B*.

c) Was ist ein Vorbehalt?

d) Welche Vorbehalte müssen bei der Abnahme gemäß *VOB/B* geltend gemacht werden?

e) Unter welchen Voraussetzungen wird eine fiktive Abnahme wirksam?

f) Geben Sie für die verschiedenen Abnahmeformen gemäß *VOB/B* die Fristen an, nach welchen die Abnahme wirksam wird.

Übungsaufgabe 10.6

Gewährleistung

a) Aufgrund welcher Tatsachen und wodurch kann sich nach *VOB/B* ein Auftragnehmer aus der Gewährleistungspflicht befreien?

b) Welche grundsätzlichen Gewährleistungsansprüche hat der Auftraggeber gemäß *VOB/B*?

c) Definieren Sie den Begriff der Minderung. Wann kann der Auftraggeber Minderung verlangen?

d) Ein Auftragnehmer kann sich gemäß *VOB/B* von der Gewährleistungspflicht befreien, sofern die Ursache eines Mangels im Verantwortungsbereich des Auftraggebers liegt. Nennen Sie die möglichen Mängelursachen.

Übungsaufgabe 10.7

Mängelbeseitigung, Minderung

a) Welche Wirkungen hat eine Mängelrüge nach *VOB/B*?

b) Unter welchen Voraussetzungen darf der Auftraggeber einen Mangel selbst beseitigen? Wer muss die Kosten dieser Mängelbeseitigung tragen?

c) Nennen Sie die grundsätzlich möglichen Gewährleistungsansprüche des Auftraggebers gemäß *VOB/B*.

d) Der Auftragnehmer hat nach *VOB/B* als Baufachmann eine besondere Prüfungs- und Mitteilungspflicht gegenüber dem Auftraggeber. Aufgrund welcher möglichen Mängelursachen kann sich der Auftragnehmer aus der Gewährleistungspflicht befreien, indem er seine entsprechenden Bedenken schriftlich mitteilt?

Übungsaufgabe 10.8
Mängelbeseitigung durch Dritte

a) Die Heizungsinstallation eines Einfamilienhauses wurde von einem Nachunternehmer des Generalunternehmens (GU) ausgeführt. Bei der Abnahme des Bauherrn stellt dieser fest, dass die Wärmedämmung der Heizungsrohre im Kellergeschoss noch fehlt.
   - Gegenüber wem und wodurch muss der Bauherr seinen Anspruch auf Mängelbeseitigung geltend machen?
   - Wer muss den Mangel beseitigen? Welche formalen Voraussetzungen müssen hierfür erfüllt sein?
   - Wie lange hat der Bauherr Anspruch auf die Beseitigung der gerügten Mängel und wie lange dauert der Gewährleistungsanspruch des Bauherrn für die Mängelbeseitigungs-Leistung?

   VOB/B ist jeweils Vertragsgrundlage.

b) Unter welchen Voraussetzungen kann ein Auftraggeber gemäß *VOB/B* auf die Mängelbeseitigung verzichten? Welchen weitergehenden Gewährleistungsanspruch kann er dann geltend machen?

c) Unter welchen Voraussetzungen kann ein Auftraggeber gemäß *VOB/B* einen festgestellten Mangel durch einen dritten Unternehmer beseitigen lassen?

Übungsaufgabe 10.9
Schadenersatzansprüche nach VOB/B

Nennen Sie die drei verschiedenen Schadensarten nach *VOB/B*. Welche Schadenersatzansprüche können entsprechend geltend gemacht werden? Nennen Sie jeweils ein Beispiel.

Übungsaufgabe 10.10
Verjährungsfristen

Welche Verjährungsfrist für die Gewährleistung für Bauwerke sieht die *VOB/B* vor?

Übungsaufgabe 10.11
Abrechnung und Zahlung

Welche Bedeutung hat nach *VOB/B* eine Abschlagszahlung des Auftraggebers für die Gewährleistungsfrist?

Übungsaufgabe 10.12
Fristenlauf

Wie werden gemäß *VOB/B* Beginn und Ende der Bauzeit festgelegt?

Übungsaufgabe 10.13
Verpflichtung des Auftragnehmers zur rechtzeitigen Leistung

Worin besteht die Verpflichtung des Auftragnehmers zur rechtzeitigen Leistung gemäß *VOB/B*?

Übungsaufgabe 10.14
Mitwirkungspflicht des Auftraggebers

Welche Verpflichtungen des Auftraggebers sieht die *VOB/B* vor, die rechtzeitige Leistung des Auftragnehmers zu ermöglichen?

Übungsaufgabe 10.15
Erfüllung der Mitwirkungsverpflichtung – Tätigkeiten von Erfüllungsgehilfen des Auftraggebers

Welche Tätigkeiten sind Tätigkeiten von Erfüllungsgehilfen des Auftraggebers?

Übungsaufgabe 10.16
Allgemeines

a) Was verstehen Sie unter den „Allgemein anerkannten Regeln der Technik"?

b) Warum muss der Auftragnehmer seine Bedenken schriftlich äußern?

11 Ausschreibung und Vergabe

Studienziele

Das Kapitel soll dem Leser grundlegende Kenntnisse ermöglichen über

- die Grundlagen der Ausschreibung und Vergabe nach EU-Richtlinien und *VOB/A*.

Das Kapitel soll dem Leser Fähigkeiten vermitteln,

- einen Bauvertrag mit Vertragsbedingungen und Leistungsbeschreibung zu formulieren,
- ein Leistungsverzeichnis zu erstellen.

11.1 VOB/A und EU-Richtlinien

Vergabe- und Vertragsordnung für Bauleistungen (VOB)

VOB/A Vergabe- und Vertragsordnung für Bauleistungen – Teil A: Allgemeine Bestimmungen für die Vergabe von Bauleistungen (*DIN 1960*).

Die rechtliche Grundlage für die Ausschreibung und Vergabe von Bauleistungen durch öffentliche Auftraggeber bildet der Teil A der Vergabe- und Vertragsordnung für Bauleistungen (*VOB/A*). Diese ist in drei Abschnitte gegliedert, die jeweils unterschiedliche Anwendungsbereiche abdecken:

- **Abschnitt 1** enthält die nationalen Vergaberegeln gemäß *DIN 1960*. Diese „Allgemeinen Bestimmungen für die Vergabe von Bauleistungen" gelten für Bauaufträge, die unterhalb der EU-Schwellenwerte liegen und ausschließlich national vergeben werden.

- **Abschnitt 2** regelt die Vergabe öffentlicher Bauaufträge, die aufgrund ihres Auftragswertes dem europäischen Vergaberecht unterliegen. Hier greifen die Bestimmungen der Richtlinie 2014/24/EU, die in der *VOB/A-EU* umgesetzt sind.
- **Abschnitt 3** betrifft die Vergabe von Bauleistungen im Bereich der Verteidigung und Sicherheit. Grundlage ist hier die Richtlinie 2009/81/EG, umgesetzt in der *VOB/A-VS.*

Durch diese Struktur ist sichergestellt, dass die Vergabeverfahren öffentlicher Auftraggeber sowohl nationalen als auch europäischen Anforderungen gerecht werden. Die *VOB/A* schafft damit ein einheitliches Regelwerk, das Transparenz, Wettbewerb und Gleichbehandlung im Vergabeprozess gewährleistet.

11.1.1 Vergabeverfahren

Sobald der geschätzte Auftragswert eines öffentlichen Bauvorhabens den EU-Schwellenwert von 5,538 Millionen Euro überschreitet, greift das sogenannte *Publizitätsgebot* (§ 1 EU). Dieses verpflichtet den Auftraggeber zur europaweiten Ausschreibung des Projekts. Dabei kann er bestimmte Eignungskriterien festlegen, anhand derer die fachliche, wirtschaftliche und technische Leistungsfähigkeit der Bieter nachzuweisen ist (§§ 6, 6 EU). Zudem ist er verpflichtet, die Zuschlagskriterien im Vorfeld transparent zu benennen.

Die Vergabearten nach *VOB/A* und den *EU-Richtlinien* unterscheiden sich je nach Verfahrensart und Anwendungsbereich. Eine Übersicht dazu bietet Tabelle 11.1.

Tabelle 11.1 Vergabearten nach *VOB/A* und EU-Richtlinien

VOB/A § 3	VOB/A § 3 EU
Öffentliche Ausschreibung	Offenes Verfahren
Beschränkte Ausschreibung	Nichtoffenes Verfahren nach öffentlichem Teilnehmerwettbewerb
Freihändige Vergabe	Verhandlungsverfahren
	Wettbewerblicher Dialog
	Innovationspartnerschaft

Vergabearten nach *VOB/A* sind:

- **Öffentliche Ausschreibung:** Die Bauleistung wird öffentlich bekannt gemacht, und jedes interessierte Unternehmen kann ein Angebot abgeben.
- **Beschränkte Ausschreibung mit Teilnahmewettbewerb:** Eine begrenzte Zahl geeigneter Unternehmen wird nach einem vorgeschalteten Auswahlverfahren zur Angebotsabgabe aufgefordert.
- **Beschränkte Ausschreibung ohne Teilnahmewettbewerb sowie die Freihändige Vergabe:** Diese Verfahren sind nur in Ausnahmefällen zulässig, etwa bei besonderer Dringlichkeit oder fehlendem Wettbewerb.

Gemäß § 3a *VOB/A* stehen öffentlichen Auftraggebern grundsätzlich nur die Öffentliche Ausschreibung und die Beschränkte Ausschreibung mit Teilnahmewettbewerb zur Verfügung. Die Anwendung vereinfachter Verfahren ist an enge Voraussetzungen geknüpft.

Im EU-Vergaberecht (§ 3 EU *VOB/A*) finden sich vergleichbare Verfahrensarten.

- **Offenes Verfahren:** Entspricht der öffentlichen Ausschreibung.
- **Nichtoffenes Verfahren:** Entspricht der beschränkten Ausschreibung mit Teilnahmewettbewerb.
- **Verhandlungsverfahren:** Ermöglicht dem Auftraggeber, mit ausgewählten Bietern über die Angebote zu verhandeln.

Darüber hinaus kennt das EU-Recht zwei weitere spezielle Verfahren:

- **Wettbewerblicher Dialog:** Dieses Verfahren dient dazu, gemeinsam mit geeigneten Unternehmen Lösungen für komplexe Projekte zu entwickeln, bei denen die technischen oder rechtlichen Anforderungen noch nicht abschließend definiert sind.
- **Innovationspartnerschaft:** Sie ermöglicht die Entwicklung und anschließende Beschaffung innovativer Bauleistungen, die zum Zeitpunkt der Ausschreibung noch nicht am Markt verfügbar sind.

Vergaberichtlinien

Öffentliche Auftraggeber sind durch die Vergaberichtlinien des Bundes *(Vergabehandbuch)* an die *VOB/A* gebunden. Private Auftraggeber führen Ausschreibung und Vergabe ebenfalls häufig in Anlehnung an die *VOB/A* durch, sind jedoch nicht daran gebunden.

Somit besteht für private Bauherren auch die Möglichkeit, einen Bauvertrag als *Werkvertrag nach BGB* auszuschreiben und abzuschließen. Dabei sind jedoch die Regeln nach *VOB/A* als Norm *DIN 1960* im Sinne anerkannter Regeln der Technik zu berücksichtigen.

Weitere Vergaberegelungen

Die *VOB/A* enthält neben den Verfahrensarten auch zentrale Regelungen zu den vertraglichen Rahmenbedingungen öffentlicher Bauaufträge. Dazu zählen insbesondere:

- **Ausführungsfristen** (§ 9): Sie legen verbindlich fest, in welchem Zeitraum die Bauleistungen zu erbringen sind.
- **Prämien und Vertragsstrafen** (§ 9a): Diese ermöglichen es dem Auftraggeber, Anreize für eine besonders zügige Ausführung zu setzen oder Sanktionen bei Terminüberschreitungen zu verhängen.
- **Gewährleistung** (§ 9b): Hier werden die Anforderungen an die Mängelhaftung geregelt, die über die Bauabnahme hinaus gelten.
- **Sicherheitsleistungen** (§ 9c): Sie dienen der Absicherung von Ansprüchen des Auftraggebers, etwa bei Nichterfüllung oder Mängeln.
- **Vergütungsänderungen** (§ 9d): Diese Vorschrift regelt, unter welchen Voraussetzungen eine Anpassung der vereinbarten Vergütung zulässig ist – etwa bei Mengenänderungen oder geänderten Ausführungsbedingungen.

Die Vergabeunterlagen, auch als Ausschreibungsunterlagen bezeichnet, bilden die Grundlage für die Angebotsabgabe. Sie enthalten alle relevanten Informationen zum Bauvorhaben, zu den Vertragsbedingungen sowie zu den technischen und rechtlichen Anforderungen. Die Anforderungen an Inhalt und Aufbau dieser Unterlagen sind in § 8 *VOB/A* geregelt. Bestandteil der Vergabeunterlagen sind regelmäßig auch die *VOB/B* (Allgemeine Vertragsbedingungen für die Ausführung von Bauleistungen) und die *VOB/C* (Allgemeine Technische Vertragsbedingungen für Bauleistungen), die als verbindliche Vertragsgrundlagen gelten.

Leistungsbeschreibung

Grundsätzliches zur Leistungsbeschreibung ist in § 7 und § 7 EU der *VOB/A* festgelegt. Darüber hinaus enthält die *VOB/C*, jeweils in Abschnitt 0 der verschiedenen Gewerke, Hinweise für das Aufstellen der Leistungsbeschreibung.

11.1.2 Fristen

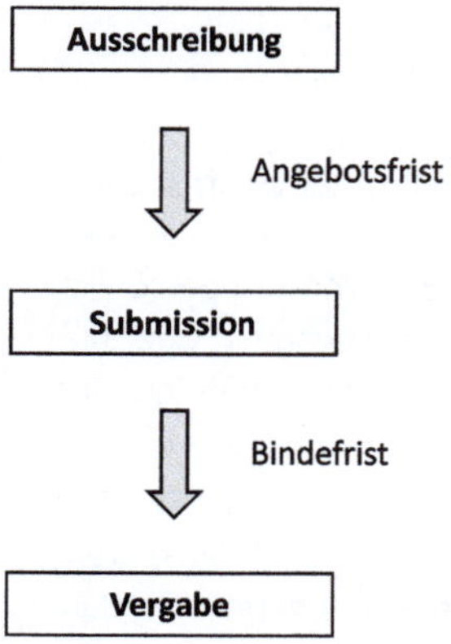

Bild 11.1
Angebots- und Bindefrist

Die *Ausschreibung* stellt die formale Aufforderung an interessierte Unternehmen dar, innerhalb einer festgelegten Frist ein verbindliches Kostenangebot abzugeben. Die Dauer dieser Angebotsfrist variiert je nach Vergabeart und liegt in der Regel zwischen 10 und 35 Kalendertagen (Tabelle 11.2). Unter bestimmten Voraussetzungen, etwa bei einer vorherigen Bekanntmachung oder bei besonderer Dringlichkeit, kann die Frist verkürzt werden.

Tabelle 11.2 Angebotsfristen nach *VOB/A*

§ 10 VOB/A	Öffentliche Ausschreibung Beschränkte Ausschreibung Freihändige Vergabe	Ausreichende Angebotsfrist, mindestens 10 KT
§ 10 EU VOB/A	Offenes Verfahren	Mindestens 35 KT, nach Vorinformation verkürzt auf 15 KT
	Nichtoffenes Verfahren, Verhandlungsverfahren	Bewerbungsfrist für Teilnahme-Wettbewerb: mindestens 30 KT, bei Dringlichkeit auf 15 KT verkürzt Angebotsfrist: mindestens 30 KT, nach Vorinformation oder bei Dringlichkeit auf 10 KT verkürzt
	Wettbewerblicher Dialog, Innovationspartnerschaft	Teilnahmefrist mindestens 30 KT
Quelle: *VOB/A DIN 1960*		

Die rechtlichen Grundlagen für die Auftragsbekanntmachung und die Vorinformation sind in den §§ 12 *VOB/A* und 12 EU geregelt. Die Angebotsfrist endet mit der *Submission* (§ 14), also dem offiziellen Eröffnungstermin der Angebote. Bis zu diesem

Zeitpunkt ist eine Rücknahme des Angebots möglich; nach Ablauf der Frist sind keine Änderungen oder Neueinreichungen mehr zulässig.

Submission

Die Submission bezeichnet den formellen Termin, an dem die Angebotsfrist endet und die eingegangenen Angebote geöffnet werden. Es handelt sich dabei um eine Veranstaltung des Auftraggebers, bei der Vertreter der Bieterfirmen persönlich anwesend sein können. Die Angebote müssen zuvor in verschlossenen Umschlägen eingereicht worden sein. Während der Submission werden diese geöffnet und die Angebotssummen öffentlich verlesen.

Bei öffentlichen Bauvorhaben ist die Durchführung einer Submission gemäß dem Vergabehandbuch des Bundes verbindlich vorgeschrieben. Ziel ist es, Transparenz und Gleichbehandlung im Vergabeprozess sicherzustellen. Auch im privaten Bausektor greifen Bauherren zunehmend auf dieses Verfahren zurück, um die Angebotsauswertung nachvollziehbar und fair zu gestalten.

Mit dem Eröffnungstermin beginnt die sogenannte *Zuschlags- und Bindefrist* (§ 10), die maximal 30 Kalendertage betragen darf. Innerhalb dieses Zeitraums ist der Bieter an sein Angebot gebunden. In dieser Phase erfolgen die Prüfung (§ 16c) und Wertung (§ 16d) der Angebote durch den Auftraggeber.

Der Auftraggeber hat in dieser Zeit die Möglichkeit, Aufklärungen zu einzelnen Angebotsinhalten einzuholen (§ 15). Dabei handelt es sich jedoch nicht um Verhandlungen – Preisverhandlungen oder Änderungen des Angebots sind grundsätzlich unzulässig. Eine Ausnahme bilden Nebenangebote oder Angebote auf Basis eines *Leistungsprogramms* (§ 7c), sofern geringfügige technische Anpassungen erforderlich sind.

Den Abschluss des Vergabeverfahrens bildet die *Zuschlagserteilung* bzw. *Auftragsvergabe* (§ 18), mit der der ausgewählte Bieter den Zuschlag erhält und der Vertrag rechtswirksam zustande kommt.

11.2 Vergabe- und Vertragsunterlagen

Nach Zuschlagserteilung werden die Ausschreibungsunterlagen Bestandteil des Bauvertrags und bilden gemeinsam mit den Vertragsbedingungen die vertragliche Grundlage für die Ausführung der Bauleistung. Der Bauvertrag setzt sich im Wesentlichen zusammen aus

- den **Vertragsbedingungen**, die rechtliche und technische Rahmenbedingungen regeln, sowie
- der **Leistungsbeschreibung**, bestehend aus einer allgemeinen Baubeschreibung und dem detaillierten Leistungsverzeichnis (LV).

11.2.1 Vertragsbedingungen

Die Vertragsbedingungen regeln den rechtlichen und technischen Rahmen. Sie gliedern sich in mehrere Ebenen, die je nach Projektumfang und Anforderungen ergänzt werden können:

- Allgemeine Vertragsbedingungen (*VOB/B*),
- Zusätzliche Vertragsbedingungen,
- Besondere Vertragsbedingungen,
- Allgemeine Technische Vertragsbedingungen (*VOB/C*),
- Zusätzliche Technische Vertragsbedingungen,
- Besondere Technische Vertragsbedingungen.

Diese Struktur ermöglicht eine differenzierte und projektspezifische Regelung der vertraglichen Anforderungen – sowohl im rechtlichen als auch im technischen Bereich.

Übungsbeispiel 11.1
Vertragsbedingungen

Die Vertragsbedingungen für Bauverträge bestehen u. a. aus folgenden Textteilen:

- Vorbemerkungen eines Leistungsverzeichnisses,
- Zusätzliche Vertragsbedingungen,
- Besondere Vertragsbedingungen.

Diese Textteile in Ausschreibungen von Baumaßnahmen beinhalten folgende Inhalte:

- Vorbemerkungen eines Leistungsverzeichnisses:
  - zusammenfassende Darstellung von Leistungstexten mehrerer Positionen,
  - z. B. für einen Leistungsbereich (z. B. Betonarbeiten),
  - z. B. für Teile eines Leistungsbereichs (z. B. Schalung),
  - direkter Zusammenhang mit Leistungstexten der entsprechenden Positionen im LV.
- Zusätzliche Vertragsbedingungen:
  - ergänzende und abschließende Regelungen zu *VOB/B*, den Allgemeinen Vertragsbedingungen, z. B. über Abnahme, Vertragsstrafe, Stundenlohnarbeiten etc.,
  - dürfen den Allgemeinen Vertragsbedingungen nicht widersprechen,
  - unterliegen den Regelungen zu den Allgemeinen Geschäftsbedingungen (AGB) im *BGB*, da sie vorformuliert sind. Sie müssen ausgewogen sein.

- Besondere Vertragsbedingungen:
  - Spezielle, auf ein bestimmtes Bauvorhaben (Einzelfall) abgestellte Bedingungen, unterliegen den Regelungen zu den Allgemeinen Geschäftsbedingungen (AGB) im *BGB*, wenn sie in der Ausschreibung vorformuliert sind,
  - Abweichungen von Allgemeinen und Zusätzlichen Vertragsbedingungen, die individuell ausgehandelt werden können bzw. müssen. Diese dürfen nicht vorformuliert sein, sie unterliegen dann nicht den Regelungen zu den Allgemeinen Geschäftsbedingungen (AGB) im *BGB*, sondern sind einseitig.

11.2.2 Leistungsbeschreibung

Die Leistungsbeschreibung besteht in der Regel aus zwei Teilen:

- einer *allgemeinen Baubeschreibung*, die das Bauvorhaben in seinen Grundzügen beschreibt, und
- dem *Leistungsverzeichnis* (LV), das die einzelnen auszuführenden Leistungen detailliert aufführt.

Die allgemeine Baubeschreibung enthält Informationen zu

- Zweck, Aufbau, Größe, Bauart und Bauweise des Bauwerks (z. B. Massiv- oder Fertigteilbauweise, Stahlbeton- oder Mauerwerkskonstruktion),
- Lage und Erschließungssituation, Nachbarbebauung,
- Art der geforderten Bauleistungen (z. B. Erd-, Mauer-, Beton-, Zimmererarbeiten),
- sowie Hinweise auf Pläne, Zeichnungen und Lagepläne.

Das Leistungsverzeichnis dient der

- technischen Beschreibung der auszuführenden Leistungen in Form von Leistungstexten,
- quantitativen Festlegung des Leistungsumfangs durch Mengenangaben,
- Vergütungsvereinbarung über Einheitspreise, die die Grundlage für die Abrechnung bilden.

11.2.3 Leistungsverzeichnis

Das Leistungsverzeichnis (LV) wird in einer klar strukturierten Form aufgebaut, um die Ausschreibung und spätere Abrechnung der Bauleistungen nachvollziehbar und effizient zu gestalten.

Vertikale Gliederung

Die vertikale Gliederung erfolgt in mehreren Ebenen, die je nach Projektgröße und Komplexität unterschiedlich tief ausfallen können:

- **Ordnungsnummer / Pos. 1**

  Lose, Bauteile oder Bauabschnitte

  (Enthält das LV nur einen Bauabschnitt, entfällt diese Gliederungsebene.)

- **Ordnungsnummer / Pos. 1.1**

  Leistungsbereiche, Gewerke oder Titel (z. B. Betonarbeiten)

- **Ordnungsnummer / Pos. 1.1.1**

  Untertitel (z. B. Gründungsarbeiten – kann bei kleineren Leistungsverzeichnissen entfallen)

- **Ordnungsnummer / Pos. 1.1.1.1**

  Leistungspositionen (konkrete Einzelleistungen mit Mengen- und Preisangaben)

Wiederkehrende oder zusammenfassende Hinweise zu mehreren Positionen werden in den jeweiligen *Vorbemerkungen* zusammengefasst. Diese dienen der Erläuterung technischer, organisatorischer oder vertraglicher Besonderheiten, die für die Ausführung der betreffenden Leistungen relevant sind.

Horizontale Gliederung

Die horizontale Gliederung eines Leistungsverzeichnisses, also der Aufbau innerhalb einer Position, ist in Tabelle 11.3 dargestellt.

Tabelle 11.3 Horizontale Gliederung eines Leistungsverzeichnisses (LV)

Ordnungs-Nr. (Pos.-Nr.)	Menge	Mengen-einheit	Leistungstext	Einheitspreis (EP)	Gesamtpreis (GP)

11.2.4 Standardisierte Leistungstexte

Für die Erstellung von Leistungsverzeichnissen stehen verschiedene standardisierte Leistungstexte zur Verfügung, die eine einheitliche und fachlich präzise Beschreibung der Bauleistungen ermöglichen.

- Im Hochbau kommen in der Regel Texte aus dem *Standardleistungsbuch Bau* (STLB-Bau) zum Einsatz.
- Für den Straßen-, Brücken-, Wasser- und Tiefbau werden häufig Texte aus dem *Standardleistungskatalog für den Straßen- und Brückenbau* (STLK) verwendet.

Darüber hinaus können auch Muster-Leistungsverzeichnisse oder unternehmensspezifische Vorlagen genutzt werden, sofern sie den Anforderungen an Klarheit, Eindeutigkeit und technische Genauigkeit genügen. Diese standardisierten Texte erleichtern die Ausschreibung, die Angebotsbearbeitung und die spätere Abrechnung, da sie auf bewährten Formulierungen und praxisgerechten Strukturen basieren.

11.2.5 Funktionale Leistungsbeschreibung

Bei Bauverträgen mit Generalübernehmern oder Totalunternehmern wird häufig auf ein klassisches Leistungsverzeichnis verzichtet. Stattdessen bildet eine *funktionale Leistungsbeschreibung mit Leistungsprogramm* die Grundlage der Ausschreibung.

Der Bauherr verzichtet hierbei weitgehend auf eine eigene Planung und definiert stattdessen die Anforderungen, die das fertige Bauwerk erfüllen muss. Dazu zählen:

- der Zweck der baulichen Anlage,
- technische, wirtschaftliche und gestalterische Anforderungen sowie
- funktionale Vorgaben, die für die spätere Nutzung relevant sind.

Für den Bieter stellt die funktionale Leistungsbeschreibung eine hinreichende Grundlage dar, um ein Angebot zu erstellen, das sowohl die Planungsleistungen als auch die Bauausführung umfasst.

Kommt ein Vertrag mit einem *Generalübernehmer* zustande, übernimmt dieser die Ausführungsplanung auf Basis eines vorliegenden Entwurfs. Die funktionale Leistungsbeschreibung enthält in diesem Fall detaillierte Anforderungen an Planung und Ausführung, lässt dem Auftragnehmer jedoch gewisse Freiheiten in der konkreten Umsetzung.

Bei einem Totalunternehmervertrag wird zusätzlich auch die Entwurfsplanung Bestandteil der vertraglichen Leistung. Der *Totalunternehmer* erhält dadurch erweiterte Gestaltungsspielräume, muss jedoch auch die Anforderungen an die Entwurfsplanung erfüllen, wie sie im Leistungsprogramm definiert sind.

Im *Schlüsselfertigbau* wird ein detailliertes Leistungsverzeichnis nur selten ausgeschrieben. Stattdessen basiert die Kalkulation meist auf einer funktionalen Leistungsbeschreibung gemäß *VOB/A* § 7c. Die geforderten Leistungen sind dabei nur grob beschrieben und werden durch einfache Pläne ergänzt.

Für die interne Kalkulation und die Ausschreibung an Nachunternehmer muss der Bieter die geforderten Leistungen zunächst selbst in einem eigenen Leistungsverzeichnis erfassen und die Mengen ermitteln. Die Vergütung erfolgt in solchen Fällen in der Regel pauschal, basierend auf dem Gesamtangebot für Planung und Ausführung.

11.3 Übungsbeispiele Leistungsverzeichnis

Übungsbeispiel 11.2

Leistungsverzeichnis Rohbau – Beispielprojekt Stadtvilla

Für die Rohbauarbeiten des *Beispielprojekts Stadtvilla* ist nachfolgend das Leistungsverzeichnis aufgeführt.

Zur Erstellung des Rohbaus (ohne Dach) wird ein Vertrag zwischen dem Bauherrn und der Bauunternehmung geschlossen. Vertragsbestandteil ist die Leistungsbeschreibung mit nachfolgendem Leistungsverzeichnis. Darin enthalten sind die Gewerke *Erdarbeiten* gemäß *DIN 18300, Mauerarbeiten* gemäß *DIN 18330* und *Betonarbeiten* gemäß *DIN 18331*. Die vertraglich vereinbarte Bauzeit beträgt 65 Arbeitstage.

1. Baustelleneinrichtung

1.1 pauschal Baustelleneinrichtung einrichten und räumen

Baustelleneinrichtung für sämtliche in der Leistungsbeschreibung aufgeführten Leistungen einrichten und räumen.

2. Erdarbeiten

2.1 180,0 m³ Aushub Baugrube

Boden für Baugrube ab Geländeoberkante profilgerecht lösen und laden, einschließlich Abfuhr und Entsorgung. Gesamtbreite über 10 bis 15 m, Gesamtlänge über 10 bis 15 m, Aushubtiefe bis 3 m. Homogenbereich 1, mit einer Bodengruppe, Bodengruppe 1 GU *DIN 18196* (Kies-Schluff-Gemisch), Tiefe oberer Horizont des Homogenbereichs von 0 m, Tiefe unterer Horizont des Homogenbereichs bis 3 m, Baumaßnahme der Geotechnischen Kategorie 1 *DIN 4020*, Konsistenz *DIN EN ISO 14688-1* fest. Mengenermittlung nach Aufmaß an der Entnahmestelle.

2.2 183,0 m³ Aushub Baugrube

Boden für Baugrube ab Geländeoberkante profilgerecht lösen und seitlich lagern, sonst wie Pos 2.1.

2.3 183,0 m³ Verfüllung Arbeitsraum

Arbeitsraum profilgerecht verfüllen, Einbauhöhe bis 3 m, Boden seitlich gelagert, mit einer Bodengruppe, Bodengruppe 1 GU *DIN 18196* (Kies-Schluff-Gemisch).

3. Betonarbeiten *(Leistungsbereich, Gewerk)*

Vorbemerkung (*Zusammenfassender Leistungstext*)

Die Bauteile der nachfolgenden Ortbeton-Positionen werden als Stahlbeton gemäß *DIN EN 206, DIN 1045-2* hergestellt. Es gelten die angegebenen Expositionsklassen für Bewehrungskorrosion, ausgelöst durch Karbonatisierung, Ausführung gemäß Zeichnung.

Für die Schalung der nachfolgenden Schalungs-Positionen ist, soweit keine anderen Angaben gemacht sind, Schalungshaut für Betonflächen ohne Anforderung zu verwenden.

Die Positionen 3.1 bis 3.9 sind *Ausführungspositionen* oder *Normalpositionen.*

3.1 (*Pos.-Nr.*) **6,3 m³** (*Menge und Mengeneinheit*) **Ortbeton Sauberkeitsschicht, Stahlbeton C8/10, D = 5 cm** (*Kurztext*)

Ortbeton der Sauberkeitsschicht, Normalbeton C8/10 *DIN EN 206, DIN 1045-2,* obere Betonfläche waagerecht, natürliche Gesteinskörnung, Expositionsklasse XC2, Dicke 5 cm (*Langtext*).

3.2 0,6 m³ Ortbeton Einzelfundamente, Stahlbeton C25/30, L/B/H = 60/60/80 cm

Ortbeton der Einzelfundamente, als Stahlbeton, Normalbeton C25/30, *DIN EN 206, DIN 1045-2,* Untergrund waagerecht, obere Betonfläche waagerecht, natürliche Gesteinskörnung, Expositionsklasse XC3, Länge/Breite/Höhe 60/60/80 cm.

3.3 3,8 m² Schalung Einzelfundamente

Schalung der Einzelfundamente, H = 80 cm, Schalungshaut für Betonflächen ohne Anforderungen.

3.4 34,1 m³ Ortbeton Bodenplatte, Stahlbeton C25/30, D = 18 cm

Ortbeton der Bodenplatte, als Stahlbeton, Normalbeton C25/30, *DIN EN 206, DIN 1045-2,* Untergrund waagerecht, obere Betonfläche waagerecht, natürliche Gesteinskörnung, Expositionsklasse XC3, Dicke 18 cm.

3.5 10,3 m² Schalung Bodenplatte

Abschalung der Bodenplatte, einhäuptig. H = 18 cm, Schalungshaut für Betonflächen ohne Anforderungen.

3.6 4,0 m³ Ortbeton Außenwände, Stahlbeton C20/25, D = 45 cm

Ortbeton der Außenwände, als Stahlbeton, Normalbeton C20/25, *DIN EN 206, DIN 1045-2,* natürliche Gesteinskörnung, Expositionsklasse XC1, Dicke 45 cm.

3.7 21,2 m³ Ortbeton Außenwände, Stahlbeton C20/25, D = 30 cm

Ortbeton der Außenwände, als Stahlbeton, Normalbeton C20/25, *DIN EN 206, DIN 1045-2,* natürliche Gesteinskörnung, Expositionsklasse XC1, Dicke 30 cm.

3.8 159,2 m² Schalung Außenwände, Schalungsplatte, H = 2 bis 3 m

Schalung der Außenwände, Dicken 30 bis 45 cm. Die Betonansichtsflächen sind in Sichtbetonklasse SB2 gemäß *DBV-Merkblatt Sichtbeton* auszuführen. Es ist eine Rahmenschalung mit phenolharzbeschichteter Holzschalungshaut zu verwenden. Dabei ist auf geordnete Schalungsstöße und Ankerlagen zu achten. Ankerlöcher sind mit Faserbeton-Verschlusskonen zu schließen. Bauteilhöhe über 2 bis 3 m.

3.9 0,2 m³ Ortbeton Rundstützen, Stahlbeton C20/25, D = 20 cm

Ortbeton der Rundstützen, als Stahlbeton, Normalbeton C20/25, *DIN EN 206, DIN 1045-2,* natürliche Gesteinskörnung, Expositionsklasse XC1, Durchmesser 20 cm.

3.10 3,3 m² Schalung Rundstützen, glatte Betonansicht, H = 2 bis 3 m

Schalung der Rundstützen, Durchmesser 20 cm. glatte Betonansichtsflächen in Sichtbetonklasse SB2 gemäß *DBV-Merkblatt Sichtbeton*, Bauteilhöhe über 2 bis 3 m.

3.11 308,8 m² Halbfertigteile Decken, Stahlbeton C20/25, D = 5 cm

Halbfertigteile der Deckenplatten, obere Betonfläche waagerecht, als Stahlbeton, Normalbeton C20/25, *DIN EN 206*, *DIN 1045-2*, natürliche Gesteinskörnung, Expositionsklasse XC1, Dicke 5 cm.

3.12 40,1 m³ Aufbeton Decken, Stahlbeton C20/25, D = 13 cm

Ortbeton als Aufbeton der Deckenplatten, obere Betonfläche waagerecht, als Stahlbeton, Normalbeton C20/25, *DIN EN 206*, *DIN 1045-2*, natürliche Gesteinskörnung, Expositionsklasse XC1, Dicke 13 cm.

3.13 308,8 m² Unterrüstung der Halbfertigteil-Decken, D = 18 cm

Unterrüstung der Halbfertigteil-Deckenplatten, Deckenstützen und Schalungsträger, Höhe der Betonunterseite über 2 bis 3 m, Aufstellebene der Unterstützung waagerecht.

3.14 2,7 m³ Ortbeton Balkondecke, Stahlbeton C20/25, D = 18 cm

Ortbeton der Deckenplatte, obere Betonfläche waagerecht, als Stahlbeton, Normalbeton C20/25, *DIN EN 206*, *DIN 1045-2*, natürliche Gesteinskörnung, Expositionsklasse XC1, Dicke 18 cm.

3.15 15,0 m² Schalung der Balkondecke, D = 18 cm

Schalung Balkondecke, Deckenstützen und Schalungsträger, Höhe der Betonunterseite über 2 bis 3 m, Aufstellebene der Unterstützung waagerecht.

3.16.1 5,1 t Betonstabstahl BSt500A, alle Durchmesser

Bewehrung aus Betonstabstahl B500A *DIN 488-1*, *DIN 488-2*, alle Durchmesser, alle Längen, für Bodenplatten, Wände und Decken aus Ortbeton.

3.16.2 15,0 t Betonstahlmatte BSt500A, Lagermatten

Bewehrung aus Betonstahlmatten B500A *DIN 488-1*, *DIN 488-4*, als Lagermatten für Bodenplatten, Wände und Decken aus Ortbeton.

4. Mauerarbeiten

4.1 229,6 m² Mauerwerk Außenwand, D = 24 cm, KS L, SFK20, RDK1,6, MG II a

Mauerwerk *DIN EN 1996-1-1* der Außenwand, als Hintermauerung für Vormauerschale einseitig als Sichtmauerwerk, Drahtanker werden gesondert vergütet, Stoßfuge vermörtelt. Kalksandstein *DIN EN 771-2* in Verbindung mit *DIN 20000-402*, KS L, Festigkeitsklasse 20, Rohdichteklasse 1,6, Mauerwerksdicke 24 cm, Mauermörtel MG II a *DIN 18580* oder *DIN 20000-412* in Verbindung mit *DIN EN 998-2*, 5 DF (240/300/113), Arbeitshöhe bis 2,5 m. Ausführung im Erd- und Obergeschoss, einschließlich Fugenglattstrich beim Herstellen des Mauerwerks.

4.2 54,4 m² Mauerwerk Innenwand, D = 24 cm, KS L, SFK20, RDK1,6, MG II a

Mauerwerk *DIN EN 1996-1-1* der Innenwand, Stoßfuge vermörtelt. Kalksandstein *DIN EN 771-2* in Verbindung mit *DIN 20000-402*, KS L, Festigkeitsklasse 20, Rohdichteklasse 1,6, Mauerwerksdicke 24 cm, Mauermörtel MG II a *DIN 18580* oder *DIN 20000-412* in Verbindung mit *DIN EN 998-2*, 5 DF (240/300/113), Arbeitshöhe bis 2,5 m. Ausführung im Keller-, Erd- und Obergeschoss, einschließlich Fugenglattstrich beim Herstellen des Mauerwerks.

4.3 187,3 m² Mauerwerk Innenwand, D = 11,5 cm, KS L, SFK20, RDK1,6, MG II a

Mauerwerk *DIN EN 1996-1-1* der Innenwand, Stoßfuge vermörtelt. Kalksandstein *DIN EN 771-2* in Verbindung mit *DIN 20000-402*, KS L, Festigkeitsklasse 20, Rohdichteklasse 1,6, Mauerwerksdicke 11,5 cm, Mauermörtel MG II a *DIN 18580* oder *DIN 20000-412* in Verbindung mit *DIN EN 998-2*, 2 DF (240/115/113), Arbeitshöhe bis 2,5 m. Ausführung im Keller-, Erd- und Obergeschoss, einschließlich Fugenglattstrich beim Herstellen des Mauerwerks.

4.4 252,9 m² Verblendung Außenwand, KMz, SFK28, RDK 2, 3DF, MG II a, H bis 6,0 m

Verblendmauerwerk *DIN EN 1996-1-1* an vorhandenen Drahtankern, mit Kerndämmung ohne Luftschicht. Kerndämmung wird gesondert vergütet. Schalenabstand 100 mm, vor Außenwänden, Klinker *DIN EN 771-1* in Verbindung mit *DIN 20000-401* oder nach Zulassung, KHLzB, Festigkeitsklasse 36, Rohdichteklasse 1,3, 2 DF (240/115/113), Mauerwerksdicke 11,5 cm, Mauermörtel MG II a. Arbeitshöhe bis 6,0 m, Ausführung im Läuferverband. Fugenglattstrich wird gesondert vergütet.

Grundposition

4.5 252,9 m² Fugenglattstrich Verblendmauerwerk

Fugenglattstrich beim Herstellen des Verblendmauerwerks.

Zulageposition

4.6 252,9 m² Drahtanker für 2-schaliges Mauerwerk

Drahtanker *DIN EN 1996-2* aus nichtrostendem Stahl, für zweischaliges Mauerwerk, beim Aufmauern in Hintermauerung einlegen, Höhe über Gelände bis 6 m, Schalenabstand 100 mm.

4.7 252,9 m² Kerndämmung PS-Hartschaum einlagig 0,035 W/(mK) D = 10 cm

Kerndämmung für 2-schaliges Mauerwerk, aus Polystyrol, EPS *DIN EN 13163*, einlagig, als Platte, Bemessungswert der Wärmeleitfähigkeit max. 0,035 W/(mK), Nennwert der Wärmeleitfähigkeit max. 0,034 W/(mK), Baustoffklasse *DIN 4102-1* B1 (schwerentflammbar), Dicke 100 mm, Anwendungsgebiet *DIN 4108-10* WZ, auf vorh. Drahtanker.

Nebenleistungen

Gemäß *VOB/C – DIN 18299* – Allgemeine Regelungen für Bauarbeiten jeder Art – Nr. 4.1 sind sowohl Einrichten und Räumen der Baustelle wie auch die Vorhaltung der Baustelleneinrichtung als Nebenleistungen zu betrachten und daher nicht in der Leistungsbeschreibung aufzuführen. Nebenleistungen müssen bei der Kalkulation direkt oder über Umlagen in die Einheitspreise der Positionen eingerechnet werden.

Soll eine Nebenleistung ausnahmsweise selbstständig vergütet werden, ist sie in der Leistungsbeschreibung aufzuführen (Nr. 0.4.1 *DIN 18299 – VOB/C*). In diesem Sinne wird das Einrichten und Räumen der Baustelle hier unter Pos. 1.1 als selbständige Leistungsposition aufgeführt.

Bei der Kalkulation muss daher nur die Vorhaltung der Baustelleneinrichtung über eine Umlage in die vorhandenen Positionen eingerechnet werden.

Für dieses Leistungsverzeichnis wird in Malpricht, W.; Rupp, C.: Kalkulation und Qualitätsmanagement im Baubetrieb eine Kalkulation nach dem Verfahren über die Angebotssumme durchgeführt.

Übungsbeispiel 11.3

Leistungsverzeichnis Tiefbau

Für die Erstellung des Kanalanschlusses und der Zufahrt des *Beispielprojekts Stadtvilla* ist nachfolgend das Leistungsverzeichnis aufgeführt. Es wird ein Vertrag zwischen dem Bauherrn und der Bauunternehmung geschlossen. Vertragsbestandteil ist das nachfolgende Leistungsverzeichnis. Darin enthalten sind die Tiefbaugewerke *Erdarbeiten* gemäß *DIN 18300*, *Entwässerungskanalarbeiten* nach *DIN 18306* und *Verkehrswegebauarbeiten – Pflasterdecken, Plattenbeläge, Einfassungen* nach *DIN 18318*. Die vertraglich vereinbarte Bauzeit beträgt fünf Arbeitstage.

1. Baustelleneinrichtung

1.1 pauschal Baustelleneinrichtung einrichten und räumen

Baustelleneinrichtung für sämtliche in der Leistungsbeschreibung aufgeführten Leistungen einrichten und räumen.

2. Erdarbeiten

2.1 44,0 m³ Oberbodenabtrag

Oberboden profilgerecht abtragen und seitlich lagern, Bodengruppe 3a nach *DIN 18915* (schwach bindig, sandig), eine Bodengruppe, Bodengruppe SU nach *DIN 18196* (gemischt-körniger Boden), Abtragdicke 50 cm, Mengenermittlung nach Aufmaß an der Entnahmestelle

2.2 59,0 m³ Aushub Rohrgraben

Boden des Rohrgrabens profilgerecht lösen und ausheben, Aushub seitlich lagern, einschließlich Verbau, Aushubtiefe bis 1,50 m, Sohlenbreite des Grabens 1,10 m bis 2,00 m. Homogenbereich 1, mit einer Bodengruppe, Bodengruppe 1 GU *DIN 18196* (Kies-Schluff-Gemisch). Tiefe oberer Horizont des Homogenbereichs von 0 m, Tiefe unterer Horizont des Homogenbereichs bis 1,5 m, Baumaßnahme der Geotechnischen Kategorie 1 DIN 4020, Konsistenz *DIN EN ISO 14688-1* fest. Mengenermittlung nach Aufmaß an der Entnahmestelle.

2.3 50,0 m³ Verfüllung Rohrgraben

Boden des Rohrgrabens, seitlich gelagert, profilgerecht verfüllen und verdichten, Einbauhöhe bis 1,50 m, Schichtdicke über 20 bis 25 cm, Breite der Sohle über 1,10 bis 2,00 m, mit einer Bodengruppe, Bodengruppe 1 GU *DIN18196* (Kies-Schluff-Gemisch).

2.4 170,0 m² Frostschutzschicht d = 18 cm

Frostschutzschicht, Belastungsklasse Bk10 nach RStO 12, Verdichtungsgrad mind. DPr 1, aus Baustoffgemisch für Frostschutzschicht, natürliche Gesteinskörnung TL Gestein, Körnung 0/45, Schichtdicke 18 cm, einbauen und verdichten, einschließlich Liefern und Abladen auf der Baustelle.

2.5 170,0 m² Tragschicht d = 20 cm

Kiestragschicht, Belastungsklasse Bk10 nach RStO 12, Verdichtungsgrad mind. DPr 1, aus Baustoffgemisch für Kiestragschicht, natürliche Gesteinskörnung TL Gestein, Körnung 0/32, Schichtdicke 20 cm, einbauen und verdichten, einschließlich Liefern und Abladen auf der Baustelle.

3. Entwässerungskanalarbeiten

3.1 2 Stück Schächte DN 1000 h = 2,00 m

Schacht DN 1000 für runden Kontrollschacht in Leitungen aus Rohren, aus Betonfertigteilen *DIN 4034-1* liefern, abladen und versetzen. Schacht bestehend aus Schachtunterteil mit offener Rinne DN 200, Höhe 50 cm bis 95 cm; Schachtring DN 1000, Höhe 50 cm; Schachthals konisch DN 1000/625; Auflagerring DN 625, Höhe 6 cm bis 12 cm; Schachtabdeckung Klasse D nach *DIN 1229*, rund, LW 625, Betonguss, mit Rahmen.

Pos. 3.1 enthält eine vereinfachende Darstellung: Für Schachtunterteil, Schachtringe, Schachthals, Auflagerring und Schachtabdeckung werden gewöhnlich separate Positionen ausgeschrieben.

3.2 5,0 m³ Rohrauflager 15 cm

Bettungsschicht als Rohrauflager aus Sand 0/4 mm. Sand für die Entwässerungsleitungen liefern, abladen, verteilen und im Graben einbauen. Dicke 15 cm.

3.3 30,0 m Rohre aus Steinzeug

Entwässerungsleitung *DIN EN 1610* aus Steinzeugrohren, Rohre *DIN EN 295*-1 Regelausführung (N), Rohrverbindung mit Steckmuffe L, Auflager in nichtbindigem Boden; Auflagerwinkel 90°, Formstücke werden beim Aufmaß übermessen und als Zulage zusätzlich verrechnet, Regelbaulänge 2 m, verlegen, DN 200.

3.4 2,0 Stück Formstücke als Zulage

Steinzeugbogen als Zulage zu den Rohrleitungen, Regelausführung (N), 15° bis 45°verlegen, DN 200.

3.5 1,0 psch. Hausanschluss

Hausanschluss der Entwässerungsleitung aus Steinzeugrohren DN 200 herstellen.

4. Verkehrswegebauarbeiten – Pflasterdecken, Plattenbeläge, Einfassungen

4.1 170,0 m² Beton-Verbundsteinpflaster d = 8 cm auf Splitt d = 4 cm

Pflasterdecke aus Betonverbundsteinen L/B 200/100 mm, d = 8 cm, Kante abgeschrägt, *DIN EN 1338*, ungebundene Bauweise, verlegen einschließlich Abladen auf der Baustelle und Herstellen des Planums, auf Pflasterbett aus Brechsand-Splitt-Gemisch d = 4 cm aus natürlicher gebrochener Gesteinskörnung 0/5; Fugen einkehren und einschlämmen mit natürlichem ungebrochenem Sand, Körnung 0/2.

Richtlinien für die Standardisierung des Oberbaus von Verkehrsflächen (RStO 12/24), Ausgabe 2012/Fassung 2024, Forschungsgesellschaft für Straßen- und Verkehrswesen (FGSV)

Übungsbeispiel 11.4

Nebenleistungen

Ein Unternehmer verlangt in einem Nachtragsangebot die Vergütung für die Montage, Demontage und Vorhaltung der Arbeits- und Schutzgerüste für das Mauern von Außenwänden mit der Begründung, diese Leistung sei im Leistungstext der entsprechenden Positionen nicht enthalten und deshalb auch nicht kalkuliert. Muss der Bauherr dieser nachträglichen Forderung des Unternehmers zustimmen, wenn die *VOB/B* als Vertragsgrundlage vereinbart ist?

- Montage, Demontage und Vorhaltung von Gerüsten für die Rohbaugewerke Mauerarbeiten und Betonarbeiten sind Nebenleistungen des Auftragnehmers (AN).
- Daher ist keine Position im Leistungsverzeichnis (LV) erforderlich.
- Kosten müssen als Umlagekosten in die vorhandenen Positionen einkalkuliert werden.

- Die Vorhaltung von Gerüsten ist bei anderen Gewerken eine besondere Leistung.
- Daher ist dort eine spezielle Position im LV erforderlich.
- Kosten müssen als Einzelkosten in die entsprechenden LV-Positionen einkalkuliert werden.

11.4 Übungsaufgaben

Übungsaufgabe 11.1
Ausschreibung und Vergabe – Begriffe

Unterscheiden Sie die Begriffe „Leistungsverzeichnis“, „Leistungsbeschreibung“ und „Leistungstext“. Aus welchen wesentlichen Elementen bestehen diese?

Übungsaufgabe 11.2
Ausschreibung und Vergabe – Vergabeverfahren nach *VOB/A*

Benennen Sie die Vergabeverfahren gemäß *VOB/A*.

Übungsaufgabe 11.3
Ausschreibung und Vergabe – Zuschlags- und Bindefrist

Welche Bedeutung hat die Zuschlags- und Bindefrist gemäß *VOB/A*?

Übungsaufgabe 11.4
Ausschreibung und Vergabe – Vergabearten nach VOB/A-EU

Benennen Sie die unterschiedlichen Ausschreibungs- und Vergabearten gemäß den Vergabebestimmungen im Anwendungsbereich der Richtlinie 2014/24/EU (*VOB/A-EU*).

Übungsaufgabe 11.5
Ausschreibung und Vergabe – EU-weite Ausschreibung

Welche öffentlichen Baumaßnahmen müssen EU-weit ausgeschrieben werden?

Übungsaufgabe 11.6
Ausschreibung und Vergabe – Angebot

An welche Angaben seines Angebotes ist ein Bieter in jedem Fall gebunden, auch wenn sich durch Rechenfehler Differenzen in der Angebotssumme ergeben?

Übungsaufgabe 11.7
Ausschreibung und Vergabe – Ausschreibungsmengen

Wie genau sollten für eine Ausschreibung nach VOB die Mengen der LV-Positionen von der ausschreibenden Stelle ermittelt und im LV angegeben werden?

Übungsaufgabe 11.8
Ausschreibung und Vergabe – Leistungsverzeichnis

Welche Aufgaben erfüllt ein Leistungsverzeichnis (LV)?

Übungsaufgabe 11.9
Ausschreibung und Vergabe – Baubeschreibung

Welchem Zweck dient die „Baubeschreibung"? Stellen Sie in Stichpunkten ein Inhaltsverzeichnis auf.

Übungsaufgabe 11.10
Ausschreibung und Vergabe – Vergabeunterlagen

Was verstehen Sie unter „Vergabeunterlagen"? Aus welchen wesentlichen Teilen bestehen diese?

Übungsaufgabe 11.11
Ausschreibung und Vergabe – öffentlich-rechtliche Ausschreibung

Nach welchen Bestimmungen müssen öffentlich-rechtliche Bauherren ein Bauvorhaben ausschreiben?

Übungsaufgabe 11.12

Ausschreibung und Vergabe – Submission

Was ist eine „Submission"? Welche Fristen sind an sie geknüpft?

Übungsaufgabe 11.13

Ausschreibung Doppelgarage

Für ein bestehendes Zweifamilien-Wohnhaus soll nachträglich eine freistehende Doppelgarage (Bild 11.2) gebaut werden.

Hierfür ist die Ausschreibung zu erarbeiten, bestehend aus Vertragsbedingungen und Leistungsverzeichnis (Aufmaß und Abrechnung siehe Malpricht, W.; Rupp, C.: Kalkulation und Qualitätsmanagement im Baubetrieb).

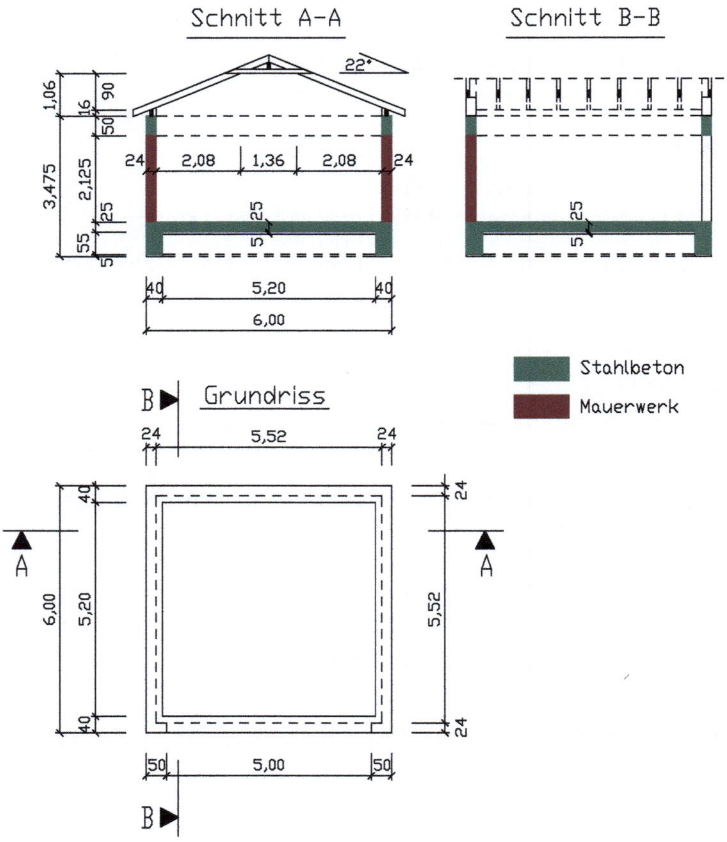

Bild 11.2 Doppelgarage: Grundriss und Schnitt

Übungsaufgabe 11.14

Leistungsverzeichnis Stützen und Unterzüge

Formulieren Sie, in Form und Inhalt vollständig, alle Positionen eines Leistungsverzeichnisses, die für die in Längs- und Querschnitt sowie im Grundriss dargestellten Stützen und Unterzüge aus Stahlbeton infrage kommen (Bild 11.3). Die Abrechnung soll getrennt erfolgen für Beton, Schalung und Bewehrung (ohne Mengenberechnung) (Aufmaß und Abrechnung siehe Malpricht, W.; Rupp, C.: Kalkulation und Qualitätsmanagement im Baubetrieb).

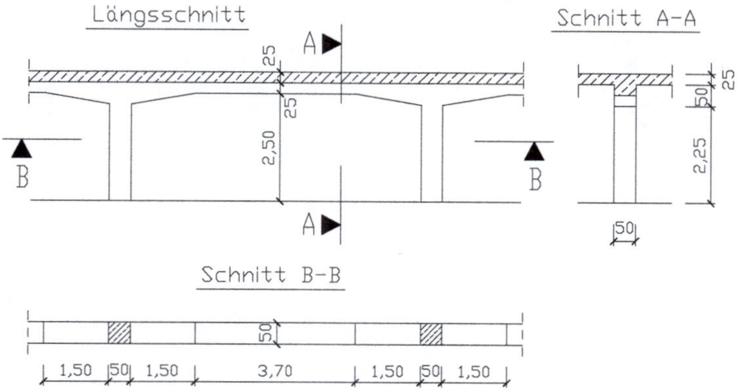

Bild 11.3 Stützen und Unterzüge

Übungsaufgabe 11.15

Leistungsverzeichnis Stahlbetonstütze

Formulieren Sie, in Form (!) und Inhalt vollständig, alle Positionen eines Leistungsverzeichnisses, die für die im Querschnitt und Grundriss dargestellte Stütze aus Stahlbeton (Bild 11.4) erforderlich sind (Aufmaß und Abrechnung siehe Malpricht, W.; Rupp, C.: Kalkulation und Qualitätsmanagement im Baubetrieb).

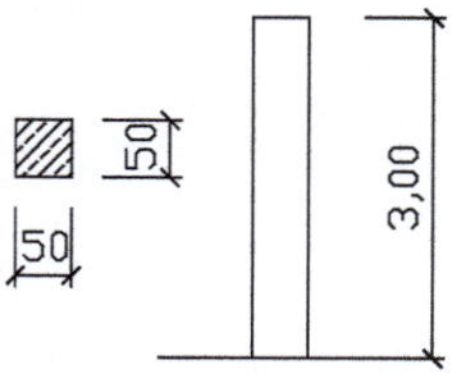

Bild 11.4 Stahlbeton-Stütze

Übungsaufgabe 11.16

Leistungsverzeichnis – Köcherfundament

Formulieren Sie, in Form (!) und Inhalt vollständig, alle Positionen eines Leistungsverzeichnisses, die für das im Querschnitt dargestellte Köcherfundament (Bild 11.5) erforderlich sind, ohne Pos. „Aushub der Baugrube", jedoch mit Mengenangaben (Aufmaß und Abrechnung siehe Malpricht, W.; Rupp, C.: Kalkulation und Qualitätsmanagement im Baubetrieb).

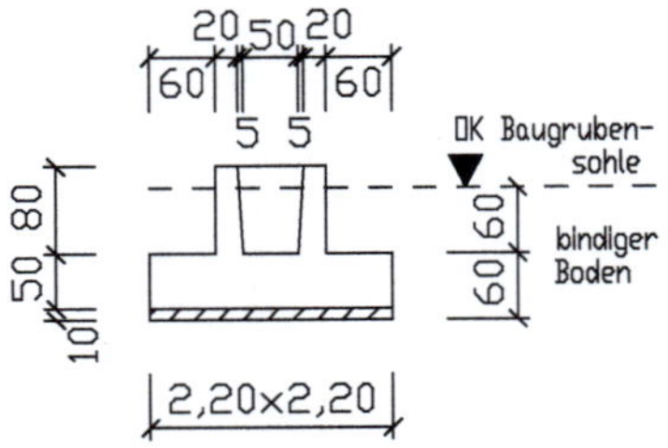

Bild 11.5 Köcherfundament

12 Sicherheits- und Gesundheitsschutz-Koordination

Studienziele

Das Kapitel soll dem Leser grundlegende Kenntnisse ermöglichen über

- die Anforderungen an die Sicherheits- und Gesundheitsschutz-Koordination gemäß Baustellen-Verordnung.

Das Kapitel soll dem Leser Fähigkeiten vermitteln,

- eine Gefährdungsbeurteilung zu erstellen,
- eine Vorankündigung zu erstellen,
- einen SiGe-Plan zu erstellen,
- eine Unterlage für spätere Arbeiten zu erstellen.

Gesetze und Vorschriften zum Sicherheits- und Gesundheitsschutz

Arbeitsschutzgesetz (ArbSchG)

Baustellenverordnung (BaustellV)

Regeln zum Arbeitsschutz auf Baustellen (RAB)

Arbeitssicherheitsgesetz (ASiG)

12.1 Baustellenverordnung

Die *Baustellenverordnung* (BaustellV) regelt seit dem 10. Juni 1998 in Verbindung mit dem *Arbeitsschutzgesetz* die Sicherheits- und Gesundheitsschutzmaßnahmen auf Baustellen. Sie setzt die europäische Richtlinie 92/57/EWG um und wurde zuletzt zum 19. 12. 2022 aktualisiert, um neue Anforderungen und Klarstellungen zu integrieren.

Ziel der Verordnung ist es, die Arbeitsbedingungen auf Baustellen durch präventive Maßnahmen zu verbessern und Unfälle sowie Gesundheitsrisiken zu minimieren. Sie gilt für alle zeitlich begrenzten oder ortsveränderlichen Baustellen, ausgenommen sind Tätigkeiten nach dem *Bundesberggesetz* (BbergG).

Die Verantwortung für die Einhaltung der Arbeitsschutzvorgaben liegt grundsätzlich beim *Bauherrn*. Dieser kann jedoch einen *Dritten* mit der Wahrnehmung seiner Pflichten beauftragen. Unabhängig davon bleibt er in der Pflicht, die Koordination der Arbeiten mehrerer Unternehmer sicherzustellen und die allgemeinen Grundsätze des Arbeitsschutzes gemäß § 4 *ArbSchG* zu beachten.

Je nach Umfang und Art des Bauvorhabens sind folgende Maßnahmen erforderlich:

- **Vorankündigung:** Bei größeren Baustellen (mehr als 30 Arbeitstage und über 20 Beschäftigte gleichzeitig oder mehr als 500 Personentage) muss eine Vorankündigung an die zuständige Behörde erfolgen.
- **Bestellung eines geeigneten Koordinators (SiGeKo):** Wenn mehrere Arbeitgeber auf der Baustelle tätig sind, ist ein Sicherheits- und Gesundheitsschutzkoordinator zu benennen.
- **Sicherheits- und Gesundheitsschutz-Plan (SiGe-Plan):** Dieser ist bei umfangreichen oder besonders gefährlichen Arbeiten zu erstellen und muss die spezifischen Schutzmaßnahmen der Baustelle enthalten.
- **Unterlage für spätere Arbeiten:** Eine Dokumentation, die sicherheitsrelevante Informationen für spätere Instandhaltungs- oder Umbauarbeiten enthält.

Ergänzend zur Baustellenverordnung konkretisieren die *Regeln zum Arbeitsschutz auf Baustellen* (RAB) die Anforderungen in technischer Hinsicht (Tabelle 12.1).

Tabelle 12.1 Regeln für den Arbeitsschutz auf Baustellen (RAB)

RAB Nr.	Inhalt
RAB 01	Gegenstand, Zustandekommen, Aufbau, Anwendung und Wirksamwerden der *RAB*
RAB 10	Begriffsbestimmungen
RAB 25	Arbeiten in Druckluft
RAB 30	Geeigneter Koordinator
RAB 31	Sicherheits- und Gesundheitsschutzplan (SiGe-Plan)
RAB 32	Unterlage für spätere Arbeiten
RAB 33	Allgemeine Grundsätze nach § 4 des Arbeitsschutzgesetzes bei der Anwendung der Baustellenverordnung

12.1.1 Vorankündigung

Die Pflicht zur Vorankündigung eines Bauvorhabens ergibt sich aus § 2 Abs. 2 der *Baustellenverordnung*.

Die sachliche Zuständigkeit für die Entgegennahme der Vorankündigung liegt in der Regel bei den Gewerbeaufsichtsämtern oder den Ämtern für Arbeitsschutz. Der Bauherr oder ein von ihm beauftragter Dritter muss die Vorankündigung an die zuständige Behörde übermitteln. Zusätzlich ist sie gut sichtbar auf der Baustelle auszuhängen, sodass alle Beteiligten jederzeit Einsicht nehmen können.

Vorankündigung

Sofern für eine Baustelle

- die voraussichtliche Dauer der Arbeiten mehr als **30 Personentage** beträgt und gleichzeitig mehr als **20 Beschäftigte** tätig werden oder
- der Umfang der Arbeiten voraussichtlich mehr als **500 Personentage** beträgt,

ist eine *Vorankündigung* der zuständigen Behörde spätestens zwei Wochen vor Einrichten der Baustelle zu übermitteln.

Der erforderliche Inhalt der Vorankündigung ist in Anhang I der *Baustellenverordnung* festgelegt (Tabelle 12.2).

Tabelle 12.2 Inhalte der Vorankündigung

Nr.	Inhalte
1	Ort der Baustelle
2	Name und Anschrift des Bauherrn
3	Art des Bauvorhabens
4	Name und Anschrift des anstelle des Bauherrn verantwortlichen Dritten
5	Name und Anschrift des Koordinators
6	Voraussichtlicher Beginn und voraussichtliche Dauer der Arbeiten
7	Voraussichtliche Höchstzahl der Beschäftigten auf der Baustelle
8	Zahl der Arbeitgeber und Unternehmer ohne Beschäftigte, die voraussichtlich auf der Baustelle tätig werden
9	Angabe der bereits ausgewählten Arbeitgeber und Unternehmer ohne Beschäftigte.

Quelle: Anhang I der *Baustellenverordnung* (BaustellV)

Kommt es während der Bauausführung zu wesentlichen Änderungen der in der Vorankündigung enthaltenen Angaben, ist diese unverzüglich zu aktualisieren. Eine erneute Mitteilung an die Behörde ist dabei nicht erforderlich, jedoch muss die geänderte Vorankündigung weiterhin auf der Baustelle ausgehängt werden.

Als erhebliche Änderungen gelten insbesondere:

- Wechsel des Bauherrn oder des von ihm beauftragten Dritten,
- Wechsel des Sicherheits- und Gesundheitsschutzkoordinators,
- Verkürzung der Bauzeit, sofern dadurch eine Verdichtung der Arbeitsabläufe entsteht (z. B. durch Schichtarbeit oder parallele Tätigkeiten),
- deutliche Erhöhung der Zahl gleichzeitig Beschäftigter, der Arbeitgeber oder der Unternehmer ohne Beschäftigte,
- Aufteilung eines ursprünglich an einen einzigen Auftragnehmer vergebenen Bauauftrags auf mehrere Firmen.

12.1.2 Sicherheits- und Gesundheitsschutz-Koordinator (SiGeKo)

Bei Bauvorhaben, auf denen Beschäftigte mehrerer Arbeitgeber tätig sind, ist der Bauherr verpflichtet, einen oder mehrere geeignete Sicherheits- und Gesundheitsschutzkoordinatoren (SiGeKo) zu bestellen. Diese Pflicht ergibt sich aus § 3 der *Baustellenverordnung* und dient der wirksamen Koordination aller Maßnahmen zum Schutz von Sicherheit und Gesundheit auf der Baustelle.

Beschäftigte und Arbeitgeber

Definition im Arbeitsschutzgesetz (ArbSchG)

Der Begriff *Beschäftigte* gemäß § 2 Abs. 2 *ArbSchG* umfasst diejenigen Personen, die aufgrund einer rechtlichen Beziehung zum Arbeitgeber Dienstleistungen erbringen und durch Arbeitsschutzmaßnahmen vor Gesundheitsgefahren geschützt werden sollen. Unter rechtlicher Beziehung ist u. a. der Arbeitsvertrag, der Dienstvertrag, das öffentlich-rechtliche Dienstverhältnis und die Arbeitnehmerüberlassung zu verstehen. Erfasst werden Arbeitnehmer, Auszubildende, Beamte, Richter, Soldaten und die in Werkstätten für Behinderte Beschäftigten und arbeitnehmerähnliche Personen im Sinne des § 5 Abs. 1 *ArbGG* (*Arbeitsgerichtsgesetz*), ausgenommen sind Heimarbeiter und ihnen gleichgestellte Personen.

Arbeitgeber im Sinne des § 2 Abs. 3 *ArbSchG* sind natürliche und juristische Personen des privaten oder öffentlichen Rechts sowie rechtsfähige Personengesellschaften, die mindestens eine Person im Sinne des § 2 Abs. 2 *ArbSchG* beschäftigen.

Die rechtliche Grundlage für die Zusammenarbeit zwischen Bauherr und Koordinator kann entweder ein Dienstvertrag oder ein Werkvertrag sein. Welche Vertragsform im konkreten Fall zur Anwendung kommt, hängt von den individuellen Gegebenheiten des Projekts ab und sollte sorgfältig geprüft werden.

Die *Baustellenverordnung* selbst macht keine konkreten Vorgaben zur Qualifikation eines SiGeKo. Die Anforderungen werden jedoch durch die *Regeln zum Arbeitsschutz auf Baustellen* (RAB 30) konkretisiert. Ein geeigneter Koordinator sollte über folgende Kompetenzen verfügen.

- **Baufachliche Kenntnisse:** z. B. durch Ausbildung als Bauingenieur, Architekt oder Techniker sowie einschlägige Berufserfahrung.
- **Arbeitsschutzfachliche Kenntnisse:** Kenntnisse über relevante Vorschriften, Gefährdungsbeurteilungen und Schutzmaßnahmen.
- **Spezielle Koordinatorenkenntnisse:** z. B. zur Erstellung von SiGe-Plänen, zur Kommunikation mit Beteiligten und zur Organisation der Zusammenarbeit.
- **Erfahrung auf Baustellen:** praktische Erfahrung in der Planung und/oder Ausführung von Bauvorhaben.

Der Bauherr muss sich von der Eignung des Koordinators überzeugen und sollte sich entsprechende Nachweise über Aus- und Fortbildungsmaßnahmen vorlegen lassen.

Die Vergütung des SiGeKo erfolgt entweder auf Stundenbasis oder anhand von Honorartabellen, die sich am Umfang und der Komplexität des Bauvorhabens orientieren.

Das Leistungsbild des SiGeKo ist in § 3 Abs. 2 und 3 der *Baustellenverordnung* beschrieben und gliedert sich in die Planungsphase und in die Ausführungsphase.

Das Leistungsbild eines SiGe-Koordinators in der Planungsphase

- Die Belange von Arbeitssicherheit und Gesundheitsschutz zwischen den Verantwortlichen für architektonische, technische und organisatorische Planung müssen koordiniert werden.
- Es bedarf einer Bestandsaufnahme aller Gewerke und evtl. anderer Tätigkeiten auf dem Gelände unter Berücksichtigung ihres Ablaufs.
- Sicherheitsrisiken und Gesundheitsschutzaspekte müssen während der Vorplanung, Entwurfsplanung und Werkplanung analysiert und dabei Lösungsmöglichkeiten aufgezeigt werden.
- Aufgrund dieser Analyse muss ein *SiGe-Plan* ausgearbeitet werden.
- Wechselwirkungen verschiedener betrieblicher Tätigkeiten sollen aufgespürt und dokumentiert werden.
- Der SiGeKo soll bei der Ausarbeitung der *Baustellenordnung* mitwirken.

- Vorüberlegungen zur Baustelleneinrichtung sind anzustellen und dabei auf die Berücksichtigung nötiger SiGe-Maßnahmen hinzuwirken.
- Nötige spätere Arbeiten am Bauwerk müssen ermittelt werden. Der SiGeKo soll bei der Planung dauerhafter, einwandfreier Wartungseinrichtungen beraten.
- Es ist eine *Unterlage für spätere Arbeiten* zusammenzustellen, mit den Merkmalen des Bauwerks für eine sichere Durchführung von Instandhaltungsarbeiten in der Nutzungsphase.
- Der SiGeKo sollte überprüfen, ob eine Umsetzung des *SiGe-Plans* in den Planungsunterlagen tatsächlich erfolgt.
- Und er sollte darauf hinwirken, dass der *SiGe-Plan* und andere Sicherheitselemente in die Planungs- und Ausschreibungsunterlagen aufgenommen werden.
- Ebenso sollte der SiGeKo darauf hinwirken, dass die Vergabeunterlagen unter SiGe-Aspekten richtig erstellt werden.
- Er muss den Bauherrn bei der Terminplanung im Hinblick auf angemessene Ausführungszeiträume beraten (unter SiGe-Aspekten).
- Und er sollte bei der Vergabe und Prüfung der Angebote mitwirken, und zwar unter Beachtung der SiGe-Aspekte und der notwendigen Ausführungszeiten.
- Aufgrund notwendiger Änderungen ist der *SiGe-Plan* ständig anzupassen.
- Der SiGeKo für die Ausführungsphase muss eingewiesen werden mit der Übergabe aller vorliegenden Papiere und Informationen.

Leistungsbild eines SiGe-Koordinators in der Ausführungsphase

- Die *Vorankündigung* muss ausgehängt und ggfs. angepasst werden.
- Die Einhaltung der *Baustellenordnung* sowie des *Baustelleneinrichtungsplanes* muss kontrolliert werden, speziell hinsichtlich der Vermeidung gegenseitiger Gefährdungen.
- Bei der Abstimmung der Baustelleneinrichtung zwischen den verschiedenen Unternehmen sollte der SiGeKo mitwirken.
- Eine wichtige Aufgabe ist das Anpassen und Fortschreiben des *SiGe-Plans* sowie die Kontrolle auf seine Einhaltung und auf die Umsetzung der erforderlichen Arbeitsschutzmaßnahmen durch die am Bau beteiligten Unternehmen.
- Die *Unterweisung* und Information aller Auftragnehmer mit eingehender Erläuterung der Maßnahmen für Sicherheit und Gesundheitsschutz gehört ebenfalls zu seinen Pflichten.
- Sicherheits- und Gesundheitsschutz-relevante Wechselwirkungen zwischen Arbeiten auf der Baustelle und anderen betrieblichen Tätigkeiten auf oder in der

Nähe der Baustelle sind zu berücksichtigen, zwecks Vermeidung gegenseitiger Gefährdungen.

- Die Kontrolle der Baustellensicherung mit dem Ziel der Vermeidung gegenseitiger Gefährdungen und Gefährdung von Dritten ist eine wichtige Aufgabe des SiGeKo.
- Der SiGeKo koordiniert das Zusammenwirken der bauausführenden Unternehmen hinsichtlich Sicherheit und Gesundheitsschutz und der Anwendung der *allgemeinen Grundsätze nach § 4 ArbSchG.*
- Zu seinen Aufgaben gehört die Organisation und Durchführung von Sicherheitsbesprechungen und -begehungen sowie das Auswerten der Ergebnisse.
- Er muss die *Unterlage für spätere Arbeiten* mit den erforderlichen Angaben für die sichere und gesundheitsgerechte Durchführung späterer Arbeiten fortführen und fertigstellen.
- Der SiGeKo erfasst alle Baufirmen und aktualisiert die Liste der Ansprechpartner.
- Der SiGeKo prüft laufend mögliche gegenseitige Gefährdungen und reagiert bei erkennbaren Gefahrenzuständen.

12.1.3 Sicherheits- und Gesundheitsschutz-Plan (SiGe-Plan)

Der *Sicherheits- und Gesundheitsschutz-Plan* (SiGe-Plan) ist ein zentrales Instrument zur Gewährleistung von Arbeitssicherheit und Gesundheitsschutz auf Baustellen, insbesondere bei Bauvorhaben mit mehreren gleichzeitig oder nacheinander tätigen Arbeitgebern.

Sicherheits- und Gesundheitsschutz-Plan (SiGe-Plan)

Sofern auf einer Baustelle

- mehrere Arbeitgeber gleichzeitig oder nacheinander tätig werden **und**
- die voraussichtliche Dauer der Arbeiten mehr als **30 Personentage** beträgt und gleichzeitig mehr als **20 Beschäftigte** tätig werden oder der Umfang der Arbeiten voraussichtlich mehr als **500 Personentage** beträgt,
- **oder** wenn besonders **Gefährliche Arbeiten** nach Anhang II der *BaustellV* ausgeführt werden,

ist ein *Sicherheits- und Gesundheitsschutz-Plan* (SiGe-Plan) zu erstellen.

Seine Erstellung ist gemäß § 2 Abs. 3 und § 3 Abs. 2 der *Baustellenverordnung* verpflichtend, wenn eine *Vorankündigung* erforderlich ist oder *besonders gefährliche Arbeiten* nach Anhang II der *BaustellV* ausgeführt werden. Bei Änderungen in der Bauausführung ist er gemäß § 3 Abs. 3 *BaustellV* entsprechend anzupassen.

Form und Gestaltung

Die Baustellenverordnung schreibt keine feste Form für den SiGe-Plan vor. Daher kann dieser flexibel gestaltet werden – etwa als tabellarische Übersicht, zeichnerische Darstellung, textliche Beschreibung oder als ergänzter Bauablaufplan. Die Wahl der Darstellung sollte sich an den Anforderungen des konkreten Bauvorhabens orientieren und eine praxisgerechte Anwendung ermöglichen.

Inhaltliche Anforderungen

Die *Regeln zum Arbeitsschutz auf Baustellen* (RAB 31) konkretisieren die Mindestanforderungen an den Inhalt des SiGe-Plans. Dieser muss

- die auf der Baustelle anzuwendenden **Arbeitsschutzbestimmungen** erkennen lassen,
- besondere **Maßnahmen für besonders gefährliche Arbeiten** gemäß Anhang II der *Baustellenverordnung* enthalten,
- gegebenenfalls betriebliche Tätigkeiten auf dem Gelände berücksichtigen, sofern diese Einfluss auf die Sicherheit der Bauarbeiten haben.

Darüber hinaus wird empfohlen, im SiGe-Plan klare *Verantwortlichkeiten* darzustellen. Auch wenn dies gesetzlich nicht vorgeschrieben ist, trägt eine transparente Zuordnung von Zuständigkeiten wesentlich zur erfolgreichen Umsetzung der Schutzmaßnahmen bei.

Arbeitsschritte zur Erstellung

Die Erstellung eines SiGe-Plans erfolgt idealerweise in mehreren strukturierten Schritten, wie sie in den Erläuterungen zu § 3 Abs. 2 und § 2 Abs. 3 der *Baustellenverordnung* sowie in *RAB 31* beschrieben sind:

1. **Bestandsaufnahme:** Sammlung relevanter Unterlagen wie Baugenehmigung, Bauvorhabenbeschreibung, Gutachten und Pläne. Durchführung einer gewerkespezifischen *Gefährdungsbeurteilung*, z. B. mithilfe des Leitfadens der Berufsgenossenschaft.
2. **Integration der Bauablaufplanung:** Übernahme der geplanten Bauphasen in den SiGe-Plan.
3. **Beurteilung gegenseitiger Gefährdungen:** Analyse von Risiken, die durch zeitliche oder räumliche Nähe verschiedener Gewerke entstehen. Gegebenenfalls Anpassung des Bauablaufs.
4. **Koordination von Sicherheitseinrichtungen:** Planung und Abstimmung der erforderlichen Schutzmaßnahmen im Einklang mit dem Bauablauf.

5. **Ausschreibungsvorbereitung:** Formulierung von Vorschlägen für die Ausschreibungstexte in den Leistungsverzeichnissen, um Arbeitsschutzmaßnahmen verbindlich zu machen.

6. **Fortschreibung des Plans:** Der SiGe-Plan ist ein dynamisches Dokument und muss fortlaufend an den tatsächlichen Baufortschritt sowie an Änderungen im Ablauf angepasst werden.

Übungsbeispiel 12.1

Sicherheits- und Gesundheitsschutz-Plan (SiGe-Plan)

In Bild 12.1 ist das Beispiel eines SiGe-Plans als Balkenplan für das Bauvorhaben eines Geschäftshauses dargestellt. Der SiGe-Plan wurde mit der Software *Kompendium Arbeitsschutz* der BG BAU hergestellt. Die Art und Weise der Darstellung entspricht dem Vorschlag der BG BAU. Grundlage des SiGe-Plans ist der *Bauzeitenplan* des Architekten über die gesamte Baumaßnahme. Der Bauzeitenplan enthält alle Gewerke vom Abbruch des alten Gebäudes über den Rohbau bis zu den Ausbaugewerken.

Die Balken des Bauablaufs sind schwarz dargestellt. Mit den bunten Balken des SiGe-Plans werden die für den Bauablauf notwendigen Einrichtungen und damit verbundenen *Gefährdungen* dargestellt (eingerückte Zeilen, 1. Ebene), ergänzt durch die erforderlichen Maßnahmen und Lösungen (eingerückte Zeilen 2. Ebene).

Im unteren Bereich des SiGe-Plans werden die *gemeinsam genutzten Sicherheitseinrichtungen* und deren Einsatzzeit dargestellt. Im Fall dieses Bauvorhabens sind exemplarisch Abdeckungen von Öffnungen, Seitenschutz und Umwehrungen von Absturzkanten als von mehreren Unternehmen gemeinsam genutzte Sicherheitseinrichtungen genannt. Über gemeinsam genutzte Sicherheitseinrichtungen hinaus können auch weitere zu koordinierende Maßnahmen benannt werden.

Hilfreich ist die Benennung der für die Maßnahmen zuständigen und verantwortlichen Firmen sowie der mitgeltenden Unterlagen und Vorschriften.

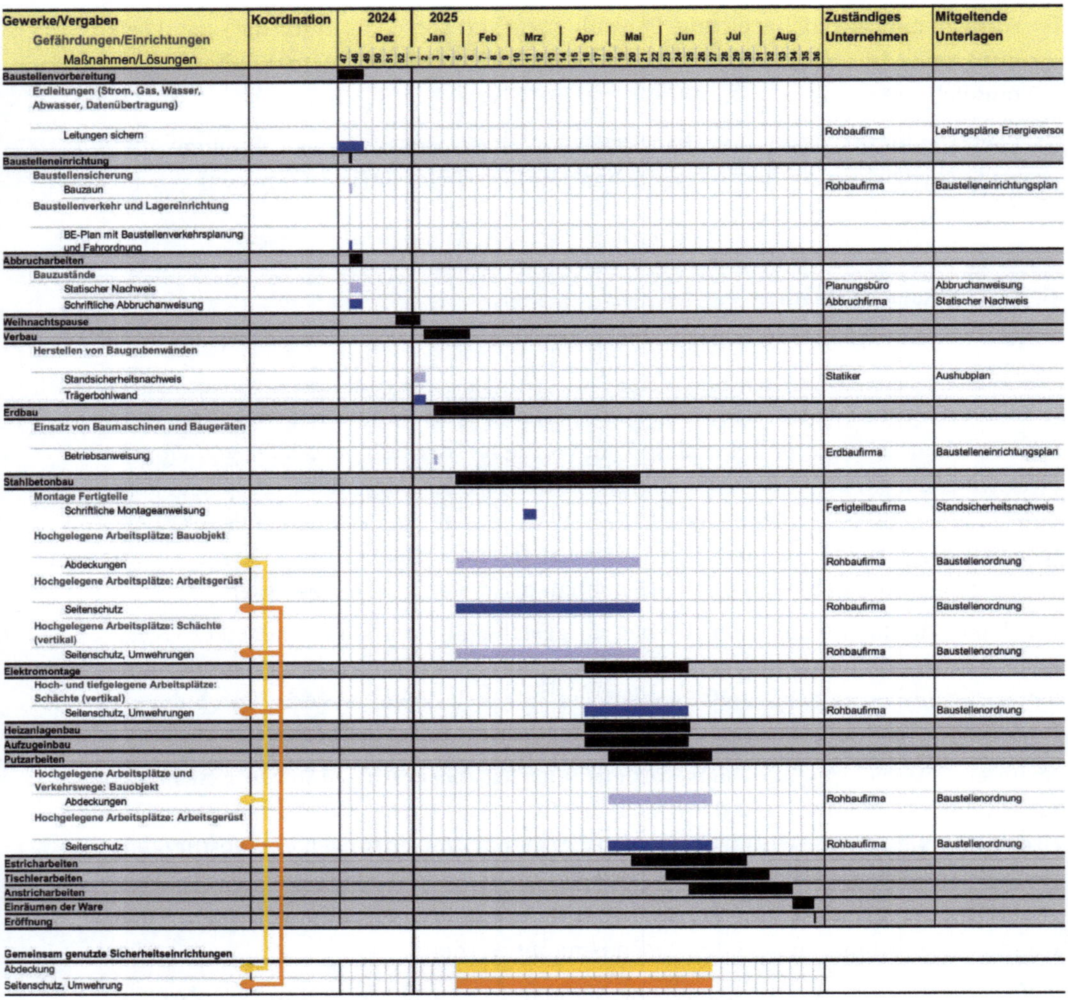

Bild 12.1 SiGe-Plan für das Bauvorhaben eines Geschäftshauses, Software: Kompendium Arbeitsschutz

12.1.4 Unterlage für spätere Arbeiten

Gemäß § 3 Abs. 2 Nr. 3 der *Baustellenverordnung* ist der Sicherheits- und Gesundheitsschutzkoordinator verpflichtet, während der Planungsphase eine Unterlage zusammenzustellen, die sicherheitsrelevante Informationen für spätere Arbeiten enthält. Diese Maßnahme soll Improvisationen und Informationsdefizite vermeiden, die zu Unfällen, Sachschäden oder ineffizienten Abläufen führen können.

Unterlage für spätere Arbeiten

Sofern auf einer Baustelle

- Beschäftigte mehrerer Arbeitgeber gleichzeitig oder
- nacheinander tätig werden,

hat der Koordinator in der Planungsphase eines Bauvorhabens eine *Unterlage für spätere Arbeiten* zu erstellen.

Die Unterlage dient den späteren ausführenden Unternehmen als Informationsbasis, um ihre Arbeiten sicher und gesundheitsgerecht planen und durchführen zu können. Sie ist somit eine wichtige Grundlage für die langfristig sichere und wirtschaftliche Nutzung der baulichen Anlage.

Anwendungsbereich

Die Pflicht zur Erstellung der Unterlage besteht bei Bauvorhaben, bei denen Beschäftigte mehrerer Arbeitgeber gleichzeitig oder nacheinander tätig sind. Die Unterlage ist bereits während der Planungsphase zu entwickeln und sollte idealerweise vor der Ausschreibung der Bauleistungen vorliegen. Sie ist fortzuschreiben, wenn sich relevante Planungsänderungen ergeben oder während der Ausführung neue sicherheitsrelevante Festlegungen getroffen werden.

Inhaltliche Anforderungen

Die *Regeln zum Arbeitsschutz auf Baustellen* (RAB 32) konkretisieren die Anforderungen an Inhalt und Form der Unterlage. Hierzu gehören:

- rechnerische und zeichnerische Unterlagen: z. B. Pläne, Schnitte, statische Nachweise,
- Genehmigungs- und Prüfunterlagen: relevante behördliche Dokumente,
- installierte sicherheitstechnische Einrichtungen: z. B. Anschlagpunkte, Wartungsbühnen, Absturzsicherungen,
- verwendete Baumaterialien: insbesondere solche mit besonderen Anforderungen an Schutzmaßnahmen,
- spezielle Schutzmaßnahmen: z. B. Zugangsbeschränkungen, persönliche Schutzausrüstung,
- Teile der Bauwerksdokumentation gemäß *HOAI*-Leistungsphase 9.

Die Unterlage muss schriftlich vorliegen, wobei die Form frei wählbar ist. Sie kann tabellarisch, textlich oder grafisch dargestellt werden. Entscheidend sind die Verständlichkeit und Praxistauglichkeit für spätere Nutzer.

Spätere Arbeiten

Unter „späteren Arbeiten“ im Sinne der *Baustellenverordnung* versteht man insbesondere vorhersehbare Tätigkeiten an baulichen Anlagen, die regelmäßig wiederkehren. Dazu zählen:

- **Wartungsarbeiten:** z. B. Reinigung von Fassaden, Filterwechsel, Schornsteinfegerarbeiten,
- **Inspektionsarbeiten:** z. B. Kontrolle von Dachflächen, Brandschutzsystemen,
- **Instandsetzungsarbeiten:** z. B. Austausch von Fenstern, Abdichtungen, Sanitäranlagen,

Bei der baulichen Erhaltung von Ingenieur- und Infrastrukturbauwerken gehören u. a. zur

- **Instandhaltung:** die Beseitigung kleinerer Betonschäden an Brücken und kleinflächige Ausbesserung von Beschichtungen,
- **Instandsetzung:** das Verpressen von Rissen und die Ausbesserung von Mauerwerk,
- **Erneuerung:** das Auswechseln oder Erneuern abgängiger Teile wie Lager, Fahrbahnübergänge, Kappen und Geländer sowie das Auswechseln der betriebstechnischen Ausrüstung von Tunneln.

Übungsbeispiel 12.2

Unterlage für spätere Arbeiten eines Geschäftshauses

Für ein Geschäftshaus in der Innenstadt wird in Tabelle 12.3 exemplarisch eine Unterlage für spätere Arbeiten dargestellt. Das Gebäude mit Glasfassade hat drei Obergeschosse und ein Flachdach.

Tabelle 12.3 Unterlage für spätere Arbeiten am Beispiel eines Geschäftshauses

Tätigkeit	Häufigkeit	Gefährdung	Sicherheit-stechnische Einrichtung	Maßnahme	Bemerkungen
Flachdach					
Zugang	Nach Bedarf	Absturz	Ausstiegsöffnung im Dach	Anseilschutz	Ausstiegsöffnung und Anschlageinrichtung bei der Ausschreibung berücksichtigen
Inspektion	1× pro Jahr		Anschlag-einrichtung		
Lichtkuppeln reinigen	2× pro Jahr				

Tätigkeit	Häufigkeit	Gefährdung	Sicherheit-stechnische Einrichtung	Maßnahme	Bemerkungen
Fassaden					
Inspektion	1× pro Jahr	Absturz	Fassaden-befahr-einrichtung, Fassaden-aufzug	Stationäre Befahrein-richtung auf dem Dach	Bei Ausschrei-bung berück-sichtigen
Fenster-reinigung	2× pro Jahr				
Hohe Räume im Gebäude innen					
Leuchten reinigen, Leuchtmittel austauschen	4× pro Jahr	Absturz	Fahrgerüst einsetzen	Fahrgerüst vorhalten	Fahrgerüst ausschreiben
Außenanlagen					
Revision von Ver- und Entsorgungs-anlagen	2× pro Jahr	Absturz	Steigleiter	Einstiege mit Seitenschutz sichern	Revisions-schächte mit Steigleiter ausschreiben
Erdarbeiten	Nach Bedarf	Elektrischer Strom	Kenntnis der Leitungs-pläne	Leitungs-pläne einholen	Leitungsverlauf dokumentieren

12.1.5 Gefährliche Arbeiten

Besonders gefährliche Arbeiten im Sinne des § 2 Abs 3 bzw. Anhang II *BaustellV* sind (Erläuterungen zu § 2 Abs. 3 *BaustellV*)

1. Arbeiten, bei denen die Beschäftigten der Gefahr des Versinkens, des Verschüttetwerdens in Baugruben oder in Gräben mit einer Tiefe von mehr als 5 m oder des Absturzes aus einer Höhe von mehr als 7 m ausgesetzt sind,
2. Arbeiten, bei denen die Beschäftigten explosionsgefährlichen, hochentzündlichen, krebserzeugenden (Kategorie 1 oder 2), erbgutverändernden, fortpflanzungsgefährdenden oder sehr giftigen Stoffen und Zubereitungen im Sinne der Gefahrstoffverordnung oder biologischen Arbeitsstoffen der Risikogruppen 3 und 4 im Sinne der Richtlinie 90/679/EWG des Rates vom 26. November 1990 über den Schutz der Arbeitnehmer gegen Gefährdung durch biologische Arbeitsstoffe bei der Arbeit (ABl. EG Nr. L 374 S. 1) ausgesetzt sind,

3. Arbeiten mit ionisierenden Strahlungen, die die Festlegung von Kontroll- oder Überwachungsbereichen im Sinne der Strahlenschutz- sowie im Sinne der Röntgenverordnung erfordern,
4. Arbeiten in einem geringeren Abstand als 5 m von Hochspannungsleitungen,
5. Arbeiten, bei denen die unmittelbare Gefahr des Ertrinkens besteht,
6. Brunnenbau, unterirdische Erdarbeiten und Tunnelbau,
7. Arbeiten mit Tauchgeräten,
8. Arbeiten in Druckluft,
9. Arbeiten, bei denen Sprengstoff oder Sprengschnüre eingesetzt werden,
10. Aufbau oder Abbau von Massivbauelementen mit mehr als 10 t Einzelgewicht.

12.2 Baustellenordnung

Die Baustellenordnung ist ein bewährtes Instrument zur Förderung von Sicherheit, Ordnung und reibungsloser Zusammenarbeit auf Baustellen. Sie ergänzt den *Sicherheits- und Gesundheitsschutzplan* (SiGe-Plan) und dient als verbindliche Verhaltensrichtlinie für alle am Bau Beteiligten – von ausführenden Unternehmen über Lieferanten bis hin zu Besuchern.

Als praxisnahes Kommunikationsmittel unterstützt die Baustellenordnung die Koordination der verschiedenen Gewerke und sorgt für klare Abläufe. Sie schafft Transparenz hinsichtlich der Sicherheitsanforderungen, organisatorischen Regelungen und Zuständigkeiten auf der Baustelle. Damit trägt sie wesentlich zur Unfallvermeidung und zur Einhaltung der Arbeitsschutzvorgaben bei.

Die Baustellenordnung ist insbesondere dann von Bedeutung, wenn mehrere Unternehmen gleichzeitig oder nacheinander tätig werden. Sie hilft, Schnittstellenprobleme zu vermeiden und fördert eine partnerschaftliche Zusammenarbeit.

Die Einführung einer Baustellenordnung wird von mehreren Institutionen ausdrücklich empfohlen:

- Die BG BAU (Berufsgenossenschaft der Bauwirtschaft) empfiehlt die Erstellung einer baustellenbezogenen Ordnung als Teil eines umfassenden Arbeitsschutzkonzepts.
- Die Offensive Gutes Bauen unter dem Dach der Initiative Neue Qualität der Arbeit (INQA) hat einen Leitfaden zur Erstellung einer Baustellenordnung als nationalen Qualitätsstandard verabschiedet.
- Auch in den *Regeln zum Arbeitsschutz auf Baustellen* (RAB 31) wird die Baustellenordnung als sinnvolle Ergänzung zum SiGe-Plan empfohlen.

Die **Offensive Gutes Bauen** ist Bestandteil der nationalen **Initiative Neue Qualität der Arbeit (INQA)** mit Sitz an der **Bundesanstalt für Arbeitsschutz und Arbeitsmedizin (BAuA)**.

Die Form der Baustellenordnung ist nicht gesetzlich vorgeschrieben. Sie kann als Textdokument, tabellarische Übersicht oder grafisch aufbereitete Darstellung vorliegen – entscheidend ist die Verständlichkeit und Zugänglichkeit für alle Beteiligten.

Die wichtigsten Inhalte einer Baustellenordnung sind in Tabelle 12.4 aufgeführt.

Tabelle 12.4 Inhalte einer Baustellenordnung

Bereiche	Inhalte einer Baustellenordnung
Notfallmanagement	Erste Hilfe, Brandschutz.
Allgemeine Regelungen	Baustellenbetriebszeit, Zeiten für An- und Abtransporte, Besucher und baustellenfremde Personen, Benutzungspflicht von Persönlicher Schutzausrüstung, Ordnung und Sauberkeit, Sanitäreinrichtungen, Pausenräume, Verkehrssicherungspflichten.
Verkehrswege auf der Baustelle	Baustellenzufahrt und -abfahrt, Verkehrswege für Fahrzeuge und Personen.
Anschlüsse und Verteilungen	Versorgung von Baustrom, Wasser etc., Entsorgung von Schmutzwasser und Abfall.
Arbeitsmittel	Erdbaumaschinen, Gerüste, Bauaufzüge, Transportbühnen, Arbeitsbühnen, Personenbeförderung, Krane, gemeinsam genutzte Schutzeinrichtungen gegen Absturz.

12.3 Grundsätze des Arbeitsschutzgesetzes

Für alle Bauvorhaben gilt die Beachtung der Grundsätze des § 4 *ArbSchG* bei der Planung und bei der Ausführung eines Bauvorhabens. Der Arbeitgeber hat bei Maßnahmen des Arbeitsschutzes von folgenden allgemeinen Grundsätzen auszugehen:

1. Die Arbeit ist so zu gestalten, dass eine Gefährdung für Leben und Gesundheit möglichst vermieden und die verbleibende Gefährdung möglichst geringgehalten wird.
2. Gefahren sind an ihrer Quelle zu bekämpfen.

3. Bei den Maßnahmen sind der Stand der Technik, Arbeitsmedizin und Hygiene sowie sonstige gesicherte arbeitswissenschaftliche Erkenntnisse zu berücksichtigen.
4. Maßnahmen sind mit dem Ziel zu planen, Technik, Arbeitsorganisation, sonstige Arbeitsbedingungen, soziale Beziehungen und Einfluss der Umwelt auf den Arbeitsplatz sachgerecht zu verknüpfen.
5. Individuelle Schutzmaßnahmen sind nachrangig zu anderen Maßnahmen.
6. Spezielle Gefahren für besonders schutzbedürftige Beschäftigtengruppen sind zu berücksichtigen.
7. Den Beschäftigten sind geeignete Anweisungen zu erteilen.
8. Mittelbar oder unmittelbar geschlechtsspezifisch wirkende Regelungen sind nur zulässig, wenn dies aus biologischen Gründen zwingend geboten ist.

12.4 Gefährdungsbeurteilung

Grundpflichten des Arbeitgebers

Arbeitsschutzgesetz (ArbSchG) § 3 (1)

Der Arbeitgeber ist verpflichtet, die erforderlichen Maßnahmen des Arbeitsschutzes unter Berücksichtigung der Umstände zu treffen, die Sicherheit und Gesundheit der Beschäftigten bei der Arbeit beeinflussen. Er hat die Maßnahmen auf ihre Wirksamkeit zu überprüfen und erforderlichenfalls sich ändernden Gegebenheiten anzupassen. Dabei hat er eine Verbesserung von Sicherheit und Gesundheitsschutz der Beschäftigten anzustreben.

Gemäß § 5 *ArbSchG* hat der Arbeitgeber eine Gefährdungsbeurteilung durchzuführen und zu dokumentieren (§ 6 *ArbSchG*). Die Mitarbeiter müssen über die vom Arbeitgeber festgelegten Maßnahmen Kenntnis haben und auch wissen, wer für deren Umsetzung auf der Baustelle verantwortlich ist. Die Ergebnisse der Gefährdungsbeurteilung sollen auch Gegenstand der Unterweisungen für die Beschäftigten sein.

Zur Risikoeinschätzung kann die Matrix in Tabelle 12.5 verwendet werden.

Wie in Tabelle 12.6 dargestellt, müssen entsprechend dem Risikopotenzial der ermittelten Risikogruppen die entsprechenden Maßnahmen eingeleitet werden.

Tabelle 12.5 Matrix zur Ermittlung der Risikogruppe

Schadensausmaß/ Wahrscheinlichkeit	Ohne Arbeits-unfall	Mit Arbeits-unfall	Arbeits-ausfall > 3 Wochen	Bleibende Gesundheits-schäden	Tod
Häufig	3	*2*	**1**	**1**	**1**
Gelegentlich	3	*2*	**1**	**1**	**1**
Selten	3	*2*	*2*	**1**	**1**
Unwahrscheinlich	3	*2*	*2*	*2*	**1**
Praktisch unmöglich	3	3	3	*2*	*2*

Quelle: BG BAU-Wegweiser

Tabelle 12.6 Risikoeinschätzung

Risikogruppe	Risikopotenzial	Maßnahmen
1	groß	Maßnahmen mit besonderer Schutzwirkung dringend erforderlich
2	mittel	Weitergehende Maßnahmen erforderlich
3	klein	Mindestmaßnahmen erforderlich

Quelle: BG BAU-Wegweiser

12.4.1 Unterweisungen

In der baubetrieblichen Praxis werden Gefährdungsbeurteilungen mit *Betriebsanweisungen*, Unterweisungen und *Kontrollen* kombiniert. Unterweisungen sind damit ein fester Bestandteil des betrieblichen Arbeitsschutzes. Auch aus einer Vielzahl von Gesetzen, Verordnungen und anderen Vorschriften ergibt sich die Verpflichtung zu Unterweisungen.

DGUV Information 211-005 Unterweisung

Prinzipiell ist es Aufgabe des Unternehmers, die Unterweisungen durchzuführen. Er hat jedoch die Möglichkeit, seine Pflichten hinsichtlich des Arbeits- und Gesundheitsschutzes auf Führungskräfte zu übertragen.

Beispielhafte Anlässe für eine Erstunterweisung sind Neueinstellung, Arbeitsplatzwechsel und die Einführung neuer Verfahren, Maschinen, Stoffe oder Geräte. Wiederholungsunterweisungen finden regelmäßig, verhaltensabhängig in angemessenen Zeitabständen, mindestens jedoch einmal jährlich (einmal halbjährlich bzgl. Gesetz zum Schutze der arbeitenden Jugend – *Jugendarbeitsschutzgesetz – JArbSchG*) oder bei besonderen Anlässen situationsabhängig statt.

Zu den besonderen Anlässen gehören Unfälle, Berufskrankheiten, Beinahe-Unfälle oder auffällige sicherheitswidrige Verhaltensweisen, Arbeitsaufgaben mit besonders hohen Gefährdungen sowie ungewöhnliche oder selten vorkommende Arbeiten.

Unterweisungen aufgrund von Vorschriften (Beispiel)

DGUV Vorschrift 78 Arbeiten im Bereich von Gleisen

Pflichten des Unternehmers

§ 3 (2) „Der Unternehmer hat vor Beginn von Arbeiten im Gleisbereich sich oder seinen Beauftragten über die Gefahren durch den Bahnbetrieb und deren Anwendung an der Arbeitsstelle sowie auf dem Weg zur Arbeitsstelle und zurück von der für den Bahnbetrieb zuständigen Stelle unterweisen zu lassen. Dies gilt auch bei Änderung der Gefahrensituation.

Die Unterweisung beinhaltet insbesondere, wie bei der Annäherung von Schienenfahrzeugen vor diesen Schutz gefunden werden kann, welche Warnsignale gelten und wie diese gegeben werden.

Maßgeblicher Ansprechpartner für die Unterweisung über die Sicherung gegen Gefahren aus dem Bahnbetrieb ist diejenige Stelle des Bahnbetreibers, die die Erlaubnis für die Arbeiten erteilt hat. Die Unterweisung über die getroffenen oder durchzuführenden Maßnahmen erfolgt durch die Sicherungsaufsicht des Bahnbetreibers oder eines von ihm beauftragten Sicherungsunternehmens …"

§ 3 (3) „Der Unternehmer hat vor Beginn von Arbeiten die Versicherten über die Gefahren und deren Abwendung entsprechend Absatz 2 zu unterweisen."

12.4.2 Vorgehensweise beim Erstellen einer Gefährdungsbeurteilung

1. Im Zusammenhang mit der Bauablaufplanung lassen sich die wesentlichen **Arbeitsschritte** und die dafür erforderlichen **Geräte und Einrichtungen** festlegen.
2. Dann ist zu analysieren, welche **Gefährdungen** während der einzelnen Arbeitsschritte und durch den Betrieb der Baumaschinen und Fahrzeuge entstehen können. Dabei sind alle möglichen Umstände während des Bauablaufs zu untersuchen.
3. Für die zu erwartenden Gefährdungen sind entsprechend geeignete **Maßnahmen** vorzuschlagen, um die erforderliche Sicherheit zu gewährleisten. Die **Verantwortlichen** für die Durchsetzung und Kontrolle der Maßnahmen sind festzulegen.

4. Dabei sind die Regelungen der geltenden **Unfallverhütungsvorschriften** zu berücksichtigen.
5. Schließlich sind alle wesentlichen Punkte festzulegen, die Gegenstand von **Unterweisungen** des Personals oder Inhalt von **Betriebsanweisungen** sein müssen.

12.4.3 Gefährdungen und Maßnahmen

Maßnahmen gegen Gefährdungen durch unzureichende Arbeitsschutzorganisation

Für jedes Bauvorhaben sind fachlich geeignete Vorgesetzte und weisungsbefugte Aufsichtführende einzusetzen. Die Beschäftigten müssen regelmäßig zu allen relevanten Themen unterwiesen werden. Auch die ausländischen Beschäftigten müssen die Informationen verstehen können.

Für die verwendeten Arbeitsmittel und Gefahrstoffe sind *Betriebsanweisungen* zu erstellen. Für die *Prüfung der Arbeitsmittel* sind Fristen festzulegen und die dazu befähigten Personen zu bestimmen.

Den Beschäftigten sollen die für ihre Arbeitsaufgaben erforderliche *persönliche Schutzausrüstung* sowie die erforderlichen *Hautschutzmittel* zur Verfügung stehen. Die Beschäftigten werden angewiesen, diese zu benutzen.

Für Arbeiten bei besonderen Witterungseinwirkungen wie zum Beispiel Kälte, Sonneneinwirkung, Zugluft oder Regen sind entsprechende Maßnahmen festzulegen, die geeignete Kleidung, Sonnenschutz und die Möglichkeiten zum Aufbewahren und Trocknen der Kleidung betreffen.

Ebenso sind die erforderlichen Erste-Hilfe- und Brandschutz-Maßnahmen für die Baustellen bzw. Arbeitsstätten umzusetzen. Auch die *arbeitsmedizinische Vorsorge* sowie die Beratung durch den Betriebsarzt muss durchgeführt bzw. angeboten werden.

12.4.4 Checkliste für die Erstellung einer Gefährdungsbeurteilung

Für die häufigsten und wichtigsten Gefährdungen auf Baustellen ist nachfolgend eine Sammlung entsprechender Maßnahmen aufgeführt.

Maßnahmen gegen Gefährdung durch Absturz

Öffnungen sind abzusperren oder abzudecken. *Kanten* müssen abgesperrt oder mit Seitenschutz gesichert werden.

Gerüste müssen gemäß Aufbau- und Verwendungsanleitung der Hersteller aufgestellt und genutzt werden. Sie sind täglich zu kontrollieren. Ebenso ist die Tragfähigkeit aller Stand- und Laufflächen zu beachten. Besondere Stützkonstruktionen sind vorab zu bemessen.

Beim Einsatz von *Leitern* ist immer zu prüfen, ob sie geeignet und unbeschädigt sind und ohne Absturzgefährdung eingesetzt werden können. Nach Möglichkeit sollen Leitern durch Podestleitern, Kleingerüste, fahrbare Arbeitsbühnen, Fahrgerüste oder Hubarbeitsbühnen ersetzt werden.

Maßnahmen gegen Gefährdung durch Stolpern, Rutschen, Stürzen

Auf *Verkehrswegen* und *Arbeitsplätzen* stellen alle Hindernisse und Verschmutzungen eine Gefahr dar. Daher müssen Verkehrswege und Arbeitsplätze immer frei und sauber gehalten werden.

Maßnahmen gegen Gefährdung durch sich bewegende Maschinen

Damit hinreichende *Sicherheitsabstände* zu sich bewegenden Maschinen eingehalten werden können, sind entsprechende Verkehrswege einzurichten und abzusichern. Für den Einsatz von Kreissägen sind besondere Arbeitsanweisungen zu erteilen. Der Einsatz von *Hebezeugen* einschließlich Ausrüstung muss koordiniert werden.

Maßnahmen gegen Gefährdung durch nicht standfeste Bauteile, umstürzende Geräte und Materialien

Es sind grundsätzlich geeignete *Lastaufnahmeeinrichtungen* zu verwenden. Die Montage von Fertigteilen, Traggerüsten und Schalungen muss entsprechend der schriftlichen Montageanweisung erfolgen, die vor der Montage auf der Baustelle vorliegen muss. Es dürfen nur Lastaufnahmemittel verwendet werden, die laut Montageanweisung vorgesehen sind. Fertigteile müssen kippsicher auf tragfähigem Untergrund gelagert werden.

Montageanweisungen müssen Angaben enthalten über

- das Gewicht der einzelnen Teile,
- die Lage der Anschlagpunkte, dabei ist die Transportlage zu beachten,
- die Reihenfolge der Montage,
- Hilfskonstruktionen wie z. B. Abspannungen und Aussteifungen.

Maßnahmen gegen Gefährdung an Baugruben und Gräben

Das *Abböschen* von Baugruben und Gräben muss nach *DIN 4124* erfolgen:

- 45° bei nicht bindigen Böden,
- 60° bei bindigen Böden,
- 80° bei Fels.

Besondere Standsicherheitsnachweise sind erforderlich für

- Abböschungen, die von den Böschungswinkeln nach *DIN 4124* abweichen,
- Gruben- und Grabentiefen über 5,0 m.

Beidseitig von Gräben und entlang jeder Baugrubenkante sind lastfreie Schutzstreifen von 60 cm Breite anzuordnen und freizuhalten. *Unterfangungsarbeiten* sind nach *DIN 4123* durchzuführen.

Maßnahmen gegen Gefährdung durch elektrischen Strom

Das Errichten und Instandsetzen von elektrischen Anlagen und Betriebsmitteln darf nur durch Elektrofachkräfte durchgeführt werden.

Maßnahmen gegen Gefährdung durch physische Belastung und Arbeitsschwere

Grundsätzlich sind Gewichte von *Lasten* so weit als möglich zu reduzieren. Soweit irgend möglich, sind Maschinen und Geräte sowie ergonomische Hilfsmittel einzusetzen. Arbeitsplätze sind so einzurichten, dass Zwangshaltungen und ungünstige Arbeitshöhen vermieden werden.

Transportwege sind kurz zu halten, Materialien sollen möglichst nahe am Einbauort angeliefert werden.

Es soll ein regelmäßiger Tätigkeitswechsel stattfinden, um die Belastungsdauer des Einzelnen zu minimieren. Trainierende Aktivitäten wie Rückenschule und Ausgleichssport soll vom Arbeitgeber gefördert werden.

Maßnahmen gegen Gefährdung durch Lärm

Es sind lärmarme Maschinen und Werkzeuge einzusetzen.

Die Beschäftigten müssen geeigneten *Gehörschutz* tragen.

Maßnahmen gegen Gefährdung durch Gefahrstoffe

Es ist zu ermitteln, ob Gefahrstoffe entstehen, verwendet werden oder freigesetzt werden. Entsprechende Informationen können den *Sicherheitsdatenblättern* entnommen werden, die zu beachten sind.

Es ist zu ermitteln, in welchem Ausmaß, welcher Art und Dauer Gefahrstoffe verwendet werden. Das Arbeitsverfahren ist dahingehend zu berücksichtigen.

Um *Staub* zu vermeiden, sind staubarme Bearbeitungsverfahren einzusetzen wie zum Beispiel Nassbearbeitung. Bei trockenen Schneide-, Bohr- oder Schleifarbeiten ist eine Staubabsaugung vorzusehen. Staub soll mit Sprühnebel gebunden werden. Trockenes Kehren oder Abblasen mit Druckluft ist verboten.

Beim Umgang mit Beton, Mörtel und Putz ist grundsätzlich Hautschutz gemäß einem *Hautschutzplan* vorzusehen.

Maßnahmen gegen Gefährdung durch psychische Belastung

Es ist darauf zu achten, dass Arbeitsaufträge in der geplanten Zeit mit entsprechenden Pausenregelungen gut zu bewältigen sind. Und es ist ausreichend Zeit für Absprachen und Klärung von offenen Fragen vorzusehen. Fehler und Probleme sollen als Anlass genutzt werden, um die Abläufe zu verbessern.

Die Arbeitszeiten und Bedingungen sollen es den Mitarbeitern erlauben, sich in der Freizeit ausreichend zu erholen. Für nicht absehbare Situationen muss es einen Notfallplan geben.

Maßnahmen gegen Gefährdung durch Einsatz von Fahrzeugen im öffentlichen Verkehr

Es dürfen nur geeignete Fahrzeugführer eingesetzt werden, die die richtige Führerscheinklasse besitzen.

Lenk-, Steuer- und Ruhezeiten sind zu beachten. Dabei ist auch die vorherige Arbeitszeit zu berücksichtigen.

Es dürfen nur *Fahrzeuge* eingesetzt werden, die technisch in Ordnung sind. Hierzu gehört auch die entsprechende Bereifung und die Einhaltung der Prüffrist für die Hauptuntersuchung.

Hilfsmittel für Notfälle müssen immer komplett vorhanden sein. Hierzu gehören Warnweste, Warndreieck und Verbandskasten.

Fahrzeuge sind einer täglichen Sicht- und Funktionsprüfung zu unterziehen, das zulässige Gesamtgewicht ist jederzeit einzuhalten. Auf ordnungsgemäße Ladungssicherung ist zu achten.

Übungsbeispiel 12.3
Gefährdungsbeurteilung für ein Geschäftshaus

Für das Bauvorhaben eines Geschäftshauses sind in Tabelle 12.7 exemplarisch grundlegende Elemente einer Gefährdungsbeurteilung ausgeführt.

Die in Tabelle 12.7 erwähnten *Unterweisungen* betreffen folgende Themen:

Unterweisungen (1) sind erforderlich hinsichtlich

- Nutzung von Gerüsten erst nach Übergabe und Kennzeichnung durch den Gerüstersteller,
- Beachtung der angegebenen Tragfähigkeiten bei Gerüsten und Hilfskonstruktionen entsprechend Gerüstgruppe bzw. Belastungsgruppe,
- sichere Aufstiege benutzen wie z. B. Gerüstinnenleitern oder Treppentürme,
- keine unsachgemäßen Veränderungen an Gerüsten vornehmen.

Unterweisungen (2) sind erforderlich hinsichtlich

- besonderer Gefährdungen und Gefahrenbereiche,
- Beachtung besonderer Regeln und Maßnahmen.

Tabelle 12.7 Gefährdungsbeurteilung

Arbeitsschritte	Geräte	Gefährdungen	Maßnahmen
Baustelleneinrichtung, Einrichtung von Arbeitsstellen	Verkehrswege, Baustellenverkehr, Aufstiege, Leitern	Stolpern, Rutschen, Stürzen	Treppen bzw. Treppenturm als Aufstiege einsetzen, Leitern stets prüfen, möglichst Kleingerüste verwenden
	Elektrische Einrichtungen	Stromschlag	Errichten und Instandsetzen elektrischer Anlagen nur durch Elektrofachkräfte
Baugrube und Gräben	Böschungen	Verschüttet werden, Absturz	Böschungen nach DIN 4124 oder Standsicherheitsnachweis, lastfreie Streifen an Baugrubenkante
	Sich bewegende Maschinen	Einklemmen, Quetschungen, Verletzungen	Sicherheitsabstände einhalten, Verkehrswege absichern, Hebezeuge koordinieren, für Kreissägen besondere Arbeitsanweisungen erteilen
Hoch- und Ingenieur-Bauarbeiten	Bodenöffnungen, Türöffnungen, freie Kanten an Balkon, Terrasse	Absturz	Öffnungen absperren, abdecken Kanten absperren, durch Seitenschutz sichern
	Gerüste und Hilfskonstruktionen	Umsturz, Versagen von Gerüsten, Hilfskonstruktionen, Hebebühnen oder Fahrgerüsten	Aufstellen und Verwenden von Gerüsten, Hilfskonstruktionen, Hebebühnen oder Fahrgerüsten nach den Regeln der Technik, z. B. DIN 4420, bzw. nach Herstellerangaben, Zulassung oder Aufbau- und Verwendungsanleitung Unterweisungen (1)
	Maschinen und Werkzeuge	Lärm	Lärmarme Maschinen und Werkzeuge einsetzen, Beschäftigte müssen Gehörschutz tragen
Arbeiten verschiedener Unternehmer, die zeitlich und örtlich zusammenfallen	Koordinierung	Mängel in Abstimmung mehrerer Unternehmer	Bestellung von SiGe-Koordinatoren Unterweisungen (2)
Quelle: BG Bau-Wegweiser			

12.5 Übungsaufgaben

Übungsaufgabe 12.1
Auftraggeber des Koordinators

Wer ist Auftraggeber des Koordinators nach Baustellenverordnung?

Übungsaufgabe 12.2
Beteiligte der Koordination

Zwischen welchen Beteiligten soll der Koordinator in der Planungsphase die Belange von Sicherheit und Gesundheitsschutz koordinieren?

Übungsaufgabe 12.3
Betroffene Phasen der Koordination

Vervollständigen Sie die Tabelle 12.8 mit den Begriffen „Planungsphase", Ausführungsphase", „Nutzungsphase".

Tabelle 12.8 SiGe-Plan und Unterlage

Form	SiGe-Plan	Unterlage
Erstellung		
Anwendung		

Übungsaufgabe 12.4
SiGe-Plan

Was soll ein SiGe-Plan aufzeigen?

Übungsaufgabe 12.5
Sige-Plan

Bis zu welchem Zeitpunkt ist der SiGe-Plan spätestens zu erstellen?

Übungsaufgabe 12.6
Aufgaben des Koordinators

Welche der nachfolgend genannten Aufgaben hat der Koordinator gemäß der Baustellenverordnung in der Ausführungsphase zu erfüllen?

☐ Die erforderlichen Betriebsanweisungen ausarbeiten.

☐ Die auf der Baustelle Anwesenden unterweisen.

☐ Die Zusammenarbeit der Arbeitgeber organisieren.

Übungsaufgabe 12.7
Ansprechpartner des Koordinators

Welche Personen sind bei der Baustellenbegehung Ansprechpartner des Koordinators?

Übungsaufgabe 12.8
Arbeitsschritte bei der Erstellung einer Unterlage

Inhalt der Unterlage sind u. a. Angaben zu sicheren Arbeitsplätzen für spätere Arbeiten am Bauwerk. Zählen Sie die erforderlichen Arbeitsschritte in der richtigen Reihenfolge auf, die sich mit der Ausarbeitung dieses Teils der Unterlage befassen.

Übungsaufgabe 12.9
Rangfolge von Schutzmaßnahmen

Legen Sie in Tabelle 12.9 für die genannten Sicherheitsmaßnahmen die anzustrebende Rangfolge für das Erreichen des Schutzziels fest. Nennen Sie für jede Maßnahme ein Beispiel.

Tabelle 12.9 Rangfolge der Sicherheitsmaßnahmen

Schutzmaßnahmen	Rangfolge	Beispiele
Organisatorische Maßnahme		
Technische Maßnahme		
Persönliche Maßnahme		

Übungsaufgabe 12.10

Verantwortung der Arbeitgeber

Werden die Arbeitgeber durch die Baustellenverordnung aus ihrer Verantwortung für die Arbeitnehmer entlassen?

☐ Ja, die Baustellenverordnung richtet sich vorwiegend an den Bauherrn.

☐ Nein, die Arbeitgeber bleiben uneingeschränkt und weiterhin nach dem Arbeitsschutzgesetz und den Unfallverhütungsvorschriften verpflichtet, die gebotenen Schutzmaßnahmen für ihre Arbeitnehmer zu treffen.

☐ Ja, wenn ein Arbeitnehmerüberlassungsvertrag besteht.

Übungsaufgabe 12.11

Schutzmaßnahmen gegen Absturz

In welchem Falle sind bei Bauarbeiten an frei liegenden Treppenläufen und Wandöffnungen Sicherheitsmaßnahmen gegen Absturz vorzusehen?

Übungsaufgabe 12.12

Befugnisse des Koordinators

Wonach richten sich die Befugnisse des Koordinators in der Ausführungsphase?

☐ Nach BaustellV

☐ Nach Vertrag/Auftrag

Übungsaufgabe 12.13

Gerüstarbeiten als Nebenleistungen

Wann sind Gerüste nach VOB/C in der Leistungsbeschreibung als Nebenleistungen zu behandeln? (Tabelle 12.10).

Tabelle 12.10 Nebenleistungen

Nach ATV Mauerarbeiten (DIN 18330)	
Nach ATV Zimmer- und Holzarbeiten (DIN 18334)	

Übungsaufgabe 12.14

Pflichten des Koordinators

Wie sollte der Koordinator vorgehen, wenn er auf der Baustelle eine Situation feststellt, in der Leben und Gesundheit von Beschäftigten unmittelbar gefährdet sind?

Übungsaufgabe 12.15

Pflichten der Unternehmer ohne Beschäftigte

Zur Gewährleistung von Sicherheit und Gesundheitsschutz der Beschäftigten haben auch die auf einer Baustelle tätigen Unternehmer ohne Beschäftigte ...

- ☐ ... die bei den Arbeiten anzuwendenden Arbeitsschutzvorschriften einzuhalten.
- ☐ ... Weisungsrecht gegenüber den Beschäftigten fremder Unternehmer bei Nichteinhaltung der Sicherheits- und Gesundheitsschutzbestimmungen.
- ☐ ... Arbeitsplatz bezogene Gefährdungsbeurteilungen zu erstellen.

Übungsaufgabe 12.16

Gefährdungsbeurteilung

Wer ist aufgrund des Arbeitsschutzgesetzes verpflichtet, eine Gefährdungsbeurteilung zu erstellen?

- ☐ Der Bauherr
- ☐ Der SiGe-Koordinator
- ☐ Der Arbeitgeber

Übungsaufgabe 12.17

Aufgaben des Koordinators

Welche Aufgabe hat der Koordinator in der Planungsphase bezüglich der Ausschreibungsunterlagen?

- ☐ Aufnahme des SiGe-Plans und anderer sicherheitstechnischer Belange in die Ausschreibungsunterlagen.
- ☐ Korrekte Formulierung sicherheitstechnischer Leistungspositionen.

Übungsaufgabe 12.18

Aufgaben des Koordinators

Ordnen Sie in Tabelle 12.11 die aufgeführten Leistungen den Koordinationsphasen zu! (Bitte ankreuzen!).

Tabelle 12.11 Koordinationsphasen

Leistung	Planungsphase	Ausführungsphase
Zusammenstellen der Unterlage mit den Merkmalen des Bauwerks für eine sichere Durchführung von Instandhaltungsmaßnahmen		
Mitwirken bei der Prüfung von Angeboten im Zusammenhang mit den Belangen der Arbeitssicherheit und des Gesundheitsschutzes		
Fortführen und Abschließen der Unterlage mit den Merkmalen des Bauwerks für die sichere Durchführung von Instandhaltungsarbeiten		
Mitwirken bei sicherheitstechnischen Vorüberlegungen zur Baustelleneinrichtung und Hinwirken auf die Berücksichtigung zugehöriger Maßnahmen		
Mitwirken bei der Fortschreibung des Bauablaufplans, soweit es die Belange der Arbeitssicherheit und des Gesundheitsschutzes betrifft		
Anpassen des Sicherheits- und Gesundheitsschutzplans und bekanntmachen aktualisierter Sicherheits- und Gesundheitsschutzpläne bei allen Beteiligten		
Feststellen von Wechselwirkungen zu betrieblichen Tätigkeiten und Mitwirken bei der Ausarbeitung der Baustellenordnung		
Hinwirken auf das Festlegen von Meldepflichten an den Koordinator in den Vertragsunterlagen		

Übungsaufgabe 12.19

Aufgaben des Bauherrn

Welche Pflichten hat der Bauherr bzw. der gemäß §4 beauftragte Dritte nach der *BaustellV*?

Übungsaufgabe 12.20
Aufgaben des Bauherrn

Welche wesentlichen Gefährdungen und welche dafür notwendigen Schutzmaßnahmen sind bei den Bauwerksabschnitten des Bauvorhabens in Bild 12.2 zu berücksichtigen

- bei der Baugrubenherstellung,
- bei den Stahlbetonarbeiten (Sohle, Wände, Stützen, Decken) und
- bei den Dacharbeiten (Holzdachstuhl mit Ziegeleindeckung)?

Die Lösungen sind in Tabelle 12.12 einzutragen.

Tabelle 12.12 Gefährdungen und Schutzmaßnahmen

Bauwerksabschnitt	Gefährdung	Schutzmaßnahme
Baugrubenherstellung		
Stahlbetonarbeiten		
Dacharbeiten		

Übungsaufgabe 12.21
Beispiel SiGe-Koordination, erforderliche Maßnahmen

Für den Neubau eines Wohn- und Geschäftshauses mit Tiefgarage ist die *Verordnung über Sicherheit und Gesundheitsschutz auf Baustellen* (*BaustellV*) umzusetzen.

Der Querschnitt des Gebäudes ist in Bild 12.2 als Entwurfszeichnung dargestellt. Der Auftrag des Rohbau-Unternehmens umfasst das Herstellen der Baugrube, die Rohbau- und Dacharbeiten (Dachstuhl und Ziegeleindeckung) sowie die Bereitstellung der Arbeitsgerüste für alle späteren Ausbaugewerke. Die Herstellung der Baugrube sowie des Dachstuhles einschließlich der Ziegeleindeckung sollen durch Subunternehmer des Rohbau-Unternehmens ausgeführt werden. Alle anderen Ausbaugewerke werden separat vergeben. Aus der Baubeschreibung sind folgende wesentliche Daten gegeben:

Ortbeton-Skelettbauweise,

Geschosshöhe 3,80 m,

Stützenraster 6,00 m · 6,00 m,

Gebäudelänge 12 · 6,00 m,

zwei aussteifende Kerne mit Treppenhäusern und Fahrstuhlschächten, Deckenplatten, Betonwände, Betonbrüstungen (h = 1,20 m): d = 25 cm.

- Wie viele Personentage erwarten Sie etwa auf dieser Baustelle?
- Welche Folgerungen leiten Sie daraus im Sinne der *BaustellV* ab?

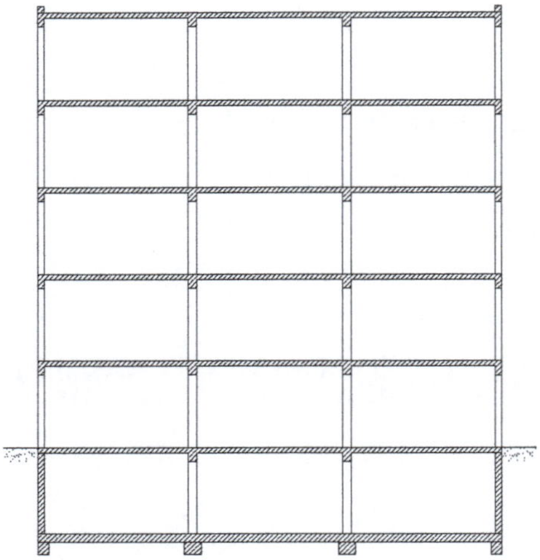

Bild 12.2
Querschnitt Wohn- und Geschäftshaus mit Tiefgarage

Übungsaufgabe 12.22
Gefährdungsbeurteilung – Ausbau einer Bahnstrecke

Eine eingleisige elektrifizierte Bahnlinie soll um ein zweites Gleis erweitert werden.

Der Betrieb auf dem bestehenden Gleis kann während der Baumaßnahmen nicht unterbrochen werden. Die Gesamtlänge des Bauloses beträgt 12 km. Da die Bauzeit knapp bemessen ist, muss gleichzeitig an mehreren Teilabschnitten gearbeitet werden (Bild 12.3 und Bild 12.4).

Ihre Firma erhält in Arbeitsgemeinschaft den Auftrag für die Tiefbauarbeiten für die neue Gleistrasse. Hierzu gehören

- Bodenabtrag zur Verbreiterung von Einschnitten,
- Verbreitern des bestehenden Bahndamms für das neue Gleis,
- abschnittsweiser Einbau von Sickerwasserleitungen und Fertigteilschächten,
- Herstellen der Tragschicht für das neue Gleis bis Unterkante Schotterbett.
- Für Schottereinbau und Schienenverlegung ist ein Arge-Partner zuständig.

Der vorgesehene Gleisachsabstand beträgt ca. 4,90 m. Die Fahrleitung befindet sich in 5,00 m Höhe über der Schienenoberkante des Betriebsgleises. Die Deutsche Bahn verringert die Fahrgeschwindigkeit für die Dauer der Baumaßnahme auf 70 km/h und gibt Ihnen dafür die Grenze des Gefahrbereiches mit 2,10 m ab Achse Betriebsgleis an.

Das Baulos kann punktuell über zu Baustraßen ausgebaute Feldwege erreicht werden.

- Legen Sie die wesentlichen Arbeitsschritte und die erforderlichen Geräte fest.
- Welche Gefährdungen entstehen durch den Betrieb der Erdbaumaschinen und Transportfahrzeuge?
- Welche Maßnahmen sehen Sie für die Gefährdungen vor?
- Welche Gefährdungen bestehen durch die Nähe zur Bahnlinie?
- Welche Sicherungsmaßnahmen sind dafür grundsätzlich möglich? Welche Maßnahmen würden Sie – in Absprache mit dem Bahnbetreiber – umsetzen?
- Welche Regelungen der Unfallverhütungsvorschriften sind hinsichtlich der genannten Gefährdungen zu beachten?
- Welche wesentlichen Punkte sprechen Sie bei der Personalunterweisung vor Beginn der Arbeiten an?

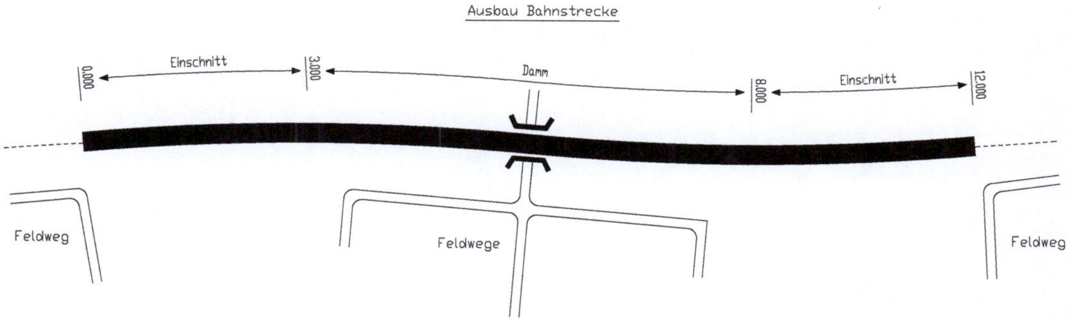

Bild 12.3 Ausbau einer Bahnstrecke

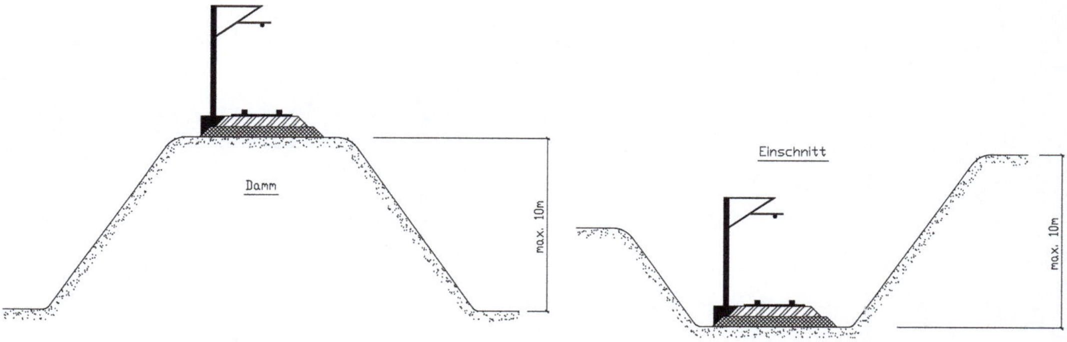

Bild 12.4 Ausbau einer Bahnstrecke

13 Anhang

13.1 Literaturverzeichnis

Al Ghanem, Y.; Rossbach, J. (Hrsg.): Baubetrieb Praxis kompakt. Beuth Verlag. Berlin 2015

Albert, A. (Hrsg.): Schneider – Bautabellen für Ingenieure. 24. Auflage. Reguvis Verlag. Köln 2020

Bauer, H.: Baubetrieb. 3. Auflage. Springer Verlag. Berlin Heidelberg 2007

Berner, F.; Kochendörfer, B.; Schach, R.: Grundlagen der Baubetriebslehre 1. 3. Auflage. Springer Vieweg Verlag. Wiesbaden 2020

Berner, F.; Kochendörfer, B.; Schach, R.: Grundlagen der Baubetriebslehre 3. 2. Auflage. Springer Vieweg Verlag. Wiesbaden 2015

Berner, F.; Kochendörfer, B.; Schach, R.; Jünger, H.-C.; Otto, J.; Sundermeier, M.: Grundlagen der Baubetriebslehre 2. 3. Auflage. Springer Vieweg Verlag. Wiesbaden 2022

Brecheler, W.; Friedrich, J.; Hilmer, A.; Weiß, R.: Baubetriebslehre – Kosten- und Leistungsrechnung – Bauverfahren. Vieweg Verlag. Braunschweig 1998

Brüssel, W.: Baubetrieb von A bis Z. 5. Auflage. Werner Verlag. Neuwied 2007

Diederichs, C.-J.; Malkwitz, A. (Hrsg.): Bauwirtschaft und Baubetrieb. 3. Auflage. Springer Vieweg Verlag. Wiesbaden 2020

Eich, R.; Eich, A.: HOAI 2021 – Honorarordnung für Architekten und Ingenieure. 6. Auflage. Verlag Rudolf Müller 2021

Fröhlich, P. J.: Hochbaukosten – Flächen – Rauminhalte. 16. Auflage. Vieweg Teubner Verlag. Wiesbaden 2010

Gerster, R.; Kohl, H.: Baubetrieb in Beispielen. 2. Auflage. Werner Verlag. Neuwied 2006

Girmscheid, G.: Projektabwicklung in der Bauwirtschaft – prozessorientiert. 4. Auflage. Springer Vieweg Verlag. Berlin Heidelberg 2014

Gralla, M.: Baubetriebslehre – Bauprozessmanagement. Werner Verlag. Köln 2011

Greiner, P.; Meyer, P. E.; Stark, K.: Baubetriebslehre – Projektmanagement. 4. Auflage. Vieweg+Teubner Verlag. Wiesbaden 2009

Hebel, J. P.: Honorarordnung für Architekten und Ingenieure – HOAI 2021. 4. Auflage. Reguvis Verlag 2021

Informationsstelle Wirtschaftliches Bauen (IWB): Katalog Nutzungscodes, Raumnutzungskatalog gemäß DIN 277:2021-08, nach den Richtlinien Baukostenplanung (RBK) Neubau. 2024

Kapellmann K. D.; Langen, W.: Einführung in die VOB/B. 20. Auflage. Werner Verlag. München 2011

Kochendörfer, B.; Liebchen, J. H.; Viering, M.G.: Bau-Projekt-Management. 6. Auflage. Springer Vieweg Verlag. Wiesbaden 2021

Koeble, W.; Zahn, A.: Die neue HOAI 2021. 3. Auflage. Werner Verlag. Neuwied 2021

Krause, T.; Ulke, B. (Hrsg.): Übungsaufgaben und Berechnungen für den Baubetrieb. 3. Auflage. Springer Vieweg Verlag. Wiesbaden 2019

Krause, T.; Ulke, B. (Hrsg.): Zahlentafeln für den Baubetrieb. 9. Auflage. Springer Vieweg Verlag. Wiesbaden 2016

Landesinstitut für Bauwesen und angewandte Bauschadensforschung, Aachen (Hrsg.): Terminplanung – Zeitbedarfswerte für Bauleistungen im Hochbau. Bonner Universitäts-Buchdruckerei. Bonn 1989

Leimböck, E.; Iding, A.; Meinen, H.: Bauwirtschaft. 3. Auflage. Springer Vieweg Verlag. Wiesbaden 2017

Malpricht, W.; Rupp, C.: Bauleitung und Ausführung im Baubetrieb. Carl Hanser Verlag. München 2025

Malpricht, W.; Rupp, C.: Kalkulation und Qualitätsmanagement im Baubetrieb. Carl Hanser Verlag. München 2026

Malpricht, W.; Rupp, C.: Schalungsplanung im Baubetrieb. 2. Auflage. Carl Hanser Verlag. München 2022

Mantscheff, J.; Boisserée, D.: Baubetriebslehre I. 7. Auflage. Werner Verlag. München 2004

Möller, D.-A.: Planungs- und Bauökonomie 1. 5. Auflage. R. Oldenbourg Verlag. München Wien 2007

Möller, D.-A.; Kalusche, W.: Planungs- und Bauökonomie 2. 5. Auflage. R. Oldenbourg Verlag. München Wien 2008

Möller, D.-A.; Kalusche, W.: Übungsbuch zur Planungs- und Bauökonomie. 5. Auflage. R. Oldenbourg Verlag. München 2009

Plümecke: Preisermittlung für Bauarbeiten. 28. Auflage. Verlag Rudolf Müller. Köln 2017

Proporowitz, A. (Hrsg.): Baubetrieb – Bauwirtschaft. Fachbuchverlag. Leipzig 2008

Rösel, W.; Busch, A.: AVA-Handbuch. 7. Auflage. Vieweg+Teubner Verlag. Wiesbaden 2011

Schirmer, S.: Bau-Projektmanagement für Einsteiger, Springer Vieweg Verlag, Wiesbaden 2020

Seifert, W.; Preussner, M.: Baukostenplanung. 4. Auflage. Werner Verlag. Köln 2013

Stark, K.: Baubetriebslehre – Grundlagen. Vieweg Verlag. Wiesbaden 2006

Vismann, U. (Hrsg.): Wendehorst Bautechnische Zahlentafeln. 37. Auflage. Springer Vieweg Verlag. Wiesbaden 2021

Zilch, K.; Diederichs, C.J.; Katzenbach, R.; Beckmann, K.J. (Hrsg.): Bauwirtschaft und Baubetrieb. Springer Vieweg Verlag. Berlin Heidelberg 2013

13.2 Normen

DIN 276 Kosten im Bauwesen, 2018-12

DIN 277 Grundflächen und Rauminhalte, 2021-08

DIN 488-1 Betonstahl – Teil 1: Stahlsorten, Eigenschaften, Kennzeichnung, 2009-08

DIN 488-2 Betonstahl – Betonstabstahl, 2009-08

DIN 488-4 Betonstahl – Betonstahlmatten, 2009-08

*DIN 1045-*2 Tragwerke aus Beton, Stahlbeton und Spannbeton – Teil 2: Beton, 2023-08

DIN 1229 Aufsätze und Abdeckungen für Verkehrsflächen – Sicherung des Deckels oder Rostes im Rahmen, 2015-09

DIN 1960 VOB Vergabe- und Vertragsordnung für Bauleistungen – Teil A: Allgemeine Bestimmungen für die Vergabe von Bauleistungen, 2019-09

DIN 1961 VOB Vergabe- und Vertragsordnung für Bauleistungen – Teil B: Allgemeine Vertragsbedingungen für die Ausführung von Bauleistungen, 2016-09

DIN 4020 Geotechnische Untersuchungen für bautechnische Zwecke – Ergänzende Regelungen zu DIN EN 1997-2, 2010-12

DIN 4034-1 Schächte aus Beton-, Stahlfaserbeton- und Stahlbetonfertigteilen – Teil 1: Anforderungen, Prüfung und Kennzeichnung für Abwasserleitungen und -kanäle, 2020-04

DIN 4102-1 Brandverhalten von Baustoffen und Bauteilen – Teil 1: Baustoffe; Begriffe, Anforderungen und Prüfungen, 1998-05

DIN 4108-10 Wärmeschutz und Energie-Einsparung in Gebäuden – Teil 10: Anwendungsbezogene Anforderungen an Wärmedämmstoffe, 2021-11

DIN 4123 Ausschachtungen, Gründungen und Unterfangungen im Bereich bestehender Gebäude, 2013-04

DIN 4124 Baugruben und Gräben – Böschungen, Verbau, Arbeitsraumbreiten, 2012-01

DIN 18196 Erd- und Grundbau – Bodenklassifikation für bautechnische Zwecke, 2023-02

DIN 18299 VOB Vergabe- und Vertragsordnung für Bauleistungen – Teil C: Allgemeine Technische Vertragsbedingungen für Bauleistungen (ATV) – Allgemeine Regelungen für Bauarbeiten jeder Art, 2023-09

DIN 18300 VOB Vergabe- und Vertragsordnung für Bauleistungen – Teil C: Allgemeine Technische Vertragsbedingungen für Bauleistungen (ATV) – Erdarbeiten, 2019-09

DIN 18306 VOB Vergabe- und Vertragsordnung für Bauleistungen – Teil C: Allgemeine Technische Vertragsbedingungen für Bauleistungen (ATV) – Entwässerungskanalarbeiten, 2016-09

DIN 18318 VOB Vergabe- und Vertragsordnung für Bauleistungen – Teil C: Allgemeine Technische Vertragsbedingungen für Bauleistungen (ATV) – Pflasterdecken und Plattenbeläge, Einfassungen, 2019-09

DIN 18330 VOB Vergabe- und Vertragsordnung für Bauleistungen – Teil C: Allgemeine Technische Vertragsbedingungen für Bauleistungen (ATV) – Mauerarbeiten, 2019-09

DIN 18331 Vergabe- und Vertragsordnung für Bauleistungen – Teil C: Allgemeine Technische Vertragsbedingungen für Bauleistungen (ATV) – Betonarbeiten, 2019-09

DIN 18459 VOB Vergabe- und Vertragsordnung für Bauleistungen – Teil C: Allgemeine Technische Vertragsbedingungen für Bauleistungen (ATV) – Abbruch- und Rückbauarbeiten, 2016-09

DIN 18580 Baustellenmauermörtel, 2019-06

DIN 18915 Vegetationstechnik im Landschaftsbau – Bodenarbeiten, 2018-06

DIN 18960 Nutzungskosten im Hochbau, 2020-11

DIN 20000-401 Anwendung von Bauprodukten in Bauwerken – Teil 401: Regeln für die Verwendung von Mauerziegeln nach DIN EN 771-1:2015–11, 2017-01

DIN 20000-402 Anwendung von Bauprodukten in Bauwerken – Teil402: Regeln für die Verwendung von Kalksandsteinen nach DIN EN 771-2 :2015–11, 2017-01

DIN 20000-412 Anwendung von Bauprodukten in Bauwerken – Teil 412: Regeln für die Verwendung von Mauermörtel nach DIN EN 998-2:2017-02, 2019-06

DIN EN 206 Beton – Festlegung, Eigenschaften, Herstellung und Konformität, 2021-06

DIN EN 295-1 Steinzeugrohrsysteme für Abwasserleitungen und -kanäle – Teil 1: Anforderungen an Rohre, Formstücke und Verbindungen, 2013-05

DIN EN 771-1 Festlegungen für Mauersteine – Teil 1: Mauerziegel 2015-11

DIN EN 771-2 Festlegungen für Mauersteine – Teil 2: Kalksandsteine 2015-11

DIN EN 998-2 Festlegungen für Mörtel im Mauerwerksbau – Teil 2: Mauermörtel, 2017-02

DIN EN 1338 Pflastersteine aus Beton – Anforderungen und Prüfverfahren, 2003-08

DIN EN 1610 Einbau und Prüfung von Abwasserleitungen und -kanälen, 2015-12

DIN EN 1996-1-1 Eurocode 6: Bemessung und Konstruktion von Mauerwerksbauten – Teil 1-1: Allgemeine Regeln für bewehrtes und unbewehrtes Mauerwerk, 2013-02

DIN EN 1996-2 Eurocode 6: Bemessung und Konstruktion von Mauerwerksbauten – Teil 2: Planung, Auswahl der Baustoffe und Ausführung von Mauerwerk, 2010-12

DIN EN 13163 Wärmedämmstoffe für Gebäude – Werkmäßig hergestellte Produkte aus expandiertem Polystyrol (EPS) – Spezifikation, 2017-02

DIN EN ISO 14688-1 Geotechnische Erkundung und Untersuchung – Benennung, Beschreibung und Klassifizierung von Boden – Teil 1: Benennung und Beschreibung, 2020-11

13.3 Richtlinien und Vorschriften

Arbeitsschutzgesetz (ArbSchG), Gesetz über die Durchführung von Maßnahmen des Arbeitsschutzes zur Verbesserung der Sicherheit und des Gesundheitsschutzes der Beschäftigten bei der Arbeit, 2024-07

Arbeitssicherheitsgesetz (ASiG), Gesetz über Betriebsärzte, Sicherheitsingenieure und andere Fachkräfte für Arbeitssicherheit, 2013-04

Baugesetzbuch (BauGB), 2023-12

Baunutzungsverordnung (BauNVO), Verordnung über die bauliche Nutzung der Grundstücke, 2023-07

Bauordnungsrechtliche Sachverständigenverordnung (BauSVO), Verordnung über anerkannte Sachverständige für die Prüfung technischer Anlagen nach Bauordnungsrecht, Niedersachsen, 2023-09

Baupreisindizes, Statistisches Bundesamt, *www.destatis.de* (ehemals Fachserie 17, Reihe 4: Preisindizes für Bauwerke, Reihe 5: Kaufwerte für Bauland u. a., künftig über die Datenbank GENESIS-Online).

Baustellenverordnung (BaustellV), Verordnung über Sicherheit und Gesundheitsschutz auf Baustellen, 2022-12

Betriebskostenverordnung (BetrKV), Verordnung über die Aufstellung von Betriebskosten, 2023-10

Bürgerliches Gesetzbuch (BGB), 2025-04

Bewertungsgesetz (BewG), 2024-12

Bundesberggesetz BbergG, 2025-12

DBV-Merkblatt Sichtbeton, 2015-06

DGUV Vorschrift 1 *Grundsätze der Prävention*, 2021-01

DGUV Vorschrift 2 *Betriebsärzte und Fachkräfte für Arbeitssicherheit*, 2012-01

DGUV Vorschrift 38 *Bauarbeiten*, 2019-11

DGUV Vorschrift 78 *Arbeiten im Bereich von Gleisen*, 2025-01

DGUV Regel 100-001 *Grundsätze der Prävention*, 2014-05

DGUV Information 211-005 *Unterweisung – Bestandteil des betrieblichen Arbeitsschutzes*, 2012-07

DGUV Information 211-042 *Sicherheitsbeauftragte*, 2017-03

Dynamische Baudaten (DBD), Dr. Schiller & Partner GmbH

Feuerungsverordnung (FeuVO), Niedersachsen 2020-06

Garagenverordnung (GaVO), Verordnung über den Bau und Betrieb von Garagen, Niedersachsen 2022-06

GEFMA 100-1 Facility Management – Grundlagen, 2004-07 Entwurf

GEFMA 200, Kosten im Facility Management – Kostengliederungsstruktur zu GEFMA 100, 2004-07 Entwurf

Jugendarbeitsschutzgesetz (JArbSchG) – Gesetz zum Schutze der arbeitenden Jugend, 2024-10

Honorarordnung für Architekten und Ingenieure (HOAI), Verordnung über die Honorare für Architekten- und Ingenieurleistungen, 2023-03

Immobilienwertermittlungsverordnung (ImmoWertV), Verordnung über die Grundsätze für die Ermittlung der Verkehrswerte von Immobilien und der für die Wertermittlung erforderlichen Daten

Kompendium Arbeitsschutz der BG BAU, 2025

Kostenkennwerte, Ein- und Zweifamilienhäuser, unterkellert, mittlerer Standard, Baukosten-Informationszentrum Deutscher Architektenkammern GmbH (BKI), 2025-02

Kostenkennwerte, Verbrauchermärkte, Baukosten-Informationszentrum Deutscher Architektenkammern GmbH (BKI), 2025-02

Niedersächsische Krankenhausverordnung (NKHVO), 2023-12

Musterbauordnung (MBO), 2024-09

Niedersächsische Bauordnung (NBauO), 2024-06

Allgemeine Durchführungsverordnung zur Niedersächsischen Bauordnung (DVO-NBauO), 2024-12

Niedersächsische Bauvorlagenverordnung (NBauVorlVO), Niedersächsische Verordnung über Bauvorlagen sowie baurechtliche Anträge, Anzeigen und Mitteilungen, 2021-11

Niedersächsisches Raumordnungsgesetz (NROG), 2017-12

Niedersächsische Versammlungsstättenverordnung (NVStättVO), 2021-11

Normalherstellungskosten (NHK 2010), Kostenkennwerte für die Kostengruppen 300 und 400 in Euro/m^2 Brutto-Grundfläche einschließlich Baunebenkosten und Umsatzsteuer, Kostenstand 2010, 2012-10

Planzeichenverordnung (PlanZV), Verordnung über die Ausarbeitung der Bauleitpläne und die Darstellung des Planinhalts, 2021-06

Raumordnungsgesetz (ROG), 2023-03

Regeln für den Arbeitsschutz auf Baustellen (RAB)

RAB 01, *Gegenstand, Zustandekommen, Aufbau, Anwendung und Wirksamwerden der RAB*, 2001-01

RAB 10, *Begriffsbestimmungen* (Konkretisierung von Begriffen der BaustellV), 2004-03

RAB 25, *Arbeiten in Druckluft* (Konkretisierungen zur Druckluftverordnung), 2004-03

RAB 30, *Geeigneter Koordinator* (Konkretisierung zu § 3 BaustellV), 2003-06

RAB 31, *Sicherheits- und Gesundheitsschutzplan – SiGePlan*, 2004-03

RAB 32, *Unterlage für spätere Arbeiten* (Konkretisierung zu § 3 Abs. 2 Nr. 3 BaustellV), 2003-06

RAB 33, *Allgemeine Grundsätze nach § 4 des Arbeitsschutzgesetzes* bei Anwendung der Baustellenverordnung, 2004-03

Richtlinien für die Standardisierung des Oberbaus von Verkehrsflächen (RStO 12/24), Ausgabe 2012/Fassung 2024, Forschungsgesellschaft für Straßen- und Verkehrswesen (FGSV), 2024-05

Richtlinie über den Bau und Betrieb fliegender Bauten (FlBauR), Niedersachsen 2012-11

SIRADOS Baudaten, WEKA Media GmbH & Co. KG

Standardleistungsbuch Bau (STLB BAU), Gemeinsamer Ausschuss Elektronik im Bauwesen (GAEB), Hauptausschuss im Deutschen Vergabe- und Vertragsausschuss für Bauleistungen (DVA), Geschäftsstelle des GAEB: Bundesamt für Bauwesen und Raumordnung (BBR)

Standardleistungskatalog für den Straßen- und Brückenbau (STLK), Forschungsgesellschaft für Straßen- und Verkehrswesen e. V. (FGSV)

Vergabe- und Vertragshandbuch für die Baumaßnahmen des Bundes, 2023

Verkaufsstättenverordnung (VKVO), Verordnung über den Bau und Betrieb von Verkaufsstätten, Niedersachsen 2012-11

Verordnung über den Bau von Betriebsräumen für elektrische Anlagen (EltBauVO), Niedersachsen 2010-10

Wasserbauprüfverordnung (WasBauPVO), Verordnung zur Feststellung der wasserrechtlichen Eignung von Bauprodukten und Bauarten durch Nachweise nach der Niedersächsischen Bauordnung, Niedersachsen 2022-01

Wohnflächenverordnung (WoFlV), Verordnung zur Berechnung der Wohnfläche, 2003-11

Zwangsversteigerungsgesetz (ZVG), Gesetz über die Zwangsversteigerung und die Zwangsverwaltung, 2024-10

13.4 Weitere Unterlagen und Abbildungen

Wir danken für die freundliche Unterstützung durch Bildmaterial, Unterlagen und Auskünfte:

BKI Baukosteninformationszentrum Deutscher Architektenkammern GmbH, Seelbergstraße 4, 70372 Stuttgart, *www.bki.de*

Offensive Gutes Bauen, *www.offensive-gutes-bauen.de* – Bestandteil der nationalen Initiative

Neue Qualität der Arbeit (INQA), *www.inqa.de*, Geschäftsstelle: INQA-Netzwerkbüro, Anton-Wilhelm-Amo-Straße 20/21, 10117 Berlin, – mit Sitz an der Bundesanstalt für Arbeitsschutz und Arbeitsmedizin (BAuA), *www.baua.de*

Tönjes & Meichsner, Baugesellschaft mbH, Industriestraße 34, 26219 Bösel, *www.tm-bau.de*

Stadt Oldenburg (Oldb.), Bauamt, Industriestraße 1, 26121 Oldenburg, *www.oldenburg.de*

Index

G

H

I

K

V

W

Z